本科“十三五”规划教材

物联网工程设计与实训教程

安 健 桂小林 廖 东 编著

内容简介

本书以教育部高等学校计算机类专业教学指导委员会制定的《物联网工程专业实践教学体系与规范》为指导思想，以物联网感知与标识技术为切入点而编写，以专题实验的形式系统地介绍了物联网工程设计与实训所涉及的基本概念、基本理论和关键技术。全书共分为5章。第1章介绍了新版物联网工程专业实践教学体系与规范要求；第2～4章分别针对物联网感知技术、标识技术、通信与组网技术，精心设计了8个专题实验，内容涵盖传感器技术原理，RIFD标识技术，ZigBee、Wi-Fi无线组网技术，网络通信等技术等；第5章围绕开放实验设计，给出了3个集成性和系统性的开放实验，内容涉及人脸追踪、智能家居、体感控制、k-匿名等，以使学生对本专业需要解决的问题和能够解决什么问题有更加清楚的认知，增强专业认同感和学习积极性，同时通过将知识用于实际工程问题，提高学生的团队协作和实践创新能力。各章实验都配有详细的技术原理、实验步骤和核心实验代码，供读者学习研究。

本书适合作为高等学校物联网工程、计算机科学与技术、软件工程等专业的实验课教材或参考用书。

图书在版编目(CIP)数据

物联网工程设计与实训教程/安健，桂小林，廖东编著.—西安：西安交通大学出版社，2019.8(2024.7重印)
西安交通大学本科“十三五”规划教材
ISBN 978-7-5693-1032-0

Ⅰ.①物… Ⅱ.①安… ②桂… ③廖… Ⅲ.①互联网络—应用—高等学校—教材 ②智能技术—应用—高等学校—教材 Ⅳ.①TP393.4 ②TP18

中国版本图书馆CIP数据核字(2018)第289363号

书　　名 物联网工程设计与实训教程
Wulianwang Gongcheng Sheji yu Shixun Jiaocheng
编 著 者 安　健　桂小林　廖　东
责任编辑 贺峰涛

出版发行 西安交通大学出版社
(西安市兴庆南路1号　邮政编码710048)
网　　址 http://www.xjtupress.com
电　　话 (029)82668357　82667874(市场营销中心)
(029)82668315(总编办)
传　　真 (029)82668280
印　　刷 西安日报社印务中心

开　　本 787 mm×1092 mm　1/16　**印张** 14.125　**字数** 355千字
版次印次 2019年8月第1版　2024年7月第4次印刷
书　　号 ISBN 978-7-5693-1032-0
定　　价 38.00元

如发现印装质量问题，请与本社市场营销中心联系。
订购热线：(029)82665248　82667874　　投稿热线：(029)82664954
读者信箱：eibooks@163.com

前　言

本教材是以教育部高等学校计算机类专业教学指导委员会制定的《物联网工程专业实践教学体系与规范2.0》为指导思想，以物联网工程实训为切入点编写的，通过设计以专业知识点融合为特征，以综合能力培养为任务，以创新能力激发为导向的系列专题实验，培养学生工程精神、工程意识，创新精神、创新意识，达到激发学生实践创新的兴趣，提高工程实践能力，增加工程实践经验的目标。

全书共分为5章11个专题实验。第1章介绍新版物联网工程专业实践教学体系与规范要求，包括实验目的、指导思想、基本要求、内容设计和实验环境；第2～4章针对物联网感知技术、标识技术、通信与组网技术展开，内容涵盖传感器技术原理，RFID标识技术，ZigBee、Wi-Fi无线组网技术，网络通信等技术；第5章着重围绕开放实验，设计包括人脸追踪、智能家居、体感控制、k-匿名等实验，通过一些集成性和系统性的开放实验，对专业需要解决的问题和能够解决什么问题更加清楚，增强专业认同感和学习积极性，将知识用于实际工程问题，提高学生的团队协作和实践创新能力。各章实验都配有详细的技术原理、实验步骤和核心实验代码，以供读者学习研究。

本书按照层次化思想，将物联网相关内容进行合理编排，在编写过程中由浅入深，力争为学生系统全面地展示物联网内涵及其关键技术。在每一层中，把内容相对独立的技术和系统编排成不同的章节，从物联网体系结构到感知、标识、组网等关键技术，基本涵盖了物联网的主要内容。最后，通过结合物联网在不同行业的具体应用，综合阐述并进行升华。本书的具体特色与创新包括：

(1)注重学科知识的逻辑性：在内容编排上由浅入深、由简到繁，层次清晰，结构完整，语言流畅，图文并茂，用通俗的语言系统地介绍了物联网知识，对物联网不同层次所涉及的基本原理和关键技术都进行了介绍，通过采用理论基础与实验相结合的方式，供学生和实验教学人员学习。

(2)注重原理和技术性：本书内容涉及传感器、RFID寻卡、防碰撞原理、标签读写技术等，对物联网感知、标识、传输等进行了全方位的介绍和探讨。各章节既自成体系又前后呼应，详略安排得当。同时在编写过程中注重原理性，符合工科学生的认知规律，将不同内容和应用落实到具体技术和解决方案。

(3)注重实用和新颖性：本书从理论和实践两方面介绍物联网技术，内容不仅包括各种专题实验，同时以开放课题的形式将当下流行的体感、穿戴等物联网技术加入其中，以实验和案例的形式进一步加深学生对所学知识的理解和应用。

本书由西安交通大学安健负责统稿和审校，参与本书编写工作的有桂小林（第 1 章、第 5.3 节）、廖东（第 2 章、第 4.1、4.3、5.1、5.2 节）、安健（第 3 章、第 4.2 节）。西安交通大学陕西省计算机网络重点实验室的戴慧珺、冀雅丽、任德旺、程锦东等博士、硕士研究生提供了部分材料，并更正了不少错误，在此向他们表示衷心的感谢。

本书在编写过程中参考了大量的书刊和网上的有关资料，吸取了多方面的宝贵意见和建议，在书中可能未能一一注明出处，在此对原著作者深表感谢。限于编著者水平，书中难免有错误之处，敬请批评指正。

编著者

2018 年 5 月

目 录

第1章　物联网工程实践教学体系概述

当前，教育部已经在部分“985 工程”“211 工程”等重点高校开展了物联网专业的试点探索，作为物联网专业建设的重要实践基地，物联网实验室的建设和专题实验内容的设计将成为重中之重。物联网专业的建设还处于初期探索阶段，专业教师、培养计划、课程体系、知识架构等都比较欠缺。此外，现有物联网教学存在重理论、轻实践的问题，教师通常把教学的重点放在理论说明和知识灌输方面，而忽视了工程实践在物联网专业学生培养中的重要作用。以上种种问题都将影响和制约物联网学科建设以及专业人才培养目标的实现。

1.1　物联网工程实践教学目标

物联网工程专业是面向现代信息处理技术，培养从事物联网领域的系统设计、系统分析与科技开发及研究方面的高等工程技术人才。本学科专业培养的学生要求做到全面发展、知识结构合理，具备扎实的电子技术、现代传感器和无线网络技术、物联网相关高频和微波技术、有线和无线网络通信理论、信息处理、计算机技术、系统工程等基础理论，掌握物联网系统的传感层、传输层与应用层关键设计等专门知识和技能，并且具备在本专业领域跟踪新理论、新知识、新技术的能力以及较强的创新实践能力。工程实践与科技创新是物联网专业人才应具备的基本能力，面向物联网专业学生开展的系统能力训练与工程实践活动将成为该专业人才培养和学科建设中的一项重要内容，也是践行“双实双创”，推动人才应用能力提升与就业保障的重要手段。

物联网工程专业实践教学的核心目标是培养能够系统地掌握物联网的相关理论、方法和技能，具备通信技术、网络技术、传感技术等信息领域宽广的专业知识的高级工程技术人才。教学过程由传统单一的教学型授课向创新实践方向转变，采用工程案例化教学，突出科技创新在人才培养中的作用。建立科学化、进阶性、贯通性和可持续发展的实验教学体系，以进一步适应社会需要，提高学生的知识应用能力、实践能力。以就业为导向，以能力为本位，培养“技能型、实践型、应用型、创新型”人才。

基于物联网实践教学的核心目标，结合本专业自身特点，需要构建包含感知系统、通信系统、数据动态组织与管理系统和应用系统的四类核心知识体系，并由此逐步形成一系列由低到高，由浅入深的专题实训课程，指导物联网工程专业实验课程的开展。具体内容如下。

1. 感知系统

感知系统是物联网的实现基础，感知和标识是物联网实现“物物相联，人物互动”的先决条件。数据的产生、获取、传输、处理、应用是物联网的重要组成部分，其中数据的获取是物联网智能信息化的重要环节之一，没有它，物联网也就成了无源之水、无本之木，物联网感知系统的实验内容需包含传感器、无线传感网、条码、RFID、GPS 定位等关键技术。

2. 通信系统

物联网本质上是泛在网络，需要融合现有的各种通信网络，并引入新的通信网络，构造可靠、合理、及时、有效的网络通信系统。物联网通信系统主要实现信息的可靠、安全传送，它是物理感知世界的延伸，可以更好地实现物与物、物与人以及人与人之间的通信。它是物联网信息传递和服务支撑的基础设施，通过泛在的互联功能，实现感知信息高可靠性、高安全性的传送。故物联网通信系统的实验内容应该涉及固定、移动、有线、无线网络技术，短距离无线通信技术，自组网技术，自治计算与联网技术等。

3. 数据动态组织与管理系统

海量感知信息的计算与处理是物联网的支撑核心，数据的动态组织与管理则是利用云计算平台实现海量感知数据的智能计算与存储、查询。云计算技术的运用，使数以亿计的各类物品的实时动态管理变为可能。随着物联网应用的发展，终端数量的增长，通过借助云计算技术处理海量信息，进行辅助决策，可以有效提升物联网信息处理能力。因此，面向该系统的实验内容需包括海量信息的挖掘与分析、数据的存储与快速检索技术、人工智能、专家系统等知识。

4. 应用系统

物联网技术综合了传感器技术、嵌入式计算技术、互联网络及无线通信技术、分布式信息处理技术等多种领域技术，在智能家居、工农业控制、城市管理、远程医疗、环境监测等众多领域有着广泛的应用价值。针对应用系统的实验内容应该覆盖监控型、控制型、扫描型等场景，重点培养学生系统分析问题和解决问题的能力，提高学生动手和实践创新能力。

1.2 物联网工程实践指导思想

物联网工程专业实践教学的指导思想是紧密结合课程理论教学内容，通过设计系列难度适中的实验题目，帮助学生加深课堂理论教学内容的理解，培养学生实践操作能力和创新能力。围绕一门课程主要知识点的实践教学通常由若干个子实验组成，每个实验所针对的是某些知识点或某一类问题的求解方法。根据课程实验的性质，通常可以将实验分为验证性实验、设计性实验和综合性实验。但是课程实验中的综合性实验不同于综合课程设计，它一般是某门课程中关联多个知识点的实验。从对知识点实验的要求来看，验证性实验通常是通过实验来验证有关知识点，而设计性实验则是运用有关知识和方法来求解特定的问题。对本科层次的学生，设计性实验应该是实践教学的主要内容。

物联网实践教学的设计要遵循两个原则：一是要注意围绕课程教学内容展开，帮助学生更好地掌握教学中所涉及的理论、方法和技术；二是要注意学生学习和掌握本课程知识和能力的规律以及教师课程教学的规律，避免割裂和没有整体化地组织教学，强调形成统一、完整的实践教学体系，按体系循序渐进。针对每一门专业核心课程的课程教学内容，都列出由下至上、由基础到专业、由简单到复杂的课程内容组织体系，循序渐进地开展由基本认知、基本技术到综合实践的多层次内容的教学。此外，在具体的实践教学开展过程中，需要进一步注意以下几个问题。

1. 实验内容模块化

模块化教学是将物联网实践教学内容中具有相似特征或者相同属性的技术元素组合成一个相对独立的知识单元，通过系统化的分析方法将物联网进行归纳总结，实现知识的层次化划分的教学方法，采用该方法有利于实践教学工作的有效开展。根据物联网技术的特点和其知识体系，可将实验内容划分为感知与标识、网络通信、数据处理以及系统应用四个模块，每一个模块与上述的核心知识体系是一一对应关系。

2. 实践模式递阶性

物联网工程专业的实践模式设置应采取阶梯式的、循序渐进的教学方法，通过验证实验、专题技术实验和综合创新实践，将物联网实践活动由低到高、由浅入深逐级递增，由感性认识到系统能力培养，实现不同知识系统间的融会贯通，逐步形成有特色的教学方法。

3. 实践平台先进性

实践平台作为物联网专业学生的依托基础，其实验设备、实验人员和实验室管理手段都要具备一定的先进性、前瞻性和科学性，充分发挥平台的示范功能。平台不仅能够满足常规的实验教学需求，同时能够支持学生实践创新活动，其硬件和软件条件都要符合未来物联网发展的趋势。

4. 实验设备可扩展性

考虑到物联网专业的培养目标，实验设备应具有一定的灵活性和扩展性，除了完成基本教学活动外，还应提供开放的、先进的、多元化的功能模块，为学生提供自主研发的实验平台，充分发挥其主观能动性和创新性，实现理论与实践的有机结合，全方位地培养学生系统分析能力和实际动手能力。通过以教师为引导者，以学生为主体的组织方式，培养具有良好学习能力和创新设计能力的复合型人才。

1.3　物联网工程实践教学内容

物联网实践内容的设置不仅要覆盖专业基础知识，还需要注重理论学习和实践创新能力的培养与提高，让学生在多元化的平台上尽可能接触更多的技术和产品，激发学生的自主学习意识。物联网工程实践教学内容应由验证型、提高型向综合型、设计开发型和创新型逐层递进。

1. 基本认知

基本认知学习阶段的任务是通过课程教学，介绍基本概念、基本系统的组成和工作原理，开展关于基本系统组成和应用的实践教学，使学生对于课程将要面向的技术对象和应用对象有一个概念性的、实感上的认知。在此基础上，结合物联网典型应用案例的讲解、实验演示和实验操作，让学生了解课程所学的理论和技术在应用系统中所处的位置和所起的作用，为后续理念和技术的深入学习打好基础。

2. 基本技术

在基本技术学习阶段，学生带着应用问题学习基本理论和技术，形成应用空间、问题空间和知识空间的统一。同时，系统地运用有关理论、技术进行应用设计和实施方法的探索。通过仿真的实验环境或企业真实的现场环境，让学生了解各种应用问题，在具体实践过程中运用基本理论和技术解决问题，提高学生工程动手能力。

3. 综合实践

在综合实践阶段，为了巩固课程学习成果，进一步锻炼学生综合运用理论和技术解决实际问题的能力，通过设计综合性的课程实验，让学生进行应用系统软硬件的设计和开发。不同类型的人才需要强调不同方面的能力，对于工程型和应用型人才强调“设计形态”的内容，主要是在提供的实验软硬件基础上，进行完整应用系统的设计、开发和应用测试。对于研究型人才则应强调“理论形态”的内容，需要强化计算思维能力和软硬件设计能力的培养。除了进行应用系统方面的实验外，还进行相关软件、硬件原型系统或装置的研究、设计、开发和测试。

1.4 物联网工程实践方案设置

对于每门核心课程实验，均应按基本认知、基本技术、综合实践三个层次递阶展开实验教学。物联网工程核心专业课程的实践教学方案设置如下。

1. 物联网系统认知实验

通过智能家居、安防、农业、远程医疗等物联网演示环境，让学生加深对理论知识的理解和掌握，了解物联网在不同环境下的典型应用，培养学生学习兴趣，提升学生对物联网认知的广度和深度。

2. 嵌入式系统专题实验

物联网的本质是实现物与物、人与物以及人与人之间的信息传递与控制。本质上讲就是各种智能感知终端的网络化，其基础是无处不在的嵌入式系统。实验目的是使学生加深对嵌入式系统的理解和掌握，熟悉 Cortex、ARM 等嵌入式系统的开发和调试环境，掌握汇编、C++等编程语言和调试方法，为深入开展物联网硬件设计和开发奠定实践技术基础。

3. 传感与检测专题实验

通过介绍常用传感器的基本原理、基本测量电路和感知数据采集原理，使学生熟悉常见数字接口、模拟接口和开关量接口的传感器原理与结构，掌握传感器的智能化、可靠性、抗干扰等关键实现技术，掌握传感器的组网、信息获取、传输及应用技术。

4. 物联网标识、定位专题实验

针对物联网标识、定位等技术，通过理论和实践教学，能够了解一维和二维条码、RFID 标识、GPS 定位等基本理论，掌握 RFID 应用技术及方法，构建 RFID 应用系统。

5. 物联网通信与网络专题实验

实验目的是让学生熟悉网络通信基本知识，掌握 ZigBee、Wi-Fi、蓝牙、3G 等短距离无线组网技术，根据应用场景选用合适的通信技术及通信网络，构建数据传输链路，实现感知数据的可靠传输和互联网接入，支撑物联网上层应用。

6. 数据处理与智能决策专题实验

通过实践操作，使学生了解物联网工程应用中数据处理的基本过程，全面掌握其主要方法和工作原理，并利用这些方法对典型物联网应用提出数据处理的解决方案，实现对海量感知信息的动态组织与数据挖掘。

7. 信息安全与隐私保护专题实验

通过介绍物联网的安全体系结构，了解物联网各层次所涉及到的安全技术问题和常见防护手段。掌握物联网安全与隐私保护技术，并能够进行基本的物联网安全项目的实施和应用，完成物联网安全管理等工作。

8. 物联网工程设计与应用专题实验

该实验的目的是让学生熟悉物联网工程设计与实施的方法学，具体掌握面向不同行业特征的物联网工程需求分析与技术方案设计，进一步在实践中学习和消化理论知识，提高学生的工程实践能力和创新能力，为学习后续课程和从事实践技术工作奠定基础。

第2章　物联网感知技术

随着物联网、云计算等新兴技术的出现，人类已进入了科学技术空前发展的信息社会。在这个瞬息万变的信息世界里，传感器可检测出满足不同需求的感知信息，充当着电子计算机、智能机器人、自动化设备、自动控制装置的“感觉器官”。如果没有传感器将形态各样、功能各异的数据转换为能够直接检测并被人类理解的信息，物联网等技术的发展将是十分困难的。显而易见，传感器在物联网技术领域中占有极其重要的地位。

2.1　模拟量传感器感知实验

2.1.1　实验目的

(1)学会使用 Arduino 进行简单的程序设计；
(2)了解 ADC 原理；
(3)学会使用 Arduino 进行电压测量；
(4)掌握光敏电阻、气体传感器、声音传感器等传感器使用方法。

2.1.2　实验设备

(1)Arduino UNO 开发板 1 块，面包板 1 块，杜邦线若干；
(2)光敏电阻 1 个；
(3)无源蜂鸣器 1 个；
(4)MQ-5 烟雾、气体传感器模块 1 个；
(5)麦克风模块 1 个。

2.1.3　实验原理

1. Arduino 平台

Arduino 是一款便捷灵活、方便上手的开源电子原型平台，包含硬件(各种型号的 Arduino 板)和软件(Arduino IDE)。它是由一个欧洲开发团队于 2005 年冬季开发出来的平台。该团队成员包括 Massimo Banzi、David Cuartielles、Tom Igoe、Gianluca Martino、David Mellis 和 Nicholas Zambetti 等。

它构建于开放原始码 Simple I/O 界面版，并且具有使用类似 Java、C 语言的 Processing/Wiring 开发环境。它包含两个主要的部分：硬件部分是可以用来做电路连接的 Arduino 电路板；软件部分则是 Arduino IDE，作为计算机中的程序开发环境。你只要在 IDE 中编写程序代码，将程序上传到 Arduino 电路板后，程序便会告诉 Arduino 电路板要做些什么了。

Arduino 能通过各种各样的传感器来感知环境，通过控制灯光、马达和其他的装置来反馈、影响环境。板子上的微控制器可以通过 Arduino 的编程语言来编写程序，编译成二进制文件，烧录进微控制器。对 Arduino 的编程是通过 Arduino 编程语言（基于 Wiring）和 Arduino 开发环境（基于 Processing）来实现的。基于 Arduino 的项目，可以只包含 Arduino，也可以包含 Arduino 和其他一些在 PC 上运行的软件，通过它们之间的通信（比如 Flash、Processing、MaxMSP）来实现。图 2－1－1 是由 Arduino 搭建的机器人。

图 2－1－1　Arduino 搭建的机器人

Arduino 平台的优点有：

（1）跨平台。Arduino IDE 可以在 Windows、Macintosh OS X、Linux 三大主流操作系统上运行，而其他的大多数控制器只能在 Windows 上开发。

（2）简单清晰。Arduino IDE 基于 Processing IDE 开发。对于初学者来说，极易掌握，同时有着足够的灵活性。Arduino 语言基于 Wiring 语言开发，是对 avr-gcc 库的二次封装，不需要太多的单片机基础、编程基础，简单学习后，便可以快速进行开发。

（3）开放性。Arduino 的硬件原理图、电路图、IDE 软件及核心库文件都是开源的，在开源协议范围内可以任意修改原始设计及相应代码。

（4）发展迅速。Arduino 不仅是全球最流行的开源硬件，也是一个优秀的硬件开发平台，更是硬件开发的趋势。Arduino 简单的开发方式使得开发者更关注创意与实现，更快地完成自己的项目开发工作，大大节约了学习的成本，缩短了开发的周期。

因为 Arduino 的种种优势，越来越多的专业硬件开发者已经或开始使用 Arduino 来开发他们的项目、产品；越来越多的软件开发者使用 Arduino 进入硬件、物联网等开发领域；大学里的自动化、软件，甚至艺术专业，也纷纷开设了 Arduino 相关课程。

2. Arduino UNO

如图 2－1－2 所示，本实验使用的开发板 Arduino UNO，以 ATmega328 MCU 控制器为基础，具备 14 路数字输入/输出引脚（其中 6 路可用于 PWM 输出）、6 路模拟输入、一个 16 MHz 陶瓷晶振、一个 USB 接口、一个电源插座、一个 ICSP 接头和一个复位按钮。

Arduino UNO 并未使用 FTDI 出品的 USB 转串行（USB-to-Serial）驱动芯片，而是采用了 ATmega16U2（ATmega8U2 至 R2 版），此外，UNO3 还具有下列新增功能：

（1）在靠近 ARFF 引脚处新增 SDA 和 SCL 引脚，另在 RESET（复位）引脚处新增两个引脚，IOREF 引脚允许 Shield 适应板卡提供的电压；

(2)增强型复位电路；

(3)ATmega16U2 代替 8U2。

图 2-1-2　Arduino UNO 开发板

3. Arduino ADC(模/数转换器)

随着电子技术的迅速发展以及计算机在自动检测和自动控制系统中的广泛应用，利用数字系统处理模拟信号的情况变得更加普遍。数字电子计算机所处理和传送的都是不连续的数字信号，而实际中遇到的大都是连续变化的模拟量，模拟量经传感器转换成电信号的模拟量后，需经模/数转换变成数字信号才可输入到数字系统中进行处理和控制，因而作为把模拟电量转换成数字量输出的接口电路——A/D 转换器是把现实世界中的模拟信号转换成数字信号的桥梁，是电子技术发展的关键所在。

自电子管 A/D 转换器面世以来，经历了分立半导体、集成电路数据转换器的发展历程。在集成技术中，又发展了模块、混合和单片机集成数据转换器技术。在这一历程中，工艺制作技术都得到了很大改进。单片集成电路的工艺技术主要有双极工艺、CMOS 工艺以及双极和 CMOS 相结合的 BiCMOS 工艺。模块、混合和单片集成转换器齐头发展，互相发挥优势，互相弥补不足，开发了适用于不同应用要求的 A/D 和 D/A 转换器。近年来转换器产品已达数千种。图 2-1-3 是一种 A/D 转换器芯片。

图 2-1-3　一种 A/D 转换器芯片

现在大多数的单片机都集成了 A/D 转换器(模/数转换器)，本教程所使用的 Arduino UNO 的控制芯片 ATmega328 也是如此。ATmega328 内部集成了一个 10 位的逐次逼近的 A/D 转换器。该转换器与一个 8 通道的模拟多路复用器连接，能够对来自端口 A 的 8 路单端输入电压进行采样。Arduino UNO ADC 转换模块的原理图如图 2-1-4 所示。

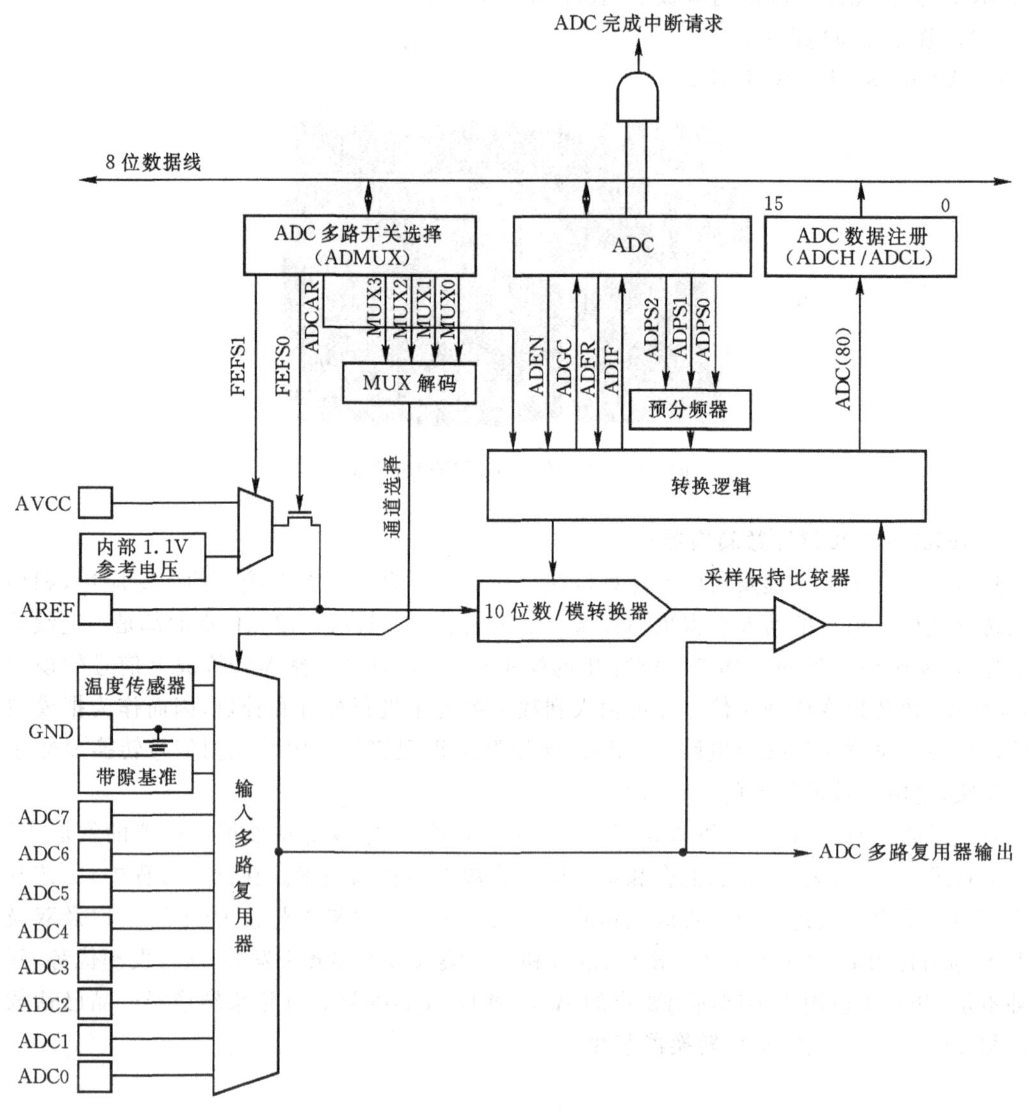

图 2-1-4　Arduino UNO AD 转换模块的原理图

Arduino ADC 基本特性有：

10 位分辨率，0.5 LSB 积分非线性，±2 LSB 绝对精度，13～260 s 转换时间，最高采样速率 76.9 kS/s，6 路可选的单端输入通道，2 路额外多路复用单端输入通道（TQFP、QFN/MLF），温度传感器输入通道，ADC 读取的结果可设置为左端对齐，0～V_{cc}为 ADC 输入电压范围，可选择 1.1 V ADC 参考电压，自由连续转换模式和单次转换模式，在 ADC 转换完成时中断，睡眠模式噪声消除。

ADC 由独立的专用的模拟电压引脚 AVCC 供电，AVCC 和 VCC 的电压差别不能大于±0.3V。ADC 的参考电源可以是芯片内部的 1.1V 的参考电源，也可以是 AVCC，也可以采用外部参考电源。使用外部参考电源的时候，外部参考电源可由引脚 AREF 接入；使用内部参考电压源的时候，可以通过在 AREF 引脚外部并接一个电容来提高 ADC 的抗噪性能。这个电容一般为 0.1 μF。

4. 光敏电阻

光敏电阻是利用半导体的光电导效应制成的一种电阻值随入射光的强弱而改变的电阻器，又称为光电导探测器。光敏电阻是用硫化镉或硒化镉等半导体材料制成的特殊电阻器，其工作原理是基于光电效应。光照愈强，阻值就愈低，随着光照强度的升高，电阻值迅速降低，其电阻值可小至 1 kΩ 以下。光敏电阻对光线十分敏感，它在无光照时呈高阻状态，暗电阻一般可达 1.5 MΩ。图 2-1-5 是一种光敏电阻的实物图。

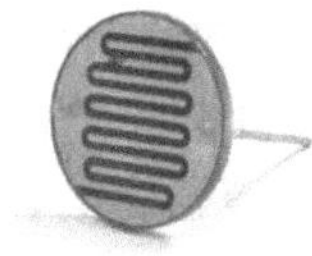

图 2-1-5　光敏电阻

光敏电阻一般用于光的测量、光的控制和光电转换(将光的变化转换为电的变化)。光敏电阻对光的敏感性(即光谱特性)与人眼对可见光(0.4～0.76 μm)的响应很接近，只要人眼可感受到的光，都会引起它的阻值变化。设计光控电路时，都用白炽灯泡(小电珠)光线或自然光线作控制光源，使设计大为简化。

5. 烟雾、气体传感器模块

MQ-5 气体传感器(图 2-1-6)所使用的气敏材料是在清洁空气中电导率较低的二氧化锡(SnO_2)。当传感器所处环境中存在可燃气体时，传感器的电导率随空气中可燃气体浓度的增大而增大。使用简单的电路即可将电导率的变化转换为与该气体浓度相对应的输出信号。

图 2-1-6　气体传感器 MQ-5

MQ-5 气体传感器对丁烷、丙烷、甲烷灵敏度高，对甲烷和丙烷可较好地兼顾。这种传感器可检测多种可燃性气体，特别是液化气(丙烷)，是一款适合多种应用的低成本传感器。图 2-1-7 中纵坐标为传感器的电阻比(R_s/R_0)，横坐标为气体浓度。R_s表示传感器在不同浓度气体中的电阻值，R_0 表示传感器在洁净空气中的电阻值。

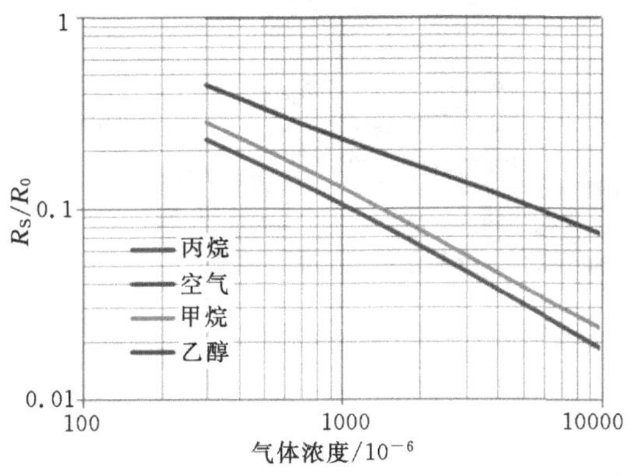

图 2-1-7　MQ-5 传感器典型灵敏度特性曲线

在正常环境中，即没有被测气体的环境中，可设定传感器输出电压值为参考电压，这时，AO 端的电压在 1V 左右，当传感器检测到被测气体时，电压每升高 0.1V，实际被测气体的浓

度增加 200×10^{-6}。根据这个参数就可以在单片机里面将测得的模拟量电压值转换为浓度值。

6. 声音传感器

驻极话筒的基本结构由一片单面涂有金属的驻极体薄膜与一个上面有若干小孔的金属电极(称为背电极)构成(见图 2-1-8)。驻极体面与背电极相对,中间有一个极小的空气隙,形成一个以空气隙和驻极体作绝缘介质,以背电极和驻极体上的金属层作为两个电极构成的平板电容器。电容的两极之间有输出电极。由于驻极体薄膜上分布有自由电荷,当声波引起驻极体薄膜振动而产生位移时,改变了电容两极板之间的距离,从而引起电容的容量发生变化。由于驻极体上的电荷数始终保持恒定,根据公式 $Q=CU$,当 C 变化时必然引起电容器两端电压 U 的变化,从而输出电信号,实现声—电的转换。

图 2-1-8　驻极话筒原理示意图

MIC 声音传感器是一款基于驻极话筒的声音检测的传感器,可用来对周围环境中的声音强度进行检测,具有 300 倍的放大器,输出模拟信号能使用 3.3 V 和 5 V 为基准 AD 采集,可以用来实现根据声音大小进行互动的效果,制作声控机器人、声控开关、声控报警等。MIC 声音传感器的工作电压为 5 V,工作电流小于 10 mA,最长响应时间为 220 ms,具有输出大小调节功能。图 2-1-9 为一种声音传感器的剖面图。

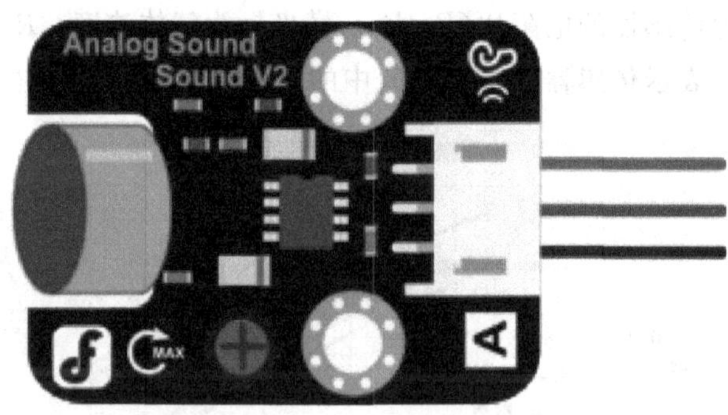

图 2-1-9　Analog Sound V2 声音传感器

2.1.4　实验步骤

1. 搭建 Arduino 开发环境

1)连接 Arduino 与电脑

在 Arduino 官方网站(https://www.arduino.cc/en/Main/Software)下载最新的 Arduino IDE,按照提示安装好软件,所需驱动程度也会一并自动安装好。

2)测试 Arduino IDE 软件是否可以使用

如图 2-1-10 所示,选择板卡:Arduino/Genuino Uno,以测试 Arduino IDE 软件是否可以使用。

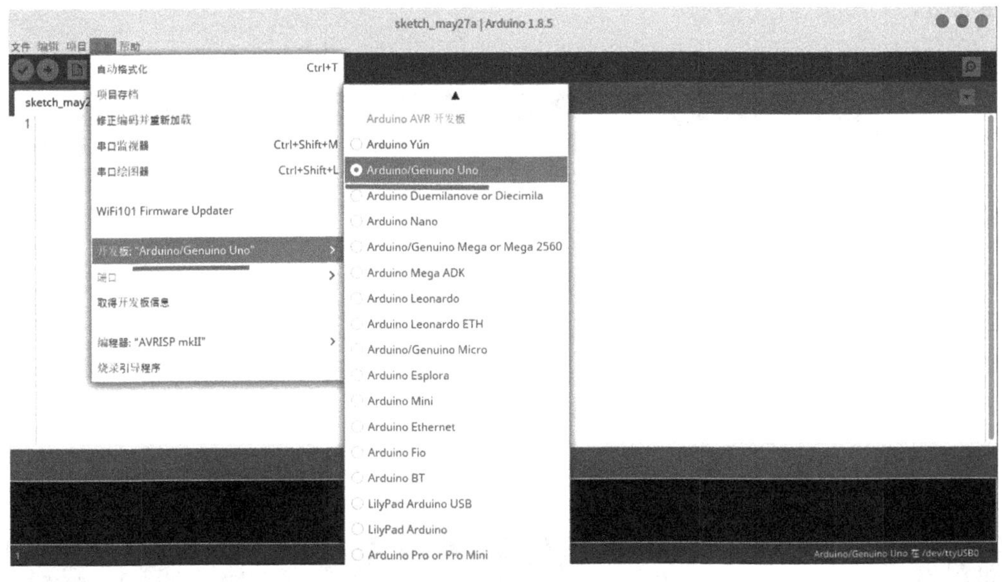

图 2-1-10　Arduino IDE 选择开发板

3)端口设置

在 Arduino 界面菜单选择“工具”选项,进行端口设置,如图 2-1-11 所示。Windows 环境下,串口的端口号通常为 COMx,(x 为数字);Linux 环境下,串口端口号通常为 ttyUSBx(x 为数字)

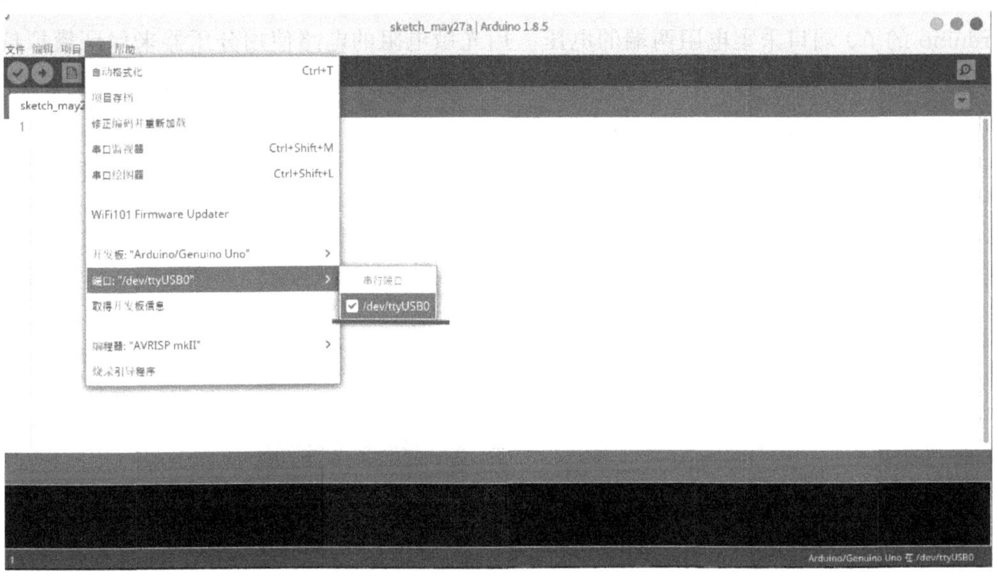

图 2-1-11　Arduino 选择端口

4)示例测试

如图 2-1-12 所示,选择“文件”→“示例”→“01. Blink”→“Blink”,导入示例程序。点击“编译”,代码运行完毕后选择“上传”。若看到开发板 13 号引脚上 LED 闪烁,则说明开发环境搭建成功。

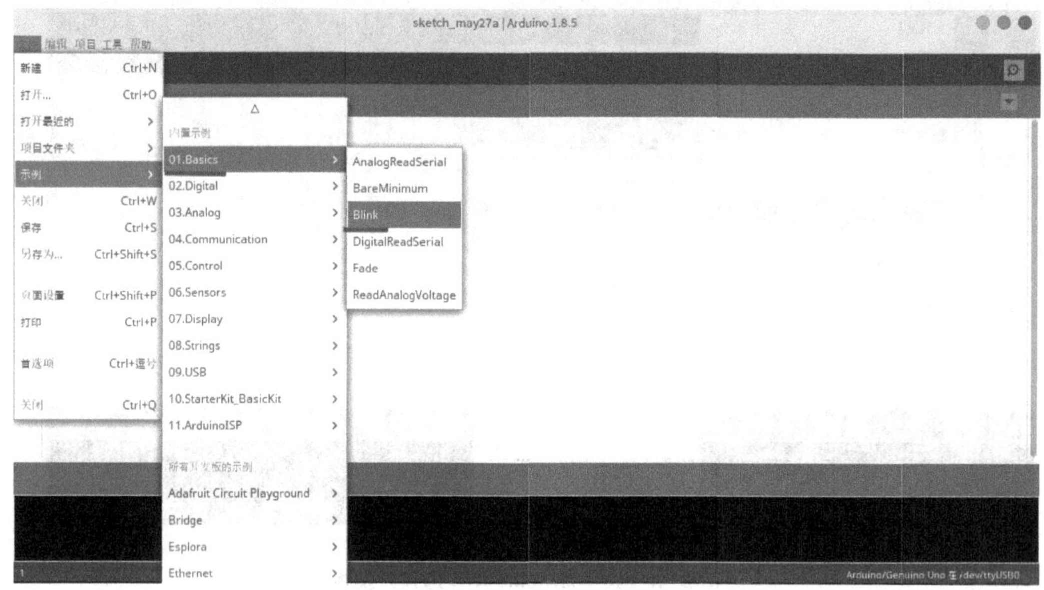

图 2-1-12　打开示例程序

2. 光照强度测量

1)连接电路

按照图 2-1-13 方式连接电路。光敏电阻与 10 kΩ 电阻并联后接在 5 V 电源与 GND 之间,Arduino 的 A0 端口采集电阻两端的电压。用光敏电阻的电路使用分压器来保证模拟信号在转换电压时有高阻抗。因为模拟输入引脚几乎不会消耗任何电流,因此根据欧姆定律,不管电阻阻值为多少,连接到 5 V 的那一端总是 5 V。

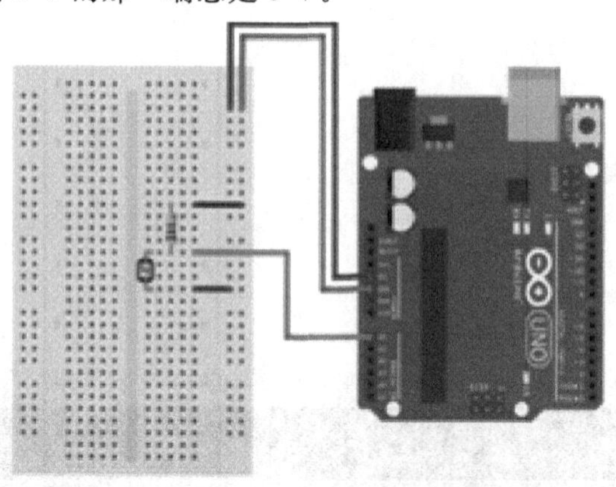

图 2-1-13　光照强度测量电路

2)编写程序

```
/*
 * 光敏电阻控制 LED 闪烁频率实验
 */
#define sensorPin A0 //输入端口
#define ledPin 13 //led
int sensorValue = 0; //传感器值变量
void setup() {
    pinMode(ledPin, OUTPUT); //ledPin 配置为输出模式
    pinMode(sensorPin, INPUT);//sensorPin 配置为输入模式
}
void loop() {
    sensorValue = analogRead(sensorPin); //读取 sensorPin 电压
    digitalWrite(ledPin, HIGH); //点亮 led
    delay(sensorValue); //延时
    digitalWrite(ledPin, LOW); //熄灭 led
    delay(sensorValue); //延时
}
```

3)编译并上传程序

将 Arduino UNO 连接到电脑上,编译并上传程序。

4)观察 LED 闪烁频率

用手遮住光敏电阻,观察 LED 闪烁频率。将 LED 放在强光下,观察 LED 闪烁频率。

5)分析电路以及程序

当光照变弱时,光敏电阻阻值变小,光敏电阻分压减小,电阻两端电压增大,Arduino 读取的 sensorValue 值变大,闪烁延迟变大,LED 闪烁频率变低。

3. 液化气、烟雾报警实验

1)连接电路

按照图 2-1-14 方式连接电路。此电路中,烟雾传感器 3 根线将传感器的 1、GND、A1 引脚,分别连接到 Arduino 的 5 V、GND 以及 A0 端口;无源蜂鸣器的两根线分别连到 Arduino 的 GND 和 12 号端口。

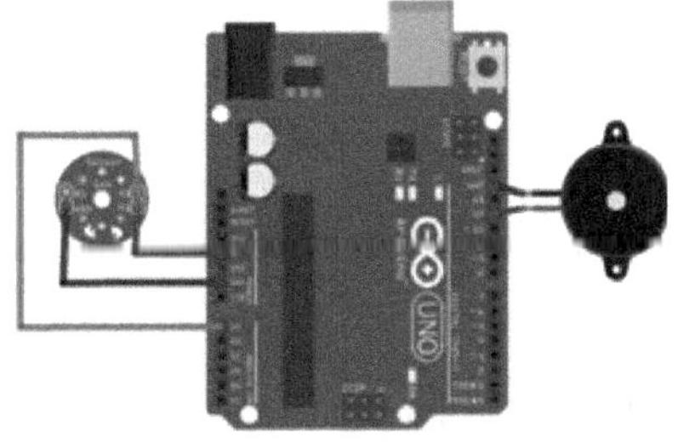

图 2-1-14　烟雾报警器连接电路

2)电路与原理分析

对于烟雾传感器,只要采集到 A1 引脚的电压,经过换算便可以得到污染物的量。对于无源蜂鸣器,要想让它振动发声,就必须使其以一定频率振动。人耳能听见的声音在 20 Hz～20 kHz 之间,为了能起到警示作用,我们会让蜂鸣器以 2 kHz 振荡,也就是驱动蜂鸣器的电平一个周期内高低电平各 250 μs。

3)程序编写

```
/*
 * 可燃气体报警器程序
 */
#define sensorPin A0 //输入端口
#define speakerPin 12 //蜂鸣器
#define dangerValue 512 //需要经过换算

bool danger = false; //可燃气体是否泄露
int sensorValue = 0; //传感器值

void setup() {
    pinMode(speakerPin, OUTPUT);  //speakerPin 配置为输出模式
    pinMode(sensorPin, INPUT);     //sensorPin 配置为输入模式
}

void loop() {
    sensorValue = analogRead(sensorPin); //读取 sensorPin 电压
    danger = sensorValue > dangerValue; //判断是否泄露
    if(danger) { //如果发生泄露,蜂鸣器报警
        digitalWrite(speakerPin, HIGH);
        _delay_us(250);
        digitalWrite(speakerPin, LOW);
        _delay_us(250);
    }
}
```

4)编译并上传程序

将 Arduino UNO 连接到电脑上,编译并上传程序。

5)观察实验现象

将打火机里面的气体导出,置于一个小玻璃杯,然后将 MQ－5 传感器放于其中。若实验成功,蜂鸣器会发出刺耳的声音。

4. 环境噪声测试

1)连接电路

按照下图 2-1-15 方式连接电路。麦克风模块的 GND、VCC、A0 引脚分别接到 Arduino 的 GND、5V、A0 端口。

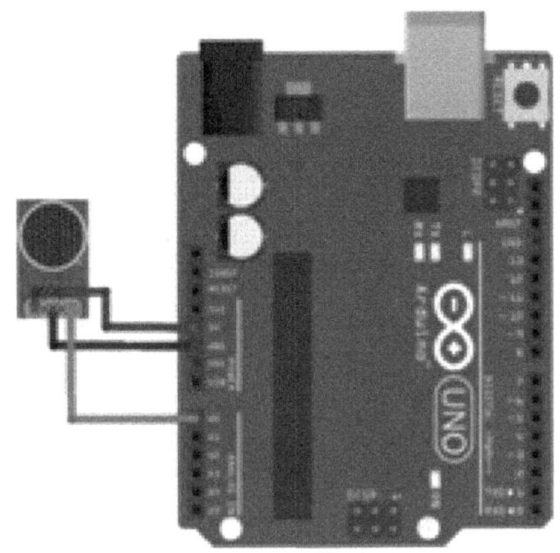

图 2-1-15　环境噪声测试实验电路图

2)电路与原理分析

想要测评环境的噪声,需要一个能感知声音响度的模块。这里选用了麦克风模块,它可以将音频信号转化为电信号,然后通过单片机采样便可以读取到电信号的强弱,从而评价环境的安静与否。常用的分贝计工作原理是由传声器将声音转换成电信号,再由前置放大器变换阻抗,使传声器与衰减器匹配。放大器将输出信号加到计权网络,对信号进行频率计权(或外接滤波器),然后再经衰减器及放大器将信号放大到一定的幅值,送到有效值检波器(或外接电平记录仪)。为了简化系统设计流程,我们会在 1 s 内采集多次,并以积分粗略代表声音的能量值。

3)程序编写

```
/**
 * 环境噪声监测
 */

#define BUFFER_SIZE 100
// 快速得到元素累加和的数据结构
class SumBuffer {
private:
    unsigned char data[BUFFER_SIZE + 1] = {0};
    int sum;
    int head;
    int tail;
```

```
public:
    SumBuffer() {  // 初始化
        sum = 0;
        head = 0;
        tail = 0;
    }
    void put(int n) { //放入一个元素
        data[head] = n;
        sum + = n;
        head = (head + 1) % (BUFFER_SIZE + 1);
        if(head % (BUFFER_SIZE + 1) = = tail) //满 1024 个的时候,删掉
                                              //最早的元素
            pop();
    }
    void pop() { //删掉一个元素
        sum - = data[tail];
        tail = (tail + 1) % (BUFFER_SIZE + 1);
    }
    int getSum() { //获取累加和
        return sum;
    }
};

#define MicPIN A0 //麦克风模块所连接引脚
SumBuffer sumBuffer; //实例化一个 SumBuffer 对象
int value = 0;
void setup() {
    pinMode(MicPIN, INPUT);
    Serial.begin(9600);
}

void loop() {
    value = analogRead(MicPIN);
    sumBuffer.put(value / 4); //输入一个值
    Serial.println(sumBuffer.getSum());//打印到屏幕
    delay(1);
}
```

上述程序实现了一个容量为 100 的循环队列,并且可以快速得到队列和。loop 函数中,每 1 ms 对 A0 端口采样,并加入到队列中,取出其和,以此代表声音中含有的能量。

4)实验结果分析

(1)上传程序到 Arduino 开发板,如图 2-1-16 所示,打开串口绘图器。

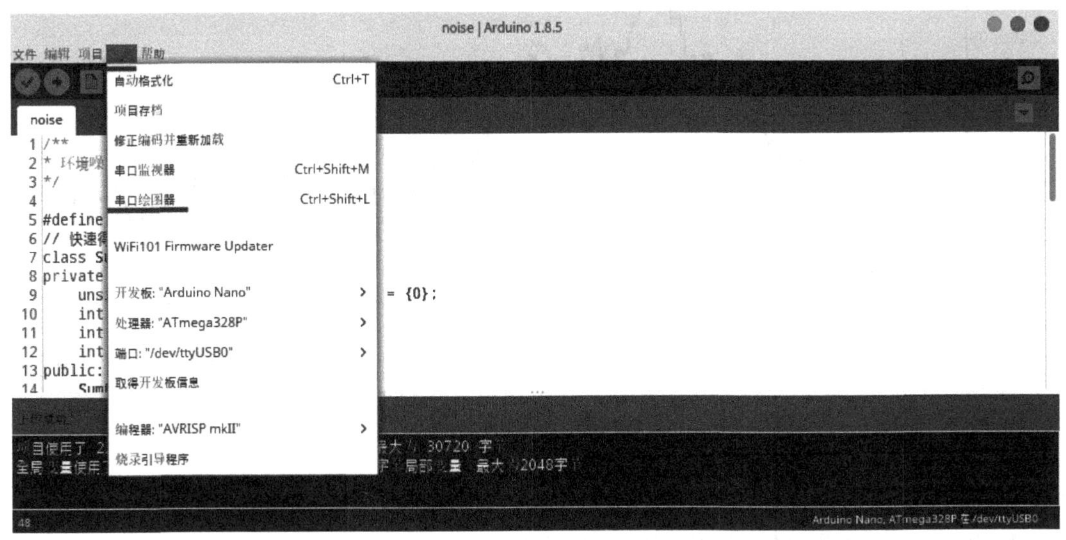

图 2-1-16　Arduino IDE 串口绘图器

(2)若实验成功,则当麦克风处于安静的情况下,可以观察到图 2-1-17 所示图像,数据在小范围内波动,波动幅度在 30 左右。

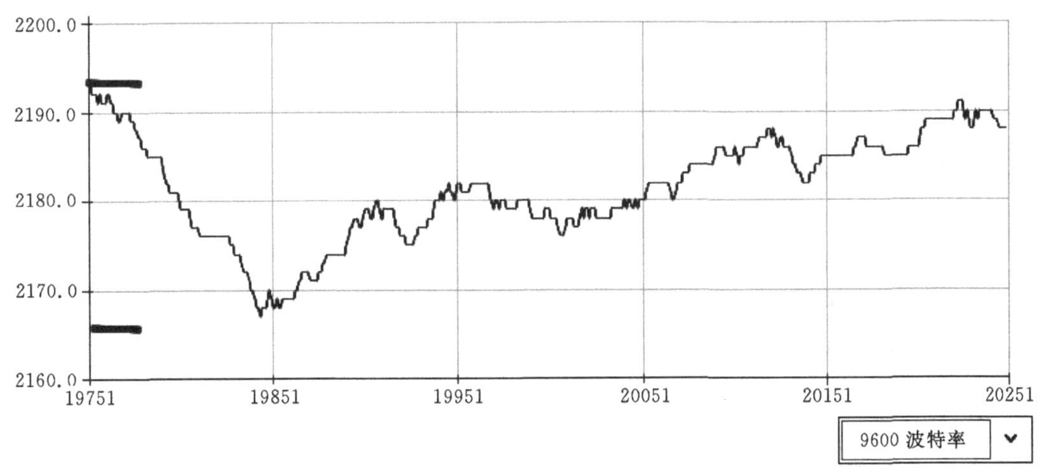

图 2-1-17　安静环境下程序的输出

(3)当麦克风处于嘈杂的环境,实验结果如图 2-1-18 所示,波动幅度在 300 左右,图像波动明显增大。从两个图像的对比我们可以得出结论,对于当前使用的麦克风模块,我们可以用波动幅度表示环境的嘈杂程度。

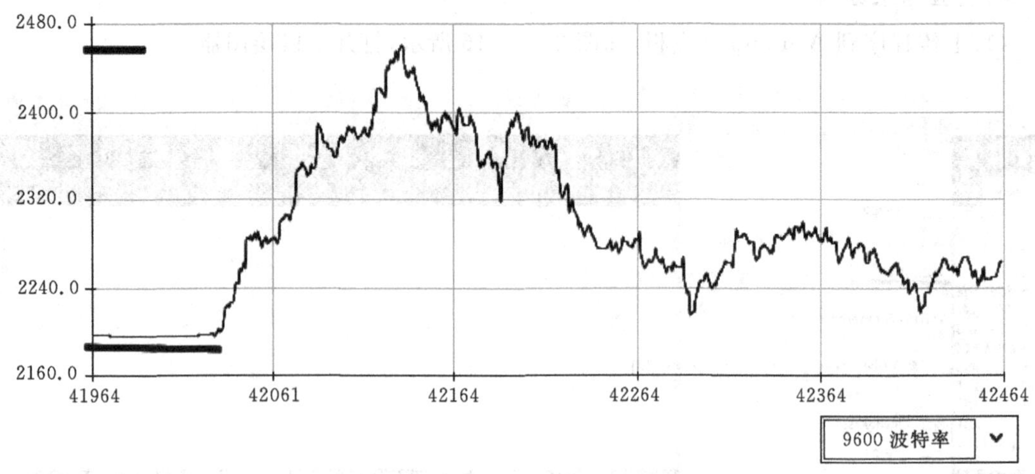

图 2-1-18　嘈杂环境下程序的输出

2.2　数字量传感器感知实验

2.2.1　实验目的

(1)了解 I^2C 总线原理；
(2)学会使用 MPU6050；
(3)学会使用数字光强传感器；
(4)学会使用 DHT11 传感器,并了解单总线原理。

2.2.2　实验设备

(1)Arduino UNO 2 块,面包板 1 块,杜邦线若干,电阻若干；
(2)发光二极管 1 个；
(3)MPU6050 模块 1 个；
(4)GY30 数字光强传感器 1 个；
(5)DHT11 温湿度传感器模块 1 个。

2.2.3　实验原理

1. I^2C 总线

I^2C 总线是由飞利浦公司开发的一种简单、双向二线制同步串行总线。如图 2-2-1 所示,它只需要两根线即可在连接于总线上的器件之间传送信息。主器件用于启动总线传送数据,并产生时钟以开放传送的器件,此时任何被寻址的器件均被认为是从器件。在总线上主和从、发和收的关系不是恒定的,而是取决于此时数据传送的方向。如果主机要发送数据给从器件,则主机首先寻址从器件,然后主动发送数据至从器件,最后由主机终止数据传送;如果主机要接收从器件的数据,首先由主器件寻址从器件,然后主机接收从器件发送的数据,最后由主机终止接收过程。在这种情况下,主机负责产生定时时钟和终止数据传送。

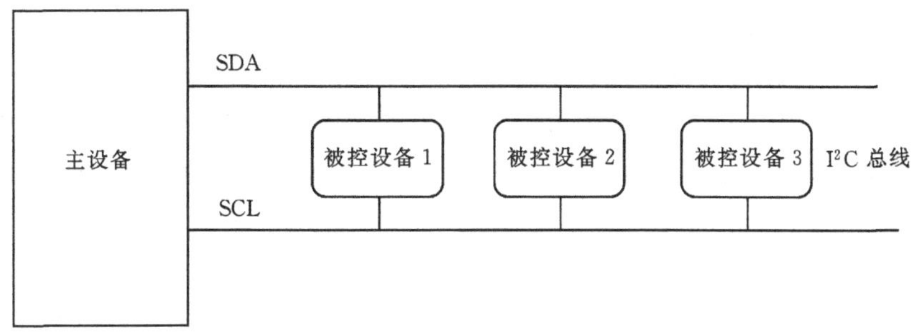

图 2-2-1　I²C 设备连接拓扑图

I²C 总线具有以下特性:

(1)在硬件上,I²C 总线只需要一根数据线和一根时钟线,总线接口已经集成在芯片内部,不需要特殊的接口电路,而且片上接口电路的滤波器可以滤去总线数据上的毛刺。因此 I²C 总线简化了硬件电路 PCB 布线,降低了系统成本,提高了系统可靠性。因为 I²C 芯片除了这两根线和少量中断线,与系统再没有连接的线,用户常用 I²C 实现标准化和模块化设计,便于重复利用。

(2)I²C 总线是一个真正的多主机总线。如果两个或多个主机同时初始化数据传输,可以通过冲突检测和仲裁防止数据破坏。每个连接到总线上的器件都有唯一的地址,任何器件既可以作为主机也可以作为从机,但同一时刻只允许有一个主机。数据传输和地址设定由软件设定,非常灵活。总线上的器件增加和删除不影响其他器件正常工作。

(3)I²C 总线可以通过外部连线进行在线检测,便于系统故障诊断和调试,故障可以立即被寻址,也利于软件标准化和模块化,缩短开发时间。

(4)连接到相同总线上的 IC 数量只受总线最大电容的限制,串行的 8 位双向数据传输速率在标准模式下可达 100 Kb/s,快速模式下可达 400 Kb/s,高速模式下可达 3.4 Mb/s。

(5)总线具有极低的电流消耗,抗高噪声干扰。增加总线驱动器可以使总线电容扩大 10 倍,传输距离达到 15 m。总线可兼容不同电压等级的器件,工作温度范围宽。

2. MPU-6050

MPU-6050 包括三轴陀螺仪和三轴加速度计,其芯片如图2-2-2所示。本实验会用到三轴陀螺仪,加速度计原理部分读者可以自行查阅。

图 2-2-2　MPU-6050 芯片

MPU-6050 三轴加速度计由三个独立的振动 MEMS 速率陀螺仪组成,可检测旋转角度 X 轴、Y 轴和 Z 轴。当陀螺仪围绕任何感应轴旋转时,科里奥利效应就会产生电容式传感器检测到的振动。所得到的信号被放大,解调和滤波产生与角速度成比例的电压。该电压使用单独的片内数字化 16 位模数转换器对每个轴进行采样。陀螺仪传感器可以全面范围的被数字编程为每秒±250、±500、±1000 或±2000 度(dps)。模数转换器样本速率可以从每秒 8000 个采样点编程到每秒 3.9 个采样点,并且可由用户选择低通滤波器可实现广泛的截止频率。

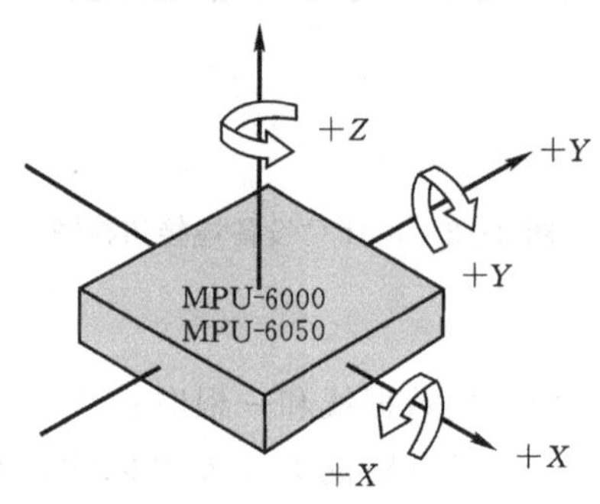

图 2-2-3 MPU-6050 角速度测量方向

此外,我们还需要理解 MEMS 传感器、MEMS 陀螺仪这两个概念。

MEMS 传感器即微机电系统(microelectro mechanical systems),是在微电子技术基础上发展起来的多学科交叉的前沿研究领域。经过四十多年的发展,已成为世界瞩目的重大科技领域之一。它涉及电子、机械、材料、物理学、化学、生物学、医学等多种学科与技术,具有广阔的应用前景。截止到 2010 年,全世界有大约 600 余家单位从事 MEMS 的研制和生产工作,已研制出包括微型压力传感器、加速度传感器、微喷墨打印头、数字显示器在内的几百种产品,其中 MEMS 传感器占相当大的比例。MEMS 传感器是采用微电子和微机械加工技术制造出来的新型传感器。与传统的传感器相比,它具有体积小、重量轻、成本低、功耗低、可靠性高、适于批量化生产、易于集成和实现智能化的特点。同时,在微米量级的特征尺寸使得它可以完成某些传统机械传感器所不能实现的功能。

微机械陀螺仪是基于微机械技术工艺制成的陀螺仪,由于内部无需集成旋转部件,而是通过一个由硅制成的振动的微机械部件来检测角速度,因此微机械陀螺仪非常容易小型化和批量生产,具有成本低和体积小等特点。传统的陀螺仪主要是利用角动量守恒原理,因此它主要是一个不停转动的物体,它的转轴指向不随承载它的支架的旋转而变化。但是微机械陀螺仪的工作原理不是这样的,因为要用微机械技术在硅片衬底上加工出一个可转动的结构可不是一件容易的事。微机械陀螺仪利用科里奥利力——旋转物体在有径向运动时所受到的切向力。通过给径向上的电容板加振荡启动电压使物体做径向运动,横向的科里奥利力运动带来电容的变化,因为科里奥利力正比于角速度,所以测量电容的变化可以计算出角速度。

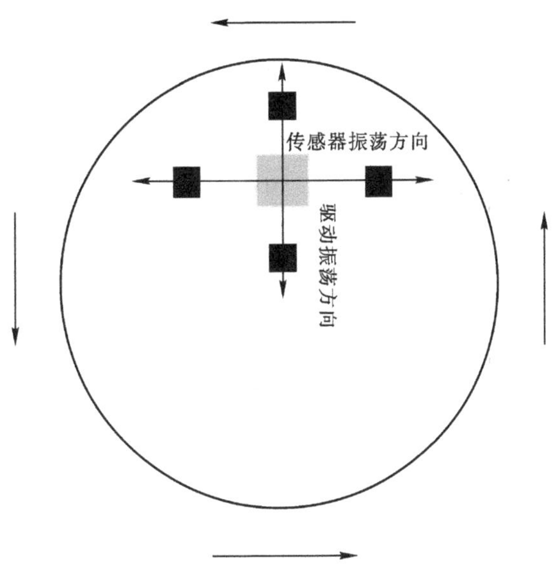

图 2-2-4　科里奥利力示意图

3. 数字光强传感器

在实验 2.1 中，我们用光敏电阻搭建电路，并粗略地测量了光照强度，但是其测量结果只能作为定性的参考，没法得到精确的光强。所以本实验中，我们将使用更精确的传感器——光照强度传感器。光照强度指光照的强弱，以单位面积上所接受可见光的能量来量度，简称照度，单位勒克斯(Lux 或 Lx)。通常，被光均匀照射的物体，在 1 m^2 面积上所得的光通量是 1 lm时，它的照度是 1 Lx。

本实验中使用的传感器 TSL-256 便是一种数字光照强度传感器，如图 2-2-5 所示。其芯片 BH1750FVI 是一种用于两线式串行总线接口的数字型光强度传感器集成电路，芯片框图如图 2-2-6 所示。这种集成电路可以根据收集到的光线强度数据来调整液晶或者键盘背景灯的亮度。利用它的高分辨率可以探测较大范围的光强度变化。

图 2-2-5　一种数字光强传感器模块

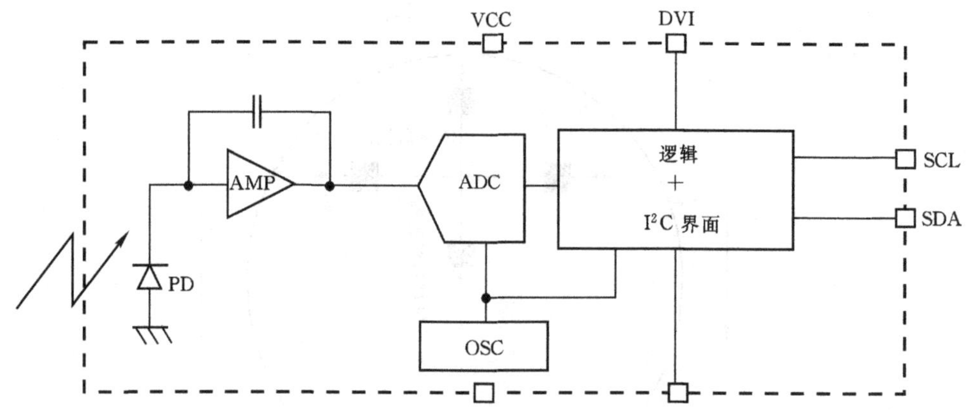

图 2-2-6　BH1750FVI 芯片框图

该芯片具有如下特性：

(1)支持 I^2C BUS 接口(f/s Mode Support)；

(2)接近视觉灵敏度的光谱灵敏度特性(峰值灵敏度波长典型值:560 nm)；

(3)输出对应亮度的数字值；

(4)对应广泛的输入光范围(相当于 1～65535 Lx)；

(5)通过降低功率功能，实现低电流化；

(6)通过 50 Hz/60 Hz 除光噪声功能实现稳定的测定；

(7)支持 1.8 V 逻辑输入接口。

4. DHT11 单总线温湿度传感器

DHT11 数字温湿度传感器(如图 2-2-7 所示)是一款含有已校准数字信号输出的温湿度复合传感器。它应用专用的数字模块采集技术和温湿度传感技术，确保产品具有极高的可靠性和卓越的长期稳定性。传感器包括一个电阻式感湿元件和一个 NTC 测温元件，并与一个高性能 8 位单片机相连接。因此该产品具有品质卓越、超快响应、抗干扰能力强、性价比极高等优点。

图 2-2-7　DHT11 温湿度传感器

每个 DHT11 传感器都在极为精确的湿度校验室中进行校准。校准系数以程序的形式存在 OTP 内存中，传感器内部在检测信号的处理过程中要调用这些校准系数。单线制串行接口，使系统集成变得简易快捷。超小的体积、极低的功耗，使其成为该类应用中在苛刻应用场合的最佳选择。产品为 4 针单排引脚封装，连接方便。如图 2-2-8 所示，DHT11 是通过单总线与单片机进行通信的，这样做的好处就是占用资源少，编程实现简单，发送数据的具体格式为 8 位湿度整数数据＋8 位湿度小数数据＋8 位温度整数数据＋8 位温度小数数据＋8 位校验和。主机先要给 DHT11 发送一个启动信号，等待 DHT11 作出响应，然后再进行检测温湿度的发送及传输。

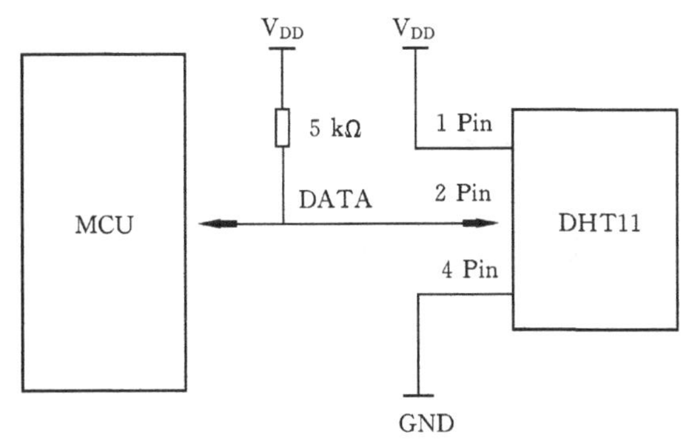

图 2-2-8　DHT11 典型电路

总线空闲状态为高电平，主机把总线拉低等待 DHT11 响应，主机把总线拉低必须大于 18 ms，保证 DHT11 能检测到起始信号。DHT11 接收到主机的开始信号后，等待主机开始信号结束，然后发送 80 μs 低电平响应信号。主机发送开始信号结束后，延时等待 20～40 μs 后，读取 DHT11 的响应信号，主机发送开始信号后，可以切换到输入模式，或者输出高电平均可，总线电平由上拉电阻拉高。若总线为低电平，说明 DHT11 发送响应信号。DHT11 发送响应信号后，再把总线电平拉高 80 μs，准备发送数据，每一位(bit)数据都以 50 μs 低电平时隙开始，高电平的长短定了数据位是 0 还是 1。如果读取响应信号为高电平，则 DHT11 没有响应，请检查线路是否连接正常。当最后一个位数据传送完毕后，DHT11 拉低总线 50 μs，随后总线由上拉电阻拉高，进入空闲状态。

2.2.4　实验步骤

1. 双 Arduino I²C 总线通信

1)连接电路

按照图 2-2-9 所示连接电路，将两块芯片的 GND、A4、A5 分别连接在一起，VCC 不用连接在一起。共用的 GND 可以让两块开发板的 GND 电平一致。

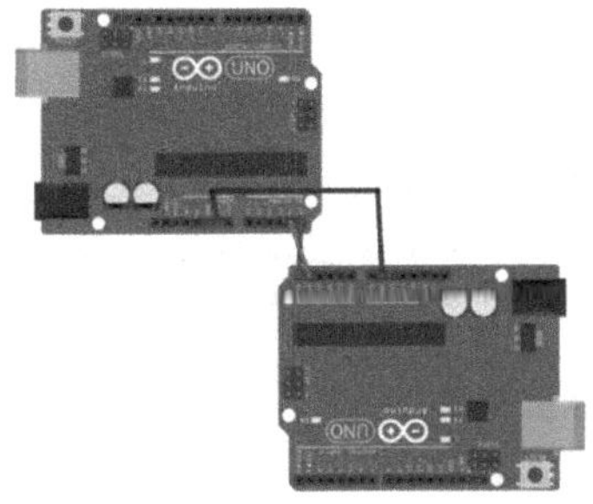

图 2-2-9　两块 Arduino UNO 连接 I²C 接口

2)编写主发射器-从接收器模式程序

其中,Wire. begin(地址) :地址是 7 位从地址;Wire. onReceive(收到的数据处理程序) :当从设备从主设备接收数据时调用的函数;Wire. available():返回可用于检索的字节数,应在 Wire. onReceive()处理程序中调用。

```
/**
* I2C 主发射器
*/
#include <Wire.h> //包含 I2C 库
void setup() {
Wire.begin(); //设置为发射器模式
}
short age = 0;
void loop() {
Wire.beginTransmission(2); // 发送数据到#2
Wire.write("age = ");
Wire.write(age); // 发送数据
Wire.endTransmission(); // 结束传送
delay(1000);
age++;
}
/**
* I2C 从接收器
*/
#include <Wire.h> //I2C 库

void setup() {
Wire.begin(2); // 以地址 2 加入 I2C 总线
Wire.onReceive(receiveEvent); //注册回调函数,当 I2C 收到数据时执行该函数
Serial.begin(9600); //打开串口
}
void loop() {
delay(250);
}

void receiveEvent(int howMany) {
while (Wire.available()>1) { //如果有数据则一直循环
char c = Wire.read(); //读取一个字节
Serial.print(c); // 输出到串口
}
}
```

3)下载程序

将两个程序分别下载到两块开发板中，注意下载完之后，两块 Arduino 都需要通过 USB 供电，否则程序无法正常运行。

4)实验结果

打开 Arduino IDE 串口，从接收器会收到 age=0，age=1，age=2，…

5)编写主接收器-从发射器模式程序

其中，Wire.requestFrom(地址，字节数)：主设备用于请求从设备的字节。

```
/**
 * I2C 主接收器程序
 */

#include <Wire.h>
void setup() {
    Wire.begin(); //加入 I2C 总线，无参数默认为 maser
    Serial.begin(9600); //打开串口
}

void loop() {
    Wire.requestFrom(2, 1); //从 2 号从设备请求 1 个字节
    while (Wire.available()) { //从设备可能发送不止一个字节
        char c = Wire.read(); //读取一个字节
        Serial.print(c); // 打印到串口
    }
    delay(500);
}

/**
 * I2C 从发射器程序
 */
#include <Wire.h>

void setup() {
    Wire.begin(2); // 以 2 号从设备方式加入 I2C 总线
    Wire.onRequest(requestEvent); //注册事件，I2C 收到请求之后调用
                                  //requestEvent
}
byte x = 0;
```

```
void loop() {
    delay(100);
}

void requestEvent() {
    Wire.write(x); //每收到一个请求则发送 x,x 逐渐增加
    x++;
}
```

6)观察实验现象

将两个程序分别下载到两个 Arduino 中,打开 Arduino IDE 串口,主接收器会陆续收到 0,1,2,…。

2. MPU-6050 六轴加速度传感器实验

1)连接电路

按照图 2-2-10 所示连接电路,MPU-6050 的 SDA 和 SCL 口分别连接 Arduino 的 A4 和 A5 口,MPU-6050 模块上的 IRQ 是中断引脚,可以不接。

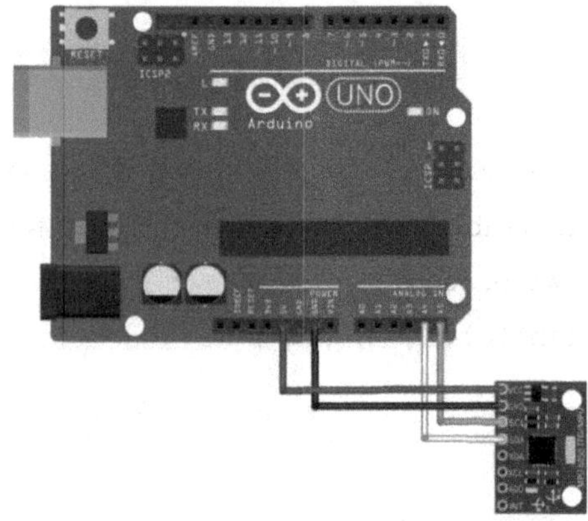

图 2-2-10　MPU-6050 连接 Arduino

2)编写程序

```
/**
* MPU-6050 姿态解算程序
*/
#include "Wire.h"
#include "I2Cdev.h"
#include "MPU6050.h"
MPU6050 accelgyro;
unsigned long now, lastTime = 0;
float dt; //微分时间
int16_t ax, ay, az, gx, gy, gz; //加速度计陀螺仪原始数据
```

```
float aax = 0, aay = 0,aaz = 0, agx = 0, agy = 0, agz = 0; //角度变量
long axo  =  0, ayo  =  0, azo  =  0; //加速度计偏移量
long gxo  =  0, gyo  =  0, gzo  =  0; //陀螺仪偏移量
float pi  =  3.1415926;
float AcceRatio  =  16384.0; //加速度计比例系数
float GyroRatio  =  131.0; //陀螺仪比例系数
uint8_t n_sample  =  8; //加速度计滤波算法采样个数
float aaxs[8]  =  {0}, aays[8]  =  {0}, aazs[8]  =  {0}; //x,y 轴采样队列
long aax_sum, aay_sum,aaz_sum; //x,y 轴采样和
float a_x[10] = {0}, a_y[10] = {0},a_z[10] = {0},g_x[10] = {0},g_y[10] =
{0},g_z[10] = {0}; //加速度计协方差计算队列
float Px = 1, Rx, Kx, Sx, Vx, Qx; //x 轴卡尔曼变量
float Py = 1, Ry, Ky, Sy, Vy, Qy; //y 轴卡尔曼变量
float Pz = 1, Rz, Kz, Sz, Vz, Qz; //z 轴卡尔曼变量

void setup() {
    Wire.begin();
    Serial.begin(115200);
    accelgyro.initialize(); //初始化
    unsigned short times  =  200; //采样次数
    for(int i = 0;i<times;i + + ) {
        accelgyro.getMotion6(&ax, &ay, &az, &gx, &gy, &gz); //读取六轴
                                                            //原始数值
        axo  + =  ax; ayo  + =  ay; azo  + =  az; //采样和
        gxo  + =  gx; gyo  + =  gy; gzo  + =  gz;
    }
    axo / =  times; ayo / =  times; azo / =  times; //计算加速度计偏移
    gxo / =  times; gyo / =  times; gzo / =  times; //计算陀螺仪偏移
}

void loop() {
    unsigned long now  =  millis(); //当前时间(ms)
    dt  =  (now  -  lastTime) / 1000.0; //微分时间(s)
    lastTime  =  now; //上一次采样时间(ms)
    accelgyro.getMotion6(&ax, &ay, &az, &gx, &gy, &gz); //读取六轴原始数值
    float accx  =  ax / AcceRatio; //x 轴加速度
    float accy  =  ay / AcceRatio; //y 轴加速度
    float accz  =  az / AcceRatio; //z 轴加速度
```

```
aax = atan(accy / accz) * (-180) / pi; //y 轴对于 z 轴的夹角
aay = atan(accx / accz) * 180 / pi; //x 轴对于 z 轴的夹角
aaz = atan(accz / accy) * 180 / pi; //z 轴对于 y 轴的夹角
aax_sum = 0; // 对于加速度计原始数据的滑动加权滤波算法
aay_sum = 0;
aaz_sum = 0;
for(int i=1;i<n_sample;i++){
    aaxs[i-1] = aaxs[i];
    aax_sum += aaxs[i] * i;
    aays[i-1] = aays[i];
    aay_sum += aays[i] * i;
    aazs[i-1] = aazs[i];
    aaz_sum += aazs[i] * i;
}
aaxs[n_sample-1] = aax;
aax_sum += aax * n_sample;
aax = (aax_sum / (11*n_sample/2.0)) * 9 / 7.0; //角度调幅至0°~90°
aays[n_sample-1] = aay; //此处应用实验法取得合适的系数
aay_sum += aay * n_sample; //本例系数为 9/7
aay = (aay_sum / (11*n_sample/2.0)) * 9 / 7.0;
aazs[n_sample-1] = aaz;
aaz_sum += aaz * n_sample;
aaz = (aaz_sum / (11*n_sample/2.0)) * 9 / 7.0;
float gyrox = - (gx-gxo) / GyroRatio * dt; //x 轴角速度
float gyroy = - (gy-gyo) / GyroRatio * dt; //y 轴角速度
float gyroz = - (gz-gzo) / GyroRatio * dt; //z 轴角速度
agx += gyrox; //x 轴角速度积分
agy += gyroy; //x 轴角速度积分
agz += gyroz;
/* kalman start */
Sx = 0; Rx = 0;
Sy = 0; Ry = 0;
Sz = 0; Rz = 0;
for(int i=1;i<10;i++){ //测量值平均值运算
    a_x[i-1] = a_x[i]; //加速度平均值
    Sx += a_x[i];
    a_y[i-1] = a_y[i];
    Sy += a_y[i];
```

```
        a_z[i-1] = a_z[i];
        Sz += a_z[i];
    }
    a_x[9] = aax;
    Sx += aax;
    Sx /= 10; //x 轴加速度平均值
    a_y[9] = aay;
    Sy += aay;
    Sy /= 10; //y 轴加速度平均值
    a_z[9] = aaz;
    Sz += aaz;
    Sz /= 10;
    for(int i=0;i<10;i++) {
        Rx += sq(a_x[i] - Sx);
        Ry += sq(a_y[i] - Sy);
        Rz += sq(a_z[i] - Sz);
    }
    Rx = Rx / 9; //得到方差
    Ry = Ry / 9;
    Rz = Rz / 9;
    Px = Px + 0.0025; // 0.0025 在下面有说明……
    Kx = Px / (Px + Rx); //计算卡尔曼增益
    agx = agx + Kx * (aax - agx); //陀螺仪角度与加速度计速度叠加
    Px = (1 - Kx) * Px; //更新 p 值
    Py = Py + 0.0025;
    Ky = Py / (Py + Ry);
    agy = agy + Ky * (aay - agy);
    Py = (1 - Ky) * Py;
    Pz = Pz + 0.0025;
    Kz = Pz / (Pz + Rz);
    agz = agz + Kz * (aaz - agz);
    Pz = (1 - Kz) * Pz;
    /* 卡尔曼结束 */
    Serial.print(agx);Serial.print(",");
    Serial.print(agy);Serial.print(",");
    Serial.print(agz);Serial.println();
    }
```

3)程序原理

本程序稍显复杂,因为里面应用了卡尔曼滤波算法进行了数据融合,以减小噪声干扰,得到更稳定的数据。卡尔曼滤波算法可以应用在任何含有不确定信息的动态系统中,能对系统下一步的走向作出有根据的预测,即使伴随着各种干扰,卡尔曼滤波总是能指出真实发生的情况。在连续变化的系统中使用卡尔曼滤波是非常理想的,它具有占用内存小的优点(除了前一个状态量外,不需要保留其他历史数据),并且速度很快,很适合应用于实时问题和嵌入式系统。读者如有兴趣,可自行了解。

4)加载外部库文件

在 GITHUB 找到 I^2C 库 https://github.com/jrowberg/i2cdevlib,以 ZIP 格式下载库文件。将文件夹中的 Arduino/I^2Cdev 以及 Arduino/MPU6050 文件夹(见图 2-2-11)复制出来,并分别压缩为 I^2Cdev.zip 和 MPU6050.zip。

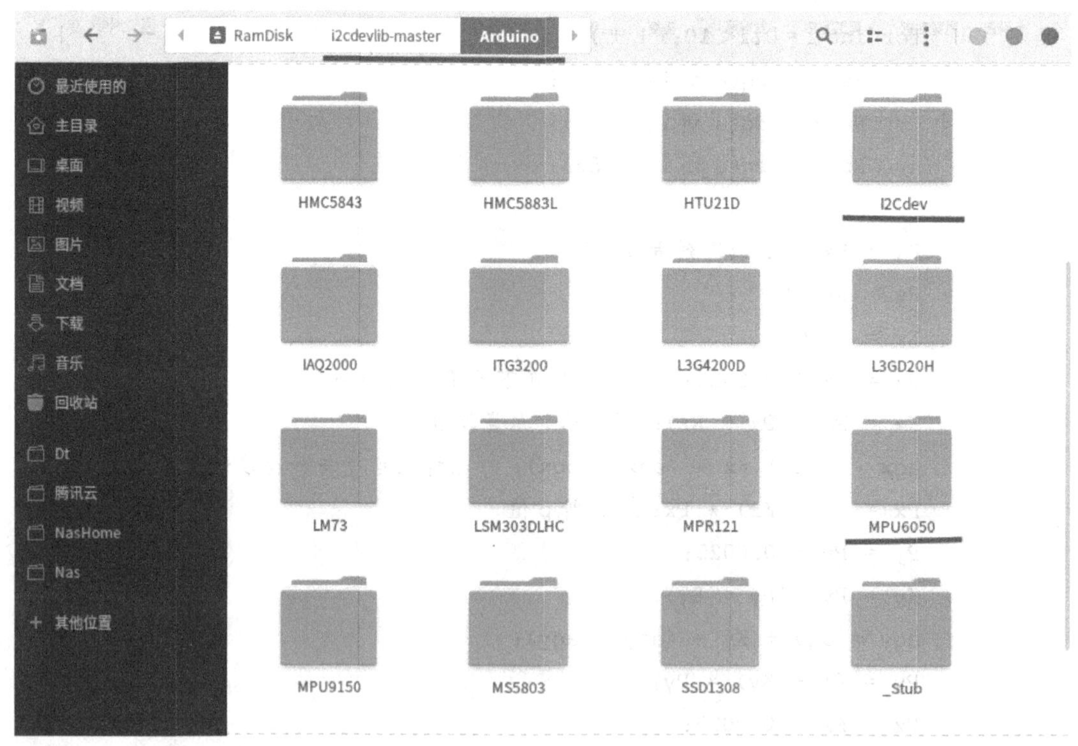

图 2-2-11 提取库文件所在文件夹

5)加载压缩文件

如图 2-2-12 所示,在 Arduino IDE 中点击“项目”→“加载库”→“添加一个 ZIP 库”,加载刚才的压缩文件即可。

6)编译程序,并下载到 Arduino

让 MPU-6050 处于以下状态:静止姿态→摆动→恢复原静止姿态→拍动桌子→静止姿态,打开串口绘图器,观察图像。

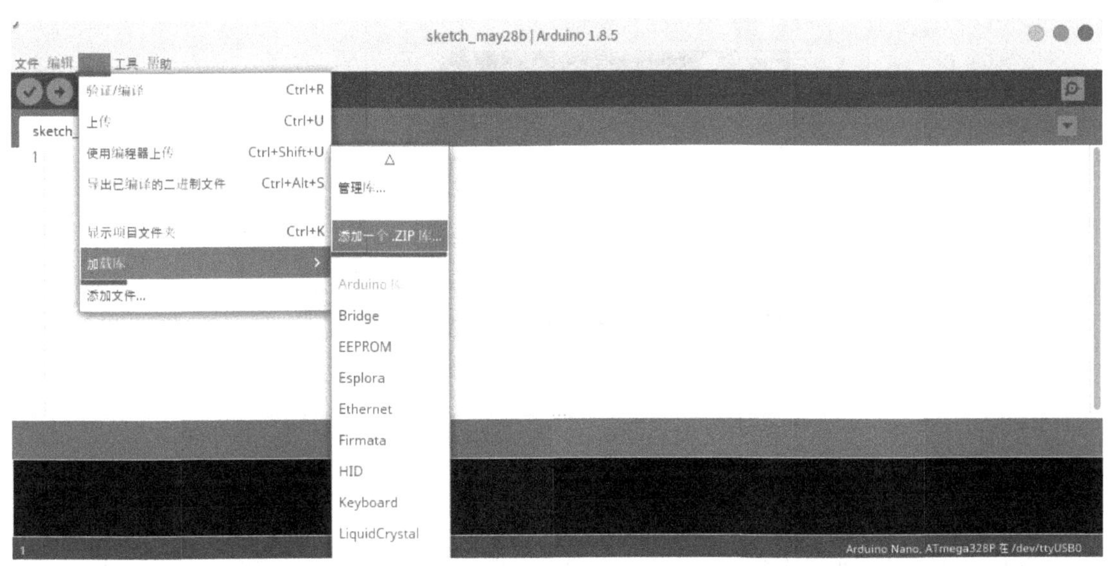

图 2-2-12 Arduino 加载外部库

7)观察实验结果

时间曲线的体现是：静止姿态→摆动→恢复原静止姿态→拍动桌子→静止姿态。如图 2-2-13 所示，静止状态下图像几乎是平稳的直线，没有明显的抖动；摆动时，三个轴的数据都有很大起伏，且起伏很平滑；拍动桌子时，曲线中有小幅度的起伏，并随着震动的消失渐渐趋于平稳。

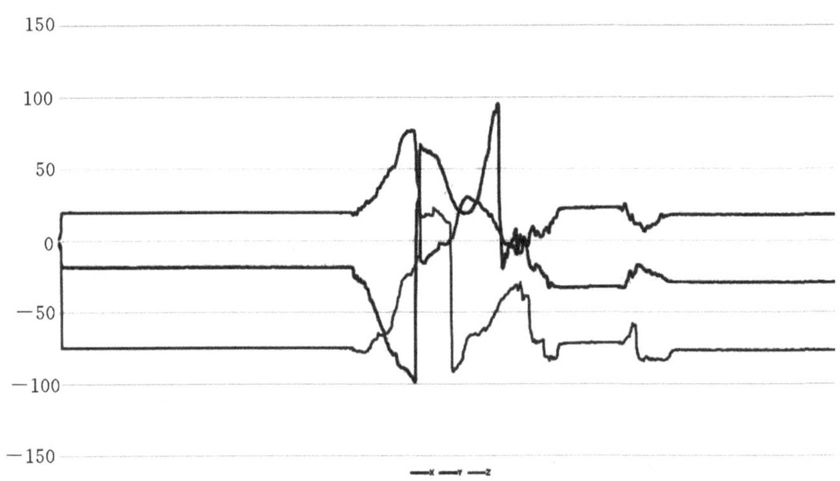

图 2-2-13 MPU-6050 数据图像

3. TSL2561 数字光强传感器实验

1)连接电路

按照如图 2-2-14 所示电路图连接电路。传感器的 GND、VCC、SDA、SCL 分别连接 Arduino 的 GND、5V、A4、A5，两者通过 I^2C 总线通信。

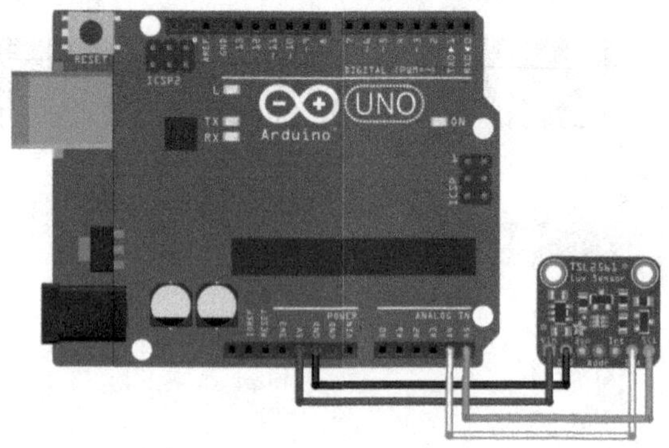

图 2-2-14　Arduino 连接数字光强传感器

2)编写程序

其中,BH1750 的地址 0x23 是由芯片内部决定的。我们可发现,Arduino 作为主机,工作在接收器模式,首先初始化总线,然后从 BH1750 请求数据。

```
/**
 * 光照传感器实验
 */
#include <Wire.h> //I2C 库
#include <math.h>

int BH1750address = 0x23;//芯片地址为 16 位 23
byte buff[2];

void setup(){
    Wire.begin();
    Serial.begin(9600);
}

void loop(){
    int i;
    uint16_t val = 0;
    BH1750_Init(BH1750address);
    delay(1000);
    if(2 = = BH1750_Read(BH1750address)){
        val = ((buff[0]<<8)|buff[1])/1.2;
        Serial.print(val,DEC);
        Serial.println("[lx]");
    }
```

```
    delay(150);
}

int BH1750_Read(int address) {
    int i = 0;
    Wire.beginTransmission(address);
    Wire.requestFrom(address, 2);
    while(Wire.available()) {
        buff[i] = Wire.read(); // read one byte
        i++;
    }
    Wire.endTransmission();
    return i;
}

void BH1750_Init(int address) {
    Wire.beginTransmission(address);
    Wire.write(0x10);//1lx reolution 120ms
    Wire.endTransmission();
}
```

3)下载程序到 Arduino 中

打开串口监视器,可以看到,随着光照强度的变化,串口监视器的读数会随之改变。明亮的地方示数较大,昏暗的地方示数较小。

4. DHT11 单总线温湿度传感器

1)搭建电路

按照如图 2-2-15 所示电路图搭建电路。DHT11 有孔的一面朝着自己时,从左到右分别为 1、2、3、4 号引脚。1 号引脚接 5 V,4 号引脚接 GND,2 号引脚为 DATA 引脚,接 Arduino D2 口。

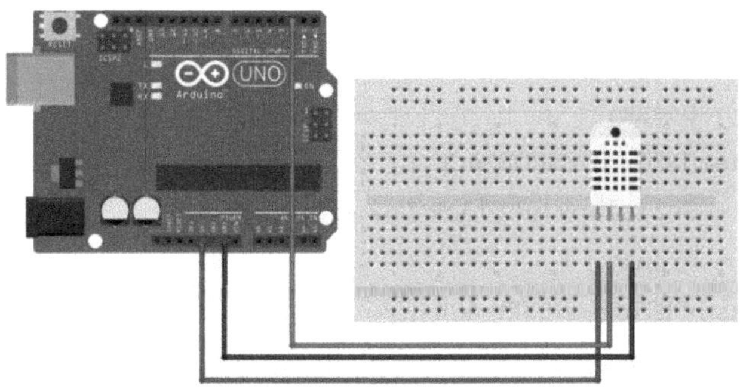

图 2-2-15　Arduino 连接 DHT11 传感器

2)编写程序

```
/**
 * 温湿度传感器
 */
#include <dht.h>
dht DHT;
#define DHT11_PIN 2

void setup(){
    Serial.begin(115200);
    Serial.println("DHT TEST PROGRAM ");
    Serial.print("LIBRARY VERSION: ");
    Serial.println(DHT_LIB_VERSION);
    Serial.println();
    Serial.println("Type,\tstatus,\tHumidity (%),\tTemperature (C)");
}
void loop(){
    Serial.print("DHT11, \t");
    int chk = DHT.read11(DHT11_PIN);
    switch (chk){
        case DHTLIB_OK:
            Serial.print("OK,\t");
            break;
        case DHTLIB_ERROR_CHECKSUM:
            Serial.print("Checksum error,\t");
            break;
        case DHTLIB_ERROR_TIMEOUT:
            Serial.print("Time out error,\t");
            break;
        case DHTLIB_ERROR_CONNECT:
            Serial.print("Connect error,\t");
            break;
        case DHTLIB_ERROR_ACK_L:
            Serial.print("Ack Low error,\t");
            break;
        case DHTLIB_ERROR_ACK_H:
            Serial.print("Ack High error,\t");
            break;
        default:
```

```
            Serial.print("Unknown error,\t");
            break;
        }
        // 显示数据
    Serial.print(DHT.humidity, 1);
    Serial.print(",\t");
    Serial.println(DHT.temperature, 1);
    delay(2000);
    }
```

3)加载库文件

从 https://arduino-info. wikispaces. com/file/view/DHT-lib. zip/545470280/DHT-lib. zip 下载 MQ135 的库文件，在 Arduino IDE 中，点击“项目”→“加载库”→“添加一个. zip 库”，选择下载好的 DHT-lib. zip 文件即可。

4)将程序下载到 Arduino 中

打开串口监视器，调整波特率到 115200。对 DHT11 吹气测试，实验结果如图 2-2-16 所示，划线之上是正常的湿度与温度值，划线之下是对着 DHT11 吹气后的示数，可以看出温度稍微上涨，湿度明显增大。

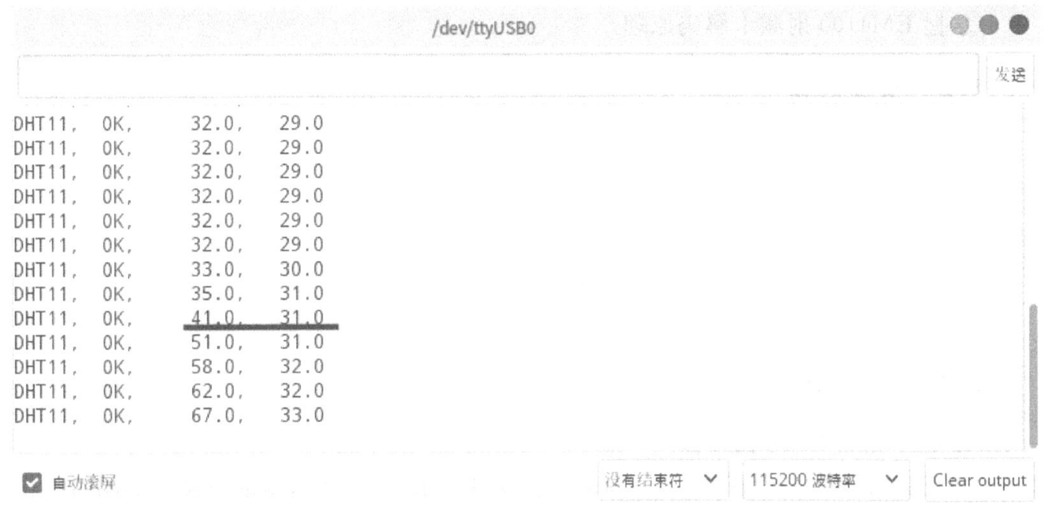

图 2-2-16　温湿度数据测量

第 3 章　物联网标识技术

射频识别(radio frequency identification, RFID)又称电子标签或无线射频识别,是一种通过无线通信自动识别特定目标并读写相关数据,识别系统与特定目标之间不需建立机械或光学接触的通信技术。常用的 RFID 标签有低频(125～134.2 kHz)、高频(13.56 MHz)和超高频(900 MHz 或 2.4 GHz)等不同类型。RFID 读写器也可分为移动式设备和固定式设备。目前 RFID 相关设备被广泛应用于生产、物流、交通、运输、医疗、防伪、跟踪、设备和资产管理等领域。

3.1　低频 RFID 寻卡实验

3.1.1　实验目的

(1)掌握 RFID 阅读器工作原理;

(2)掌握 EM4100 射频卡读卡原理;

(3)掌握 EM4100 射频卡解码原理。

3.1.2　实验设备

(1)125 kHz 低频实验板 1 块;

(2)EM4100 型低频 RFID 卡 1 张;

(3)PC 机 1 台;

(4)支持 PL2303 的 USB 连接线 1 条;

(5)串口测试软件:ComMonitor.exe。

3.1.3　实验原理

1. 125 kHz 低频 RFID 阅读器

典型的 RFID 系统是由标签、阅读器和后台服务器组成。通常,阅读器根据不同的工作频率在特定区域形成电磁场,射频标签基于电感耦合或电磁反向散射的方式与阅读器进行耦合并交换信息,后台服务器通过对象名称解析完成信息解码并校验数据的正确性以达到识别的目的。

目前常见的阅读器一般需要读卡芯片作为基站,成本较高,而且不利于掌握读卡器读卡原理的学习。本实验采用市面常见的分立元件构成的 125 kHz RFID 读卡器,电路结构简单,可用于读取 EM4100 型和 TK4100 型 ID 卡。RFID 阅读器通常具有以下功能:

(1)以射频的方式向射频卡传送能量;

(2)从射频卡中读出数据;

(3)完成数据处理;

(4)能和高层交互信息。

阅读器的读卡原理如图 3-1-1 所示,真实电路由载波产生电路、检波(滤波)电路、放大电路和比较整形电路等组成,分别介绍如下。

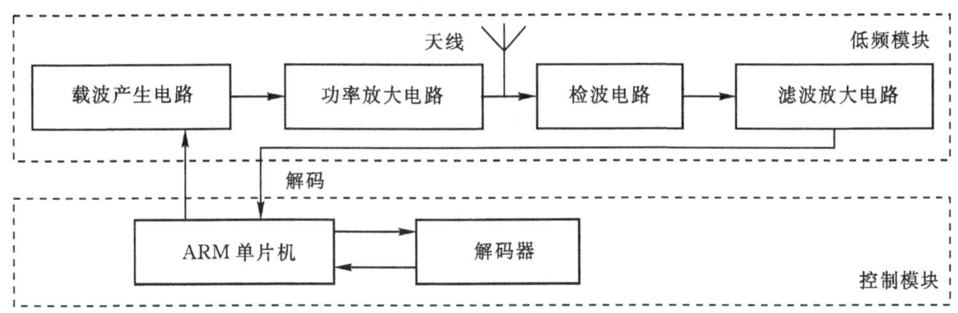

图 3-1-1　RFID 读卡器系统框图

1)125 kHz 载波产生电路

如图 3-1-2 所示,本阅读器利用 8 MHz 晶体振荡器 Y_1 产生一个 8 MHz 正弦波,经 CD4040 分频器分频后输出 125 kHz 方波信号,经过限流电阻后送入推挽式三极管功率放大器电路,放大后的载波(正弦波)信号发送到由天线和电容组成的谐振回路,谐振频率为 125 kHz,谐振电路的作用是为天线提供尽可能大的电流,使读卡距离最大化。

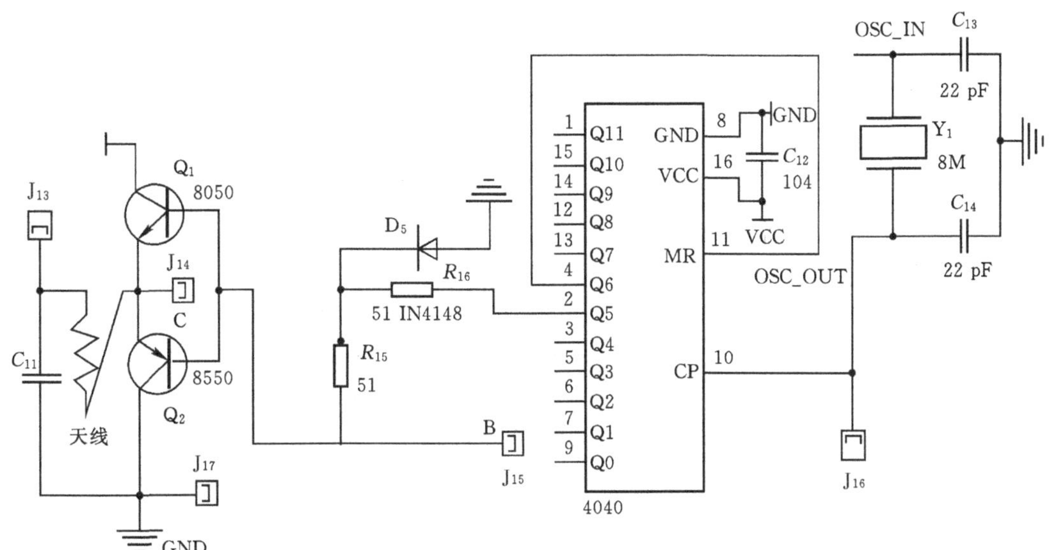

图 3-1-2　载波产生电路

2)隔直、检波、滤波电路

检波电路的作用是滤除 125 kHz 载波信号,还原出有用的数据信号。在射频 ID 卡靠近线圈时,线圈感应到能量后,调制信号经过滤波后经过包络检波电路,解调出包络波形。经过包络检波电路后,获得的信号为有一定失真的数字信号,仍无法作为数字序列信号输入给处理器。因此，需要经过滤波、放大，产生无失真的数字信号，其电路如图 3-1-3 所示。

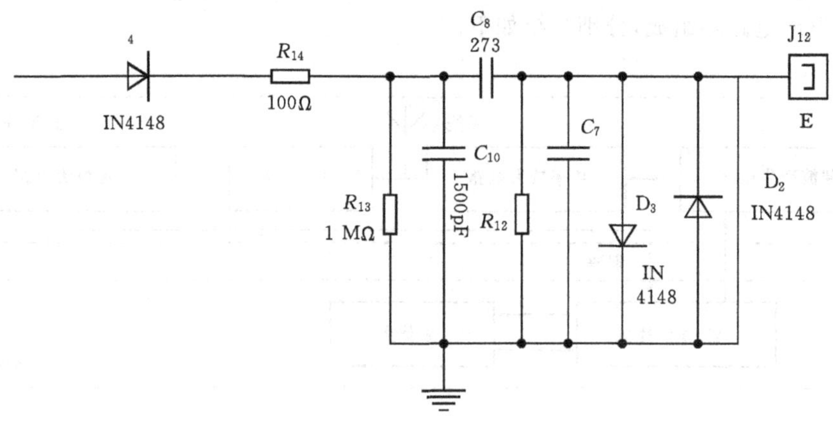

图 3-1-3 隔直、检波、滤波电路

3)滤波、放大电路

经过隔直、检波、滤波后的信号比较弱，而且含有部分高频分量，不能直接输入微处理器。因此，需要经过滤波、放大电路进行处理，其电路如图 3-1-4 所示。图中 C_5 是交流反馈元件，对电容而言，频率越高的信号容抗越小，反馈量越大，放大倍数越小，故起到放大低频信号、抑制高频信号的作用。本电路输出的波形已形成质量较好的方波，用示波器在测试点 F 可以检测到方波信号。

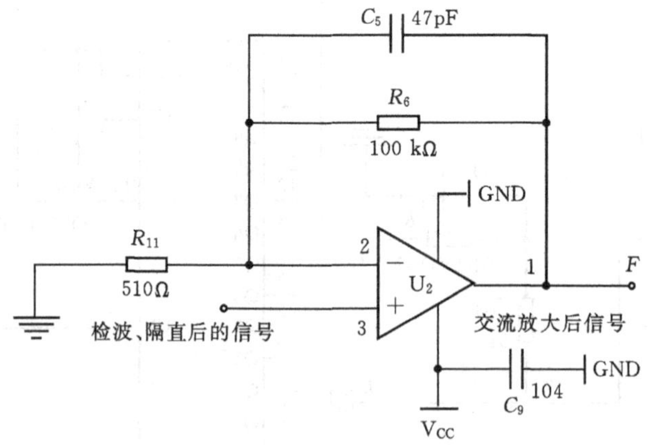

图 3-1-4 滤波、放大电路

4)比较整形电路

为获得质量更好的数字信号，信号经过滤波电路和放大电路后输入比较整形电路，进一步恢复原来的数字序列，可靠还原出原始波形，得到数字 ID 序列，直接输入微控制器。电路如图 3-1-5 所示，交流放大后的信号输入比较器 LM358 的＋端。LM358 的－端接一个分压电路，比较后输出。通过比较会消除高电平锯齿纹。

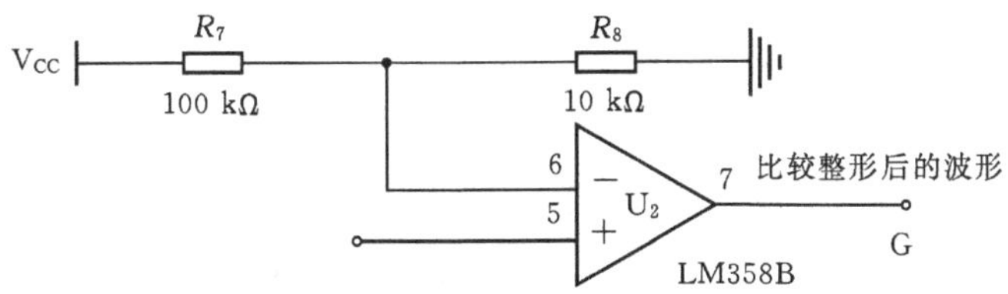

图 3-1-5　比较整形电路

5)微控制器部分

低频 RFID 系统使用的微处理器选用 ARM 系列 STM32103RET6 的 32 位高档单片机，微控制器选用 8 MHz 晶振作为系统时钟，经检波、滤波放大和整形后的 ID 卡的序列号输入微处理器对应引脚。经过微处理器进行曼彻斯特解码后，通过串口将卡号上传至 PC 机或后台服务器等应用系统，完成信息的读取和校验等功能。

本实验选用的低频实验板如图 3-1-6 所示。一般市面上购买的读卡模块有两种形式：一种是用一个完整的集成块 IC 进行处理，然后由某种(或某几种)接口将处理后的码输出。另一种基本与本电路相同，用某分立元件和单片机构成并封装在一个塑胶体内，同样由某种(或某几种)接口将处理后的码输出。使用者仅需要使用另一个单片机通过接口读取信息，完成相应的功能即可。

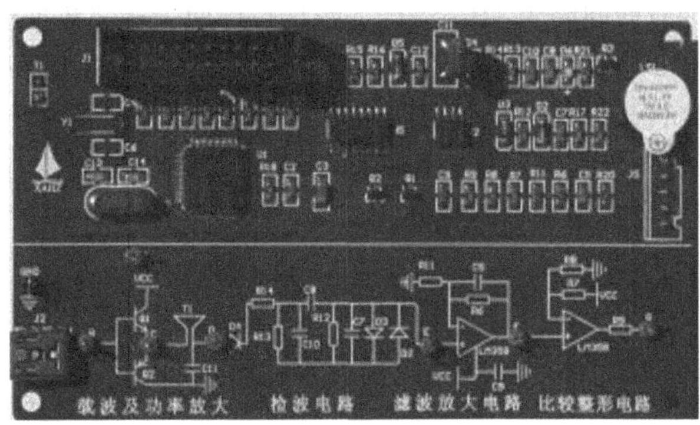

图 3-1-6　125 kHz 低频实验板

通过以上电路的分析、测试和理解，有利于学生深刻掌握 RFID 阅读器的读卡原理，对后续的学习和实验会有很大的帮助。

2. EM4100 数据解码过程

本文采用瑞士微电子公司开发的 EM4100 无线射频芯片作为 RIFD 读卡标签。它由 64 位组成，主要包括引导位、数据位、停止位、行偶校验和列偶校验等五部分，如图 3-1-7 所示。其中，引导位用于指示一个标签的开始，其固定格式为 9 个“1”，出厂时已固化到芯片内，不可更改；数据位由 8 位厂商信息和 32 位可读写数据位组成，用于存储标签相关指示信息；停止位为 1 位，用于标志字符传送的接收；校验位一般用于判断所传输数据是否正确，由 10 个行偶校验位和 4 个列偶校验位组成。EM4100 在向阅读器传送信息时，首先传送 9 个开始引导位，接着分别传送由 4 个数据位和 1 个行偶校验位组成的 10 组数据串，其次是 4 个列偶校验位，最后是停止位。

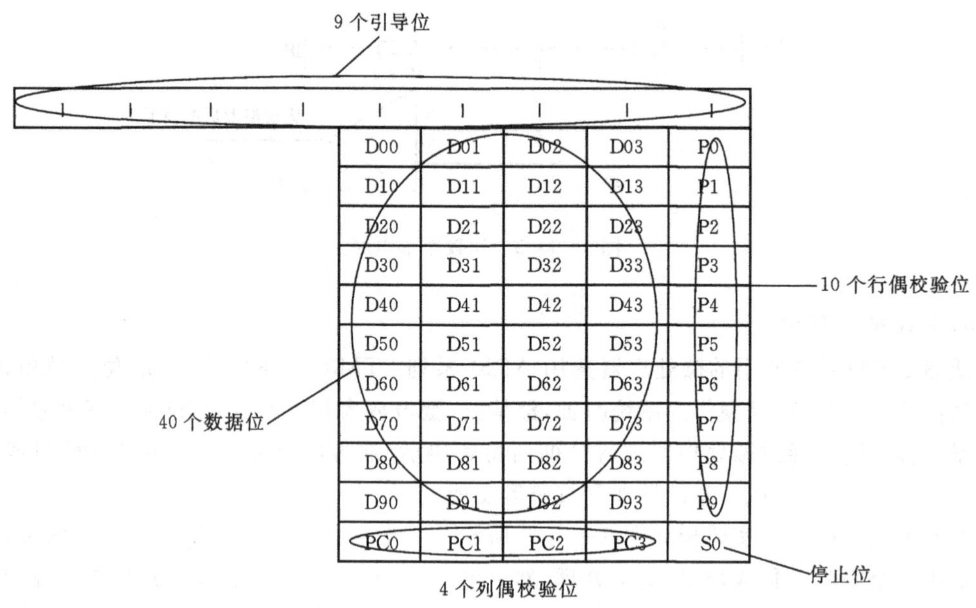

图 3-1-7　EM4100 数据存储格式

EM4100 射频卡通常采用曼彻斯特编码，电平的下降沿表示位数据“1”，电平的上升沿表示数据“0”，电平的跳变时间间隔为 1P。若传送数据位中两个相邻数据位极性相同，则在其中进行一次“空跳”。如图 3-1-8 所示。曼彻斯特编码也被称为分相编码(split-phase coding)。某比特位的值是由该比特长度内半个比特周期时电平的变化(上升或下降)来表示的，该编码位中间的跳变既作为时钟，又作为数据：从高到低的跳变表示二进制“1”，从低到高的跳变表示二进制“0”。曼彻斯特编码也是一种归零码。

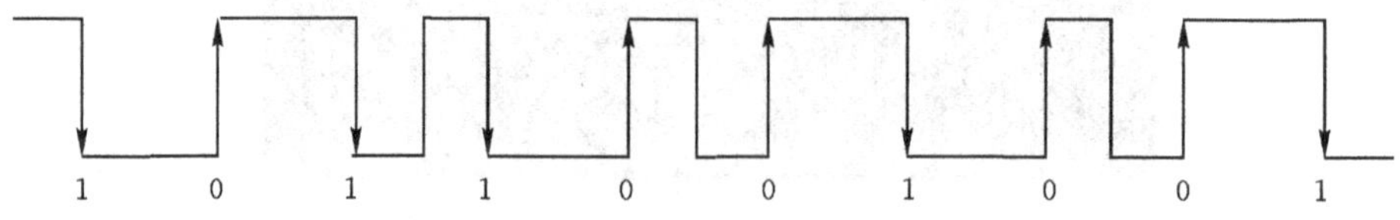

图 3-1-8　曼彻斯特编码示意图

曼彻斯特编码在采用负载波的负载调制或者反向散射调制时，通常用于从电子标签到读写器的数据传输，因为这有利于发现数据传输的错误。这是因为在比特长度内，“没有变化”的状态是不允许的。当多个标签同时发送的数据位有不同值时，则接收的上升边和下降边互相抵消，导致在整个比特长度内是不间断的负载波信号，由于该状态不允许，所以读写器利用该错误就可以判定碰撞发生的具体位置。

在 125 kHz 的工作频率下，EM4100 每传送 1 位的时间周期为 64/(125 kHz)＝512 μs。当射频卡靠近阅读器天线时，通过电感耦合方式获取能量并将经调制、检波、滤波放大、比较整形后完整的曼彻斯特序列码输入上位机中。由曼彻斯特码编码规则可知，每 1 位数据分别由半个周期的高电平和低电平组成，基于此，可将 64 位数据拆分为 128 位，即数据“0”视为“01”，数据“1”视为“10”。通过 2 轮完整的 64 位数据传输，可以有效获取标签发送的信息，并通过校验位来确定所发送数据的正确性。数据解码过程如下：

(1)确定起始位(同步)：首先要准确找到数据 1。按规则下降沿为 1，上升沿为 0，如果检测到一个周期的高电平则可确定找到了数据 1，找到 1 后即可同步。因为 EM4100 卡最后一位数据 0，可作为判断起始码的特征。

(2)数据接收：同步后开始接收引导数据即 9 个“1”。这部分软件由一个循环完成，如果出错则放弃接收。同步数据接收完后，开始接收数据。数据分 11 行 5 列接收，以利于校验位的判断，如出现错误则放弃所有接收的数据[10]。

(3)数据解码：解码算法必须有足够的冗余度，使其能够对包含噪声的信号进行解码。本文采用的方法通过设置脉冲宽度来形成比较窗口，只要脉冲落在一定的范围内就被译成相应的码。本系统使用 8 MHz 时钟，定时器倍频为 72 MHz，定时 1 μs，位传送半个周期 256 μs，则 0.25 周期对应的计数值是 128 μs；0.75 μs 周期对应 384 μs；1.25 周期对应的计数值是 640 μs。为保证足够的冗余，有效的周期范围应该是 128～384 μs，384～640 μs。

3.1.4　实验步骤

1. USB 转串口 PL2303 驱动程序的安装

打开配套光盘，点击“RFID 开发工具\USB 转串口驱动 PL2303\PL-2303 Driver Instailler.exe”(读者也可网上自行下载)，进入图 3-1-9 所示的安装界面，点击“下一步”直到安装成功。

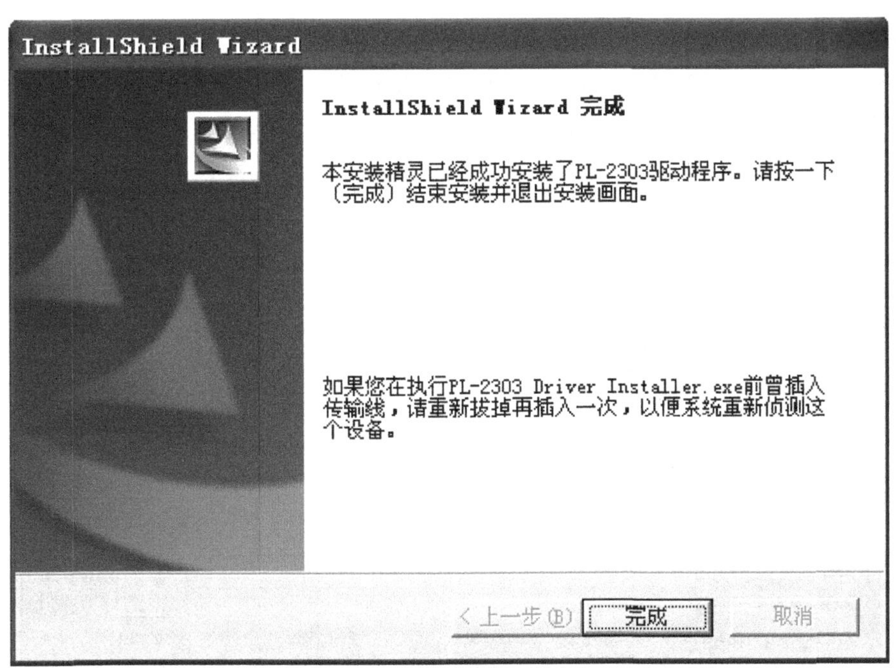

图 3-1-9　PL-2303 安装界面

用 USB 连接线，将低频原理机板 USB 口和 PC 机连接口连接起来，右键点击“我的电脑”，选择“管理”，如图 3-1-10 所示。选择“设备管理器”，显示协调器所在的 COM 口。如电脑上的串口映射在 COM2 口，将出现 Prolific USB-to-Serial Comm Port (COM2) 提示信息，则说明所插的低频原理机实验板已经映射在COM2口，USB转串口驱动已安装成功。

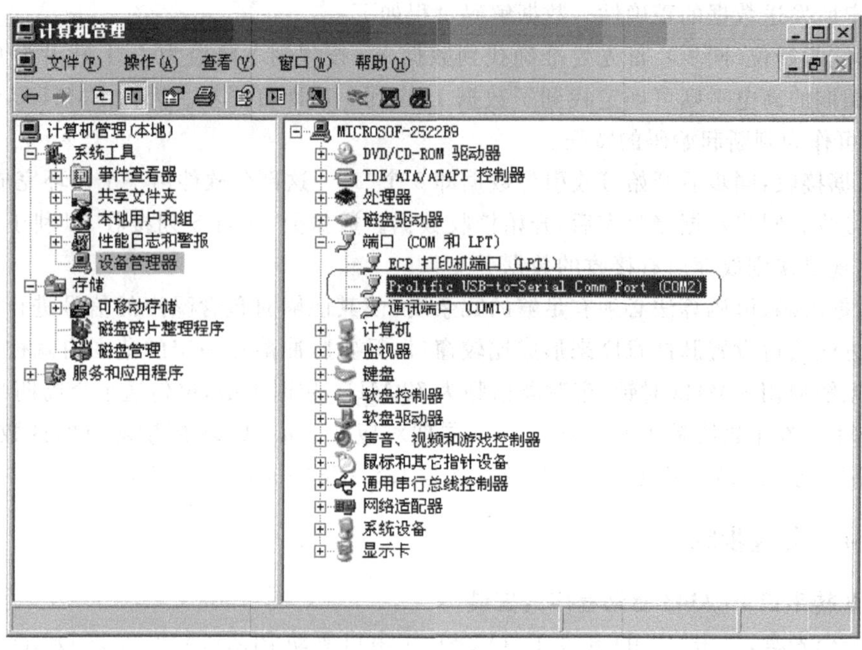

图3-1-10　通信端口COM2

2. 串口调试助手安装

打开配套光盘，点击“RFID开发工具\串口调试助手\ ComMonitor. exe”(读者也可从网上自行下载)，进入图3-1-11所示的安装界面。

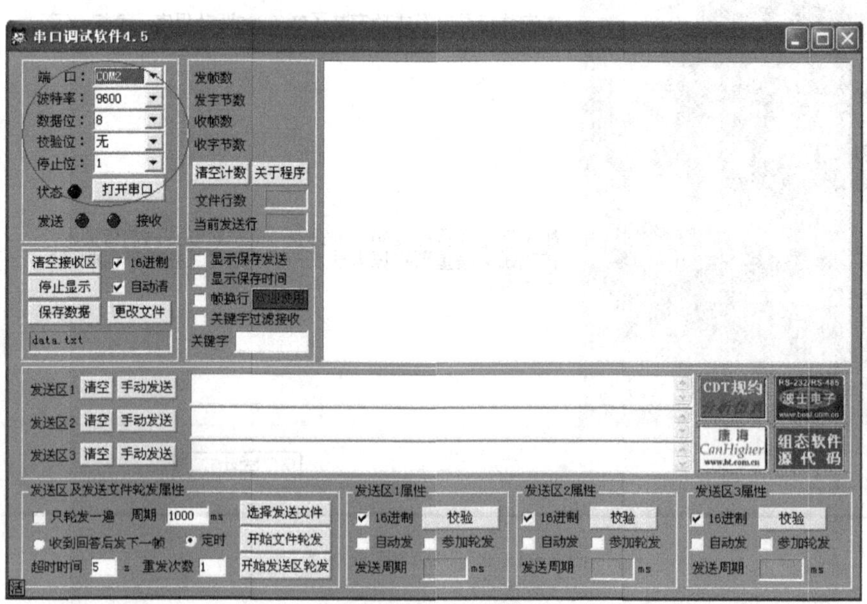

图3-1-11　串口调试助手主界面

在所指区域设置端口、波特率、校验位、数据位以及停止位。本读卡原理机波特率 9600、无校验位、数据位 8、停止位 1。端口根据串口识别的 COM 号进行设置。如识别是 COM2，则端口就设置为 COM2。

3. EM4100 型射频卡 ID 号读取

将通用射频卡 EM4100(125 kHz 射频卡)放入读卡原理机线圈附近。如果低频原理机实验板识别到 ID 卡时，将向上位机间隔发送 7 个字节的 16 进制 ID 卡号。最后 2 个字节 0D、0A 为结束码，其余 5 个字节为卡号。只要卡不离开感应区域，阅读器就会不断向上位机发送 ID 卡号。如图 3-1-12 所示。

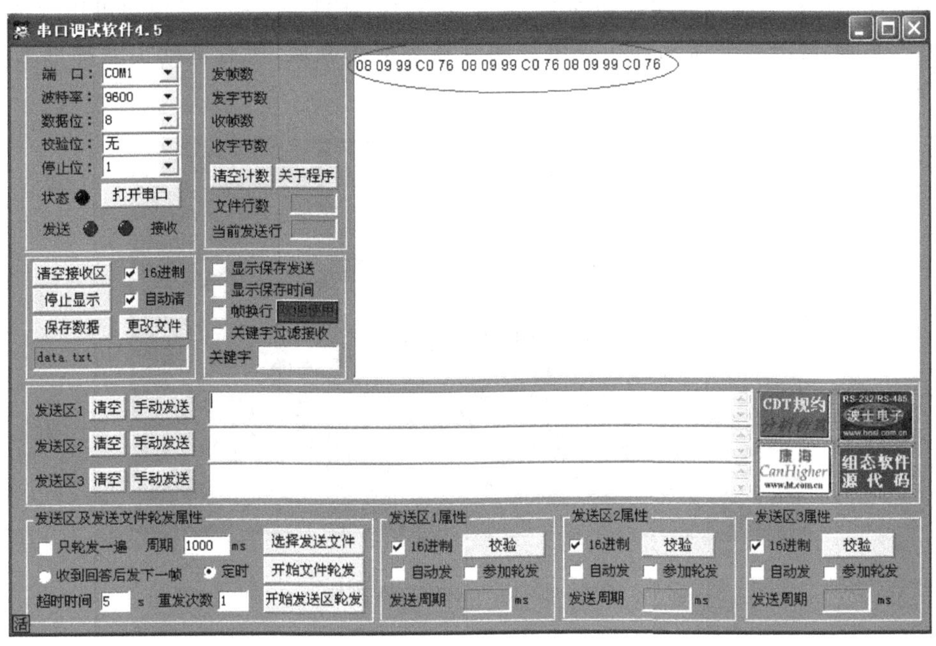

图 3-1-12　低频卡读写显示界面

3.2　高频 RFID 防碰撞实验

3.2.1　实验目的

(1)掌握 STM32 编译环境；

(2)理解 TRF7970A 硬件接口基本原理；

(3)掌握 ISO 14443A/ ISO 15693 协议通信及防碰撞原理。

3.2.2　实验设备

(1)TRF7970A 高频实验板 1 块；

(2)JLINK V8 仿真器 1 台；

(3)支持 PL2303 的 USB 连接线 1 条；

(4)ISO 14443A/ISO 15693 读卡标签；

(5)PC 机 1 台。

3.2.3 实验原理

1. TRF7970A 高频 RFID 模块

如图 3-2-1 所示，高频模块采用市面常见的 TI 最新的 RFID 芯片 TRF7970A，该芯片支持 ISO 15693、ISO 18000-3、ISO 14443A/B 和 Felica 协议，该器件集成模拟前端和数据组帧，内置编程选项，广泛用于非接触标签识别系统。基于该芯片，可以快速学习最新非接触射频卡技术，具体包括基础技能实验和寻卡、选卡、读写块、防冲突实验。该模块可用于园区一卡通、校园一卡通、城市一卡通和二代身份证阅读器等应用领域，所有基础实验都可采用真实 RFID 读写程序完成，使用非常灵活。

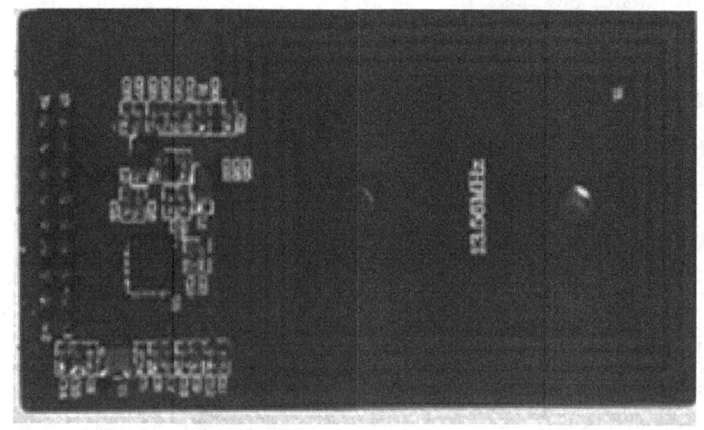

图 3-2-1　TRF7970A 模块

该高频实验板主板包括以下硬件资源：

(1)ST 公司 STM32F103RET6 微控制器系统；

(2)具有 JTAG/SW 仿真调试接口；

(3)UART 转 USB 接口；

(4)LED 指示灯；

(5)扩展 8 MB Flash 存储；

(6)高频模块接口。

TRF797A 与微控制器通信接口有两种并口或 SPI 接口。两者只能选择其中的一种。本高频系统选用并口与 TRF7970A 读卡器通信，并行接口是 TRF7970A 与微控制器连接的最稳健的方法。下面从硬件角度介绍 TRF7970A 与微控制器接口。TRF7970A 封装顶视图如图 3-2-2 所示。

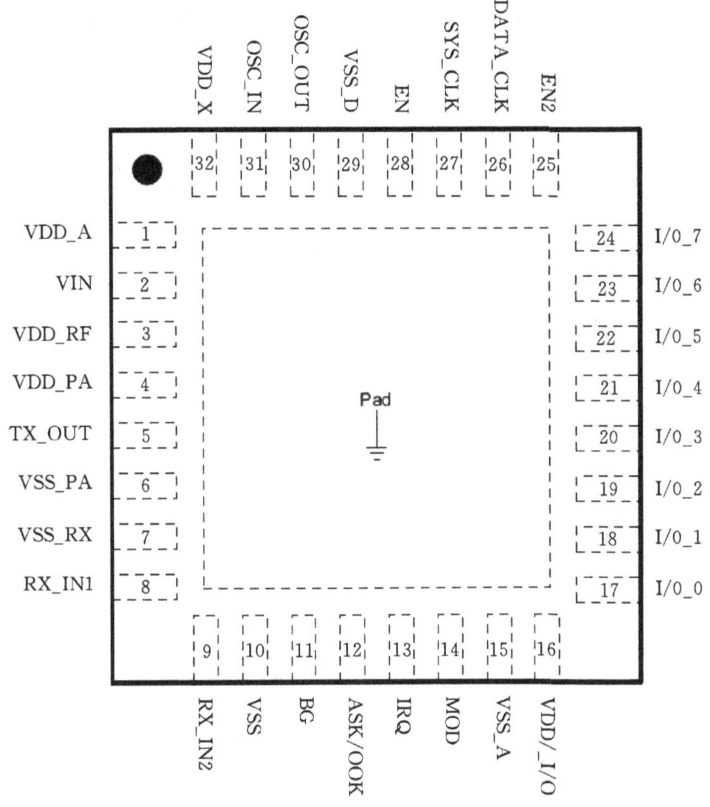

图 3-2-2　TRF7970A 封装图

TRF7970A 与微控制器通信主要用到以下引脚，引脚定义和功能如表 3-1-1 所示。

表 3-1-1　TRF7970A 引脚(部分)

引脚	名称	类型	功能说明
13	IRQ	输出	中断请求
17	I/O_0	双向	用于并行通信的 I/O 引脚
18	I/O_1	双向	用于并行通信的 I/O 引脚
19	I/O_2	双向	用于并行通信的 I/O 引脚
20	I/O_3	双向	用于并行通信的 I/O 引脚
21	I/O_4	双向	用于并行通信的 I/O 引脚
22	I/O_5	双向	用于并行通信的 I/O 引脚
23	I/O_6	双向	用于并行通信的 I/O 引脚
24	I/O_7	双向	用于并行通信的 I/O 引脚
26	DATA_CLK	输入	针对 MCU 通信的数据时钟输入(并行和串行)
28	EN	输入	芯片使能输入(若 EN=0,芯片处于睡眠或断电模式)

高频实验系统选用ST公司STM32F103RET6微控制器。微控制器晶振选用8 MHz，如图3-2-3所示，R_{17}和C_5构成复位电路。C_5和C_6为电源去耦电容，保证微控制器可靠工作。

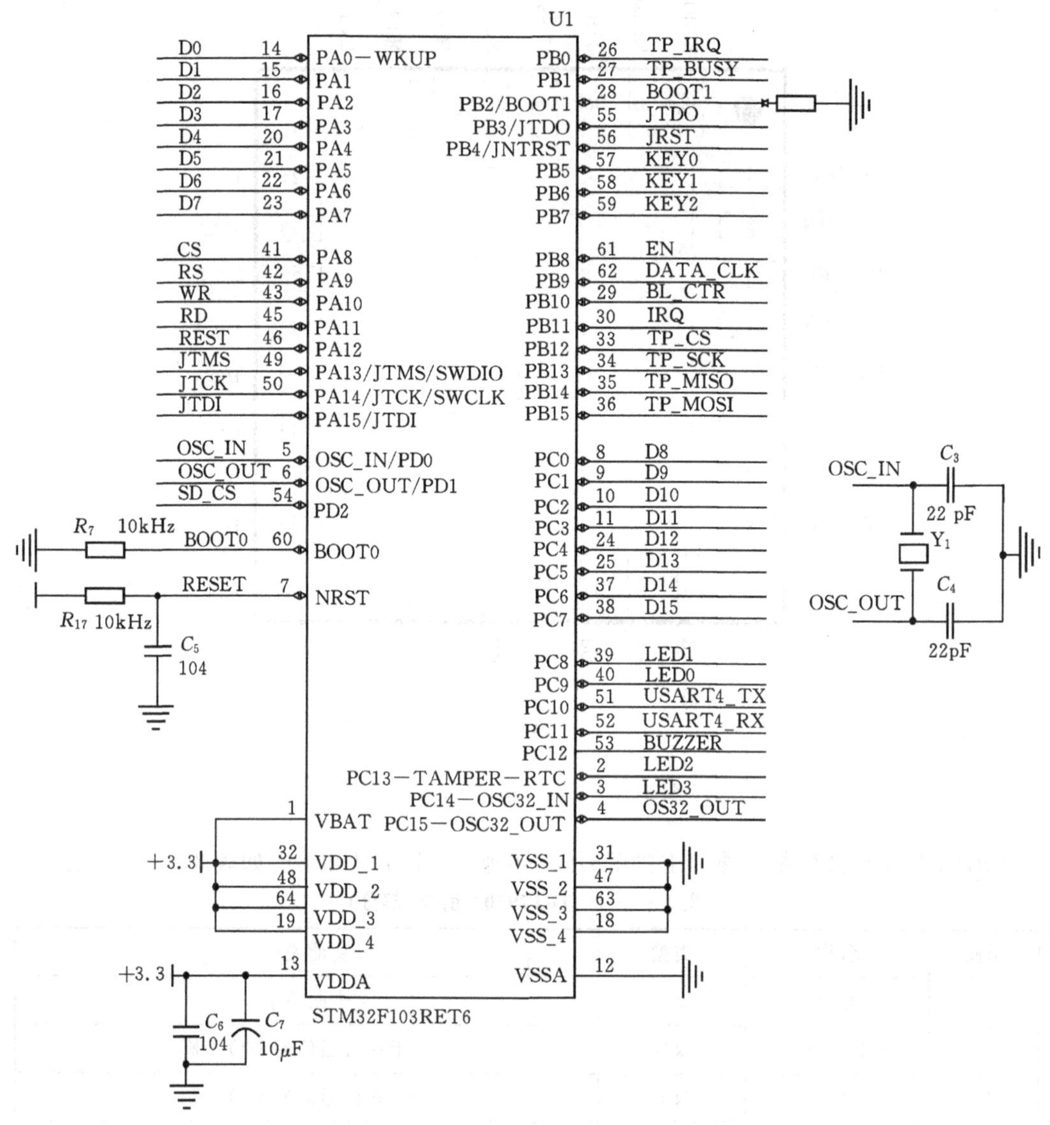

图3-2-3　STM32F103RET6系统

TRF7970A接口如图3-2-3所示，R_1和R_2应用0Ω电阻选择TRF7970A供电，电路中选择5V电源为芯片供电。C_1和C_2为电源去耦电容。

由图3-2-4可知，TRF与微控制器接口引脚PC0到PC7连接到TRF7970A的I/O_0到I/O_7。EN、DATA_CLK、IRQ分别连接到PB 8、PB 9和PB 11。连接引脚EN控制芯片使能，DATA_CLK为数据时钟信号，IRQ引脚连接到STM32F103RET6中断引脚PB11，STM32的每个IO都可以作为外部中断接口，IRQ为上升沿中断。微控制器只需要对上述引脚进行操作，就可以完成TRF7970A的全部功能。

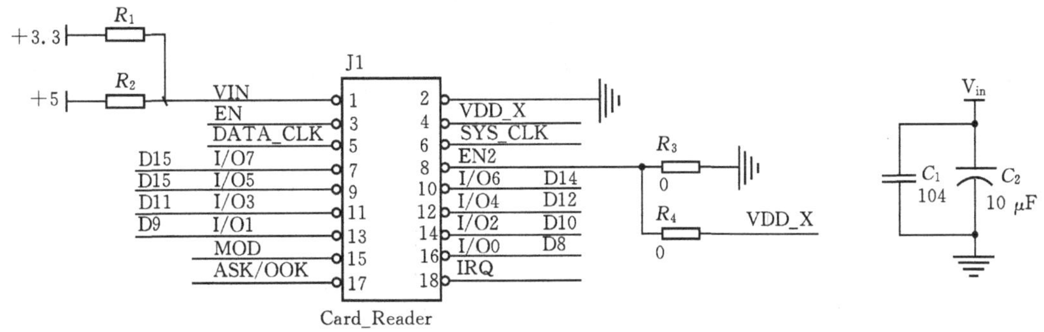

图 3-2-4　TRF7970 接口

2. RFID 防碰撞原理

在 RFID 系统应用中，存在多个读写器或多个标签，因而造成的读写器之间或标签之间的相互干扰，统称为碰撞。在 RFID 系统中存在两种类型的通信碰撞：阅读器碰撞是指多个阅读器同时与一个标签通信，致使标签无法区分阅读器的信号，导致碰撞的发生；电子标签碰撞是指多个标签同时响应阅读器的命令而发送信息，引起信号碰撞，使阅读器无法识别标签；由于阅读器能检测碰撞并且阅读器之间能相互通信，所以阅读器碰撞能很容易得到解决。因而，射频识别系统中的碰撞一般是指电子标签碰撞。RFID 防碰撞研究主要解决如何快速和准确地从多个标签中选出一个与阅读器进行数据交换，而其他的标签同样可以在接下来的防碰撞循环中被选出来与阅读器通信。

为了防止碰撞的发生，射频识别系统中需要设计相应的防碰撞技术。在通信中这种技术也称为多址技术。多址技术主要分为以下四种：空分多址法（space division multiple access，SDMA）、频分多址法（frequency division multiple access，FDMA）、码分多址法（code division multiple access，CDMA）、时分多址法（time division multiple access，TDMA）。频分多址是以不同的频率信道实现通信；时分多址是以不同时隙实现通信；码分多址是以不同的代码序列来实现通信的；空分多址是以不同方位信息实现多址通信的。针对本实验中 ISO 14443A/ISO 15693 两种卡型，下面重点介绍所涉及的防碰撞协议。

1)纯 ALOHA 算法

ALOHA 算法最初用来解决网络通信中数据包拥塞问题。ALOHA 算法是一种非常简单的 TDMA 算法，该算法被广泛应用在 RFID 系统中。这种算法多采用“标签先发言”的方式，即标签一旦进入读写器的阅读区域就自动向读写器发送其自身的 ID，标签与阅读器随之开始进行通信。ALOHA 算法分为纯 ALOHA 和分段 ALOHA(slotted ALOHA)两种。

如图 3-2-5 所示，纯 ALOHA 算法主要采用标签先发言的方式。电子标签一旦进入阅读器的工作范围获得能量后，便向阅读器主动发送自身的序列号。在某个电子标签向阅读器发送数据的过程中，如果有其他电子标签也同时向该阅读器发送数据，此时阅读器接收到的信号就会产生重叠，导致阅读器无法正确识别和读取数据。阅读器通过检测并判断接收到的信号是否发生碰撞。一旦发生碰撞，阅读器则向标签发送指令使电子标签停止数据的传送，电子标签接到阅读器的指令后，便随机延迟一段时间再重新发送数据。由于各个标签等待的时间是随机的，因此一定程度上避开了标签数据的碰撞，阅读器就能够有效地在不同的时间段上分别选取不同的电子标签进行读操作。显然，碰撞的次数与通信业务量有关。通信量越大，碰撞的可能性也越大。该算法主要特点是各个标签发射时间不需要同步，是完全随机的，实现起来比较简单，当标签不多时它可以很好地工作，缺点就是数据帧发送过程中碰撞发生的概率很大。

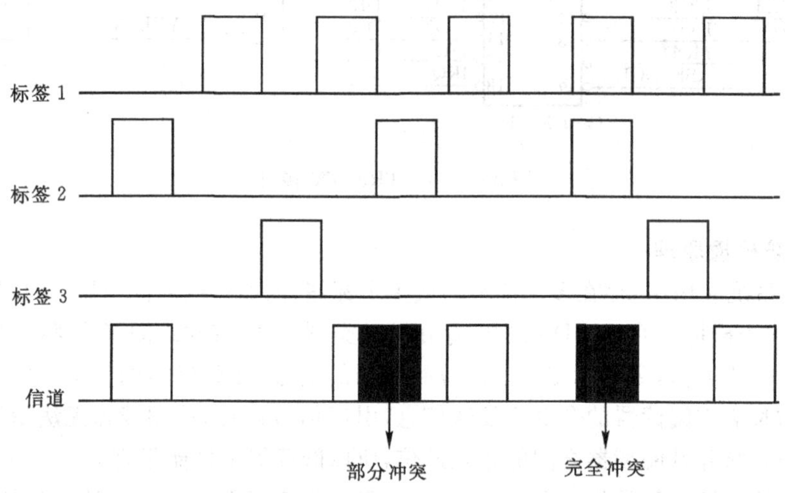

图 3-2-5　纯 ALOHA 算法示意图

2)时隙 ALOHA 算法

如图 3-2-6 所示，为提高 RFID 系统的吞吐率，可以把时间划分为多段等长的时隙，时隙的长度由系统时钟确定，并且规定电子标签只能在每个时隙的开始时才能向阅读器发送数据帧，这就是时隙 ALOHA 算法。在不同时隙中，数据帧要么成功发送，要么完全碰撞，避免了纯 ALOHA 算法中部分碰撞的发生。时隙 ALOHA 算法是对纯 ALOHA 算法的简单改进，也属于时分多址法，它的缺点是需要同步时钟的控制。

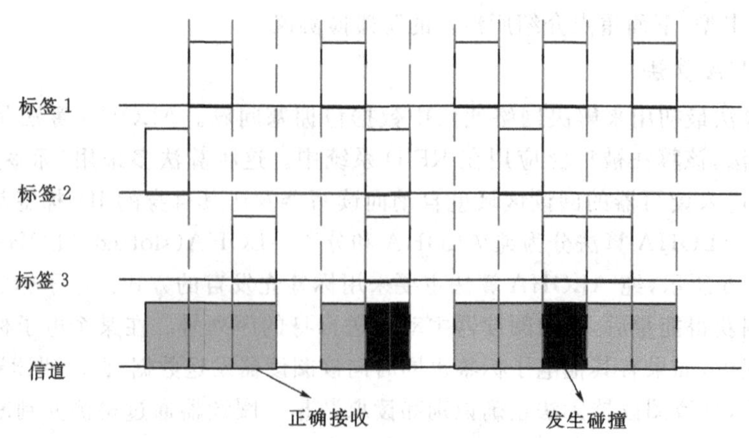

图 3-2-6　时隙 ALOHA 算法示意图

ALOHA 算法有一定的缺陷，采用 ALOHA 系列算法，假设阅读器射频工作范围内存在 n 个标签，理论上阅读器至少需要 n 个时隙的时间才能成功识别完，最坏的情况下，阅读器经过多次搜索也未能识别出某个标签，将导致出现“饿死现象”。二进制树系列算法并不会采取退避原则，而是直接进行解决。当多标签同时发送信息而碰撞时，读写器利用碰撞位将碰撞的标签分为两个或更多子集，对每个子集分别识别。如果存在碰撞则继续再划分，直到标签被完全识别为止。这样则有效地避免了标签的“饿死现象”。

3)二进制树算法

在 RFID 的防碰撞算法中，二进制树(binary-tree)算法是目前应用最广泛的一类，之所以称为“二进制树”，是因为在算法执行过程中，读写器要多次发送命令给电子标签，每次命令都把标签分成两组，多次分组后最终得到唯一的一个标签，在这个分组过程中，将对应的命令参数以节点的形式存储起来，就可以得到一个数据的分叉树，而所有的这些数据节点又是以二进制的形式出现的，所以称为“二进制树”。二进制树算法规定：每个标签都要有唯一的序列号，以区别不同标签，且各标签必须同步发送序列号，即在同一时刻开始传送它们的序列号。只有这样阅读器才能检测出碰撞位。

(1)基本二进制树(basic binary-tree)算法。

具体步骤如下：

①首先，读写器向电子标签发送一个最大序列号，所有小于或等于该序列号的电子标签向读写器回送其序列号。

②由于标签序列号的唯一性，当标签数目不小于 2 时，必然发生碰撞。发生碰撞时，读写器将最大序列号中对应的碰撞起始位设置为 0，低于该位者不变，高于该位者设置为 1。

③读写器将处理后的序列号发送给标签，标签序列号与该值比较，小于或等于该值者，将自身序列号返回给读写器。

④循环这个过程，就可以选出一个最小序列号的标签，然后读写器与该标签进行正常通信，通信结束以后发出命令使该标签进入休眠状态，即除非重新上电，否则不再响应读写器请求命令。也就是说，下一次读写器再发最大序列号时，该标签不再响应。

⑤重复上述过程，即可按序列号从小到大依次识别出各个标签。注意：步骤⑤是从步骤①开始重复，也就是说，读写器识别完一个标签后，将重新发送原始的最大序列号。

(2)动态二进制树(dynamic binary-tree)算法。

在基本二进制树算法中，标签每次回送给阅读器的序列号必须是全序列号。然而标签的序列号并不只是由单字节构成，而是根据实际需要可能长达 10 多个字节。对于这种长序列号的标签，假如每次都完整地传输其 ID 值，需要传输的数据量很大，再加上阅读器也是以同样长度的 ID 值作为参数互相传递，则会花费很长的时间，造成识别延迟，降低系统效率。为减少标签和阅读器之间传输的数据量，提高阅读器的识别效率，在基本二进制树算法的基础上，提出了一种改进的防碰撞算法，称其为动态二进制树算法。

动态二进制树算法的思想是：在命令中，阅读器只传送最高碰撞位及其之前位的信息给电子标签，标签返回信息时，只返回序列号的剩余部分。该算法的优点在于避免了序列号中多余部分的传输，数据传输时间明显缩短，与基本二进制树算法相比，减少可达一半。但是它的搜索次数和基本二进制树算法是一样的，并没有减少。

(3)后退式二进制树(backward binary-tree)算法。

为了减少搜索次数，当识别出一个标签时，不是从根节点开始循环，而是直接后退至父节点继续查询，即为后退式二进制树算法。该算法的改进思路是：当阅读器识别完一个标签以后，不是从头开始发送 Request 命令进行查询，而是直接后退到上一层"Request"命令处进行查询。

(4)改良二进制树(improved binary-tree)算法。

阅读器在发送寻呼指令之后，阅读器工作区域范围内的所有电子标签对此寻呼作出应答，如果阅读器译码得到有 k 个位置发生冲突，显然只有这 k 个比特位对于阅读器来说是未知的，其他的比特位对于标签来说已经是已知的。

基本二进制树算法中，阅读器和电子标签每次发出的寻呼中发送的是整个序列号，含有的冗余信息太大。动态二进制树算法在基本二进制树算法的基础上减除了一半的冗余信息，但也没有达到最优化。改良二进制树算法就是在此基础上继续减除寻呼中信息冗余位，以减少传输时延和能耗。

标签的防碰撞算法包括基于 ALOHA 的算法、基于树的算法等。总的来看，基于 ALOHA 的算法比较简单，但是存在标签"饥饿"的问题，即当某个标签的响应总是与其他标签的响应碰撞时，它的 ID 号可能永远都无法被正确地识别。基于树的算法尽管有明显的缺陷，且需要比基于 ALOHA 的算法更长的识别时间，但通常情况下，基于树的算法不存在标签"饥饿"的问题。

3.2.4 实验步骤

1. STM 32 编译环境安装

本实验所用单片机选用 STM32 系列增强型 STM32F103RET，此单片机是为要求高性能、低成本、低功耗的嵌入式应用专门设计的 ARM Cortex-M3 的内核。STM32 系列按性能分成两个不同的系列：STM32F103"增强型"系列和 STM32F101"基本型"系列。增强型系列时钟频率达到 72 MHz，是同类产品中性能最高的产品；基本型时钟频率为 36 MHz，以 16 位产品的价格得到比 16 位产品大幅提升的性能，是 16 位产品用户的最佳选择。两个系列都内置 32KB 到 128KB 的闪存，不同的是 SRAM 的最大容量和外设接口的组合。时钟频率 72 MHz 时，从闪存执行代码，功耗 36 mA，是 32 位市场上功耗最低的产品，相当于 0.5 mA/MHz。STM32 单片机详细资料可参考本教材配套资料《STM32 中文使用手册》。以下主要介绍 STM32 编译环境安装以及新建一个工程文件的步骤。

(1)打开配套光盘→开发工具→ MDK4.70，点击图标 。这个安装软件的过程和安装其他软件一样，一直点击"Next"直到出现图 3-2-7 所示界面后，填写好必要信息，再按图中所示选择之后点击"Finish"，MDK 便安装完成。

(2)打开桌面的 KEIL4 图标，打开 MDK 主界面，可以看到工程中有一个默认的工程，点击这个工程的名称，然后选择菜单"Project"→"Close Project"，就可关闭这个工程。这样整个 MDK 就是一个空的了，接下来将建立工程模版。

(3)在建立工程之前，建议用户在计算机的某个目录下面建立一个文件夹，后面所建立的工程都可以放在这个文件夹里面。这里建立一个名为"Template"的文件夹。

(4)如图 3-2-8 界面所示，点击"Project"→"New Pvision Project"，然后将目录定位到刚才建立的文件夹"Template"内，在这个目录下面建立子文件夹"USER"(代码工程文件都是放在"USER"目录下，很多人喜欢新建"Project"目录放在下面，也是可以的)，然后定位到"USER"目录下面，工程文件就都保存到"USER"文件夹里面。工程命名为"Template"，点击保存按钮保存。

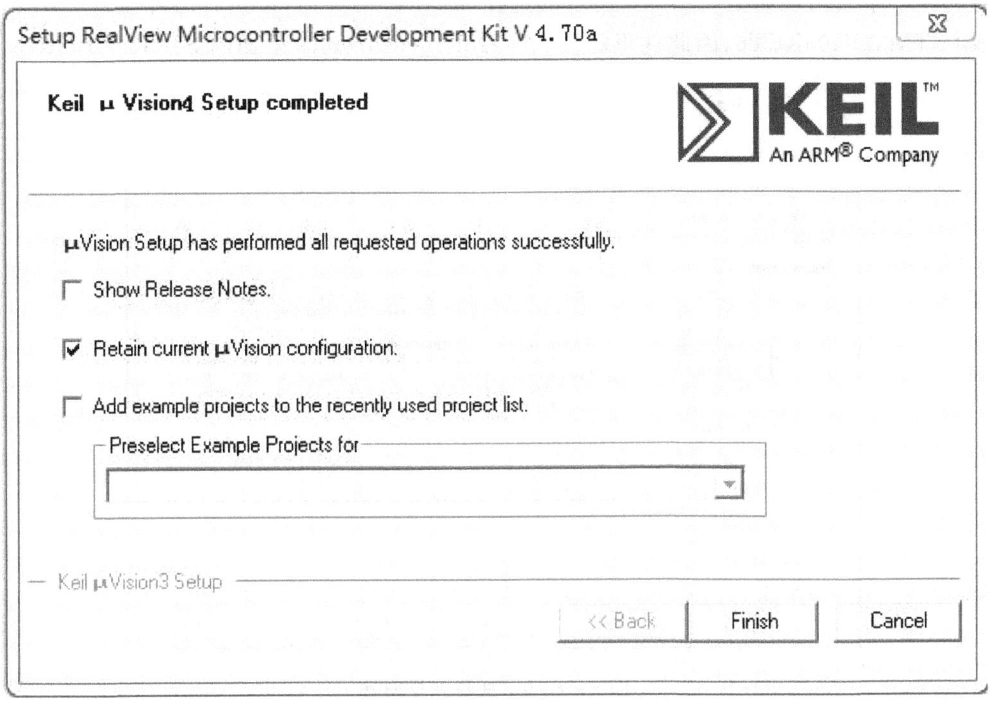

Setup RealView Microcontroller Development Kit V 4.70a

Keil µ Vision4 Setup completed

KEIL™ An ARM® Company

µVision Setup has performed all requested operations successfully.

Show Release Notes.

Retain current µVision configuration.

Add example projects to the recently used project list.

Preselect Example Projects for

Keil µVision3 Setup

<< Back　Finish　Cancel

图 3-2-7　MDK 程序安装

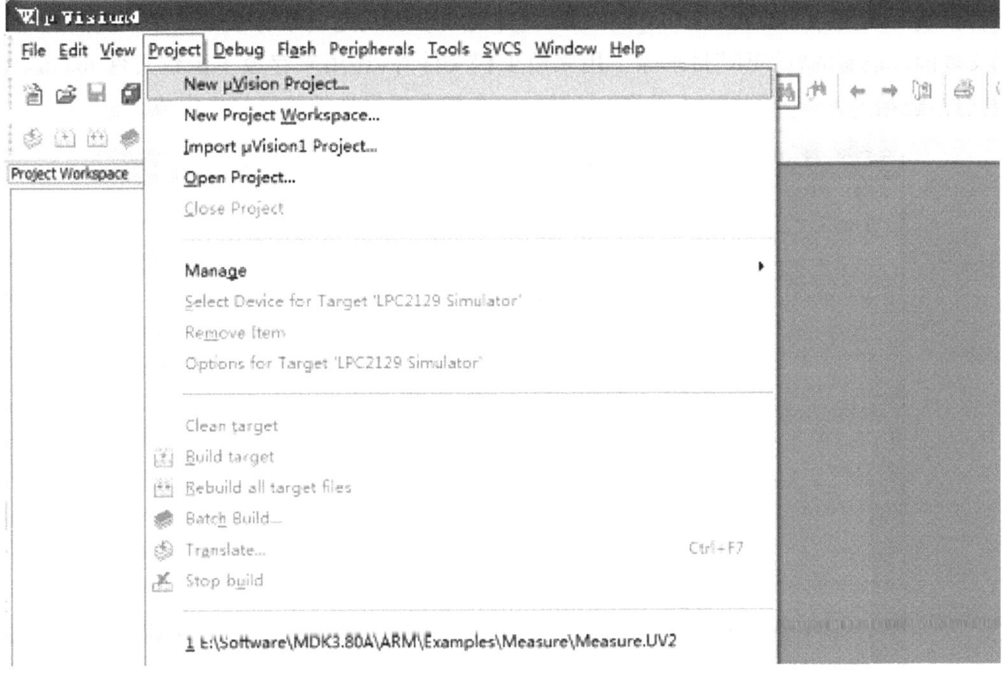

图 3-2-8　新建工程文件

(5)接下来会出现如图 3-2-9 所示的选择"Device"的界面,以选择芯片型号。由于本实验选用 STM32F103RET6,因此这里定位到 STMicroelectronics 下面的 STM32F103RE。

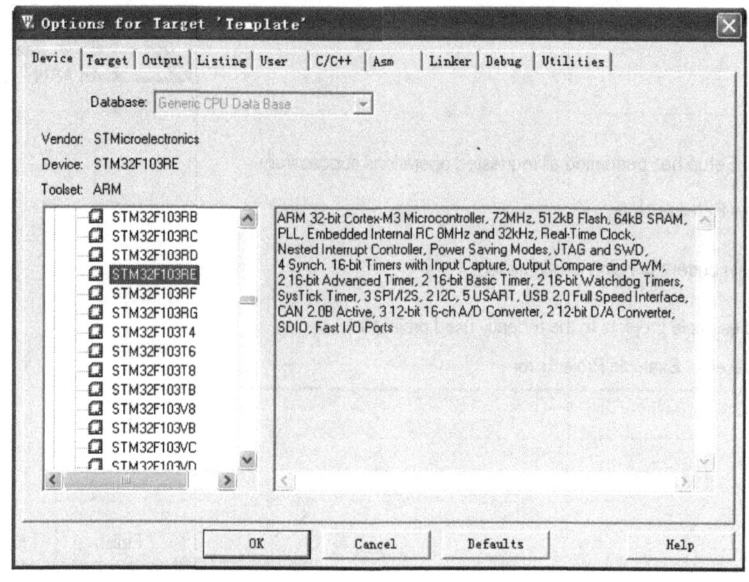

图 3-2-9 选择芯片型号

(6)在"Template"工程目录下面,如图 3-2-10 所示,新建 3 个文件夹"CORE""OBJ"以及"STM32F10x_FWLib"。"CORE"文件夹用来存放核心文件和启动文件,"OBJ"用来存放编译过程文件以及 hex 文件,"STM32F10x_FWLib"文件夹顾名思义是用来存放 ST 官方提供的库函数源码文件的。已有的"USER"目录除了用来放工程文件外,还用来存放主函数文件 main.c 以及其他文件,包括 system_stm32f10x.c 等。这样,一个基本工程文件已经建立完成。

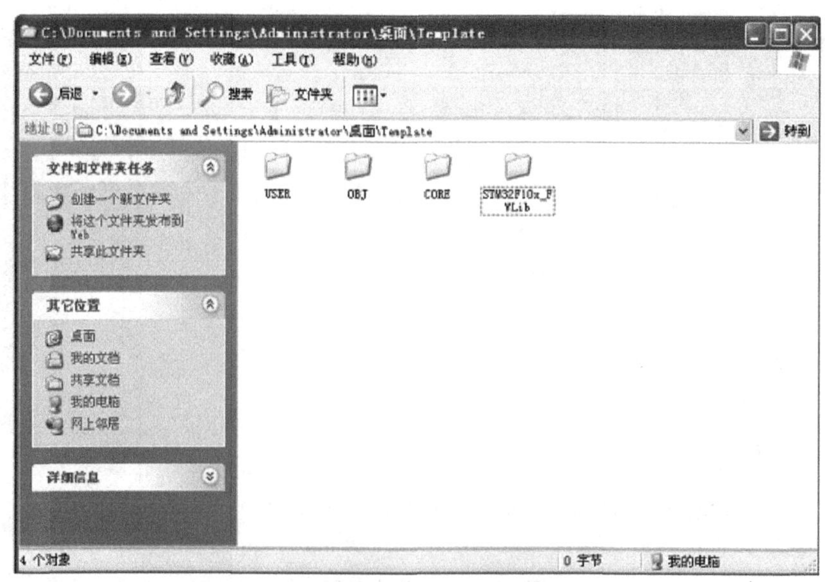

图 3-2-10 工程目录预览

2. ISO 14443A 标签防碰撞实验

本实验的重点为实现 ISO 14443A 协议编程，读取 ISO 14443A 卡的 UID 号，并串口输出其值。示例程序中主要由 ISO 14443A. c 和 ISO 14443A. h 文件完成。下面对该文件中几个重要函数进行介绍。

ISO 14443A 标签检测函数 void Iso14443aFindTag(void)，该函数流程如图 3-2-11 所示。

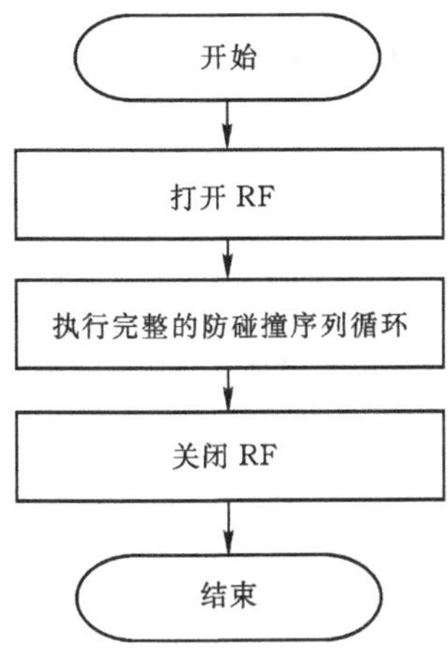

图 3-2-11　ISO 14443A 标签检测函数流程

该函数首先打开 RF，执行完整的防碰撞序列循环，然后关闭 RF。该函数在主函数中被调用。函数具体代码如下所示：

```
void Iso14443aFindTag(void)
```

ISO 14443A 的防碰撞循环处理函数是 void Iso14443aAnticollision(u08_t reqa)，该函数流程如图 3-2-12 所示。

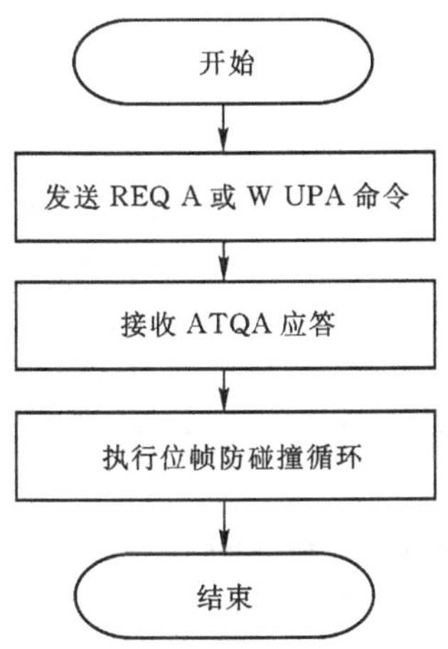

图 3-2-12　防碰撞循环处理函数流程

函数具体代码如下：

```
void Iso14443aAnticollision(u08_t reqa)
```

ISO 14443 协议标准中的 ISO 14443－3 规定了防碰撞协议。详细请参考 RFID 协议标准。TYPE A 卡防碰撞处理函数为 void Iso14443aLoop(u08_t cascade_level、u08_t nvb、u08_t * uid)。具体函数如下：

```
void Iso14443aLoop(u08_t cascade_level, u08_t nvb, u08_t *uid)
```

基于以上关键函数定义，实验具体步骤如下。

(1)根据实验原理和实验功能要求编写实现 ISO 14443A 协议函数。在编写和调试过程中，可参考示例实验代码，代码位置：配套光盘→13.56 MHz 高频 RFID 防碰撞实验→ISO 14443A 协议通信实验。

(2)完成 USB 转串口 PL2303 驱动程序的安装，安装过程同前述实验相同。将 USB 接口的另一端连接到高频实验板，打开串口调试工具。设置端口 COM3(对应实际计算机映射端口)：设置波特率为"9600"，数据位为"8"，校验位为"无"，停止位为"1"。点击打开串口按钮，如图 3－2－13 所示。去掉"16 进制"前勾号。

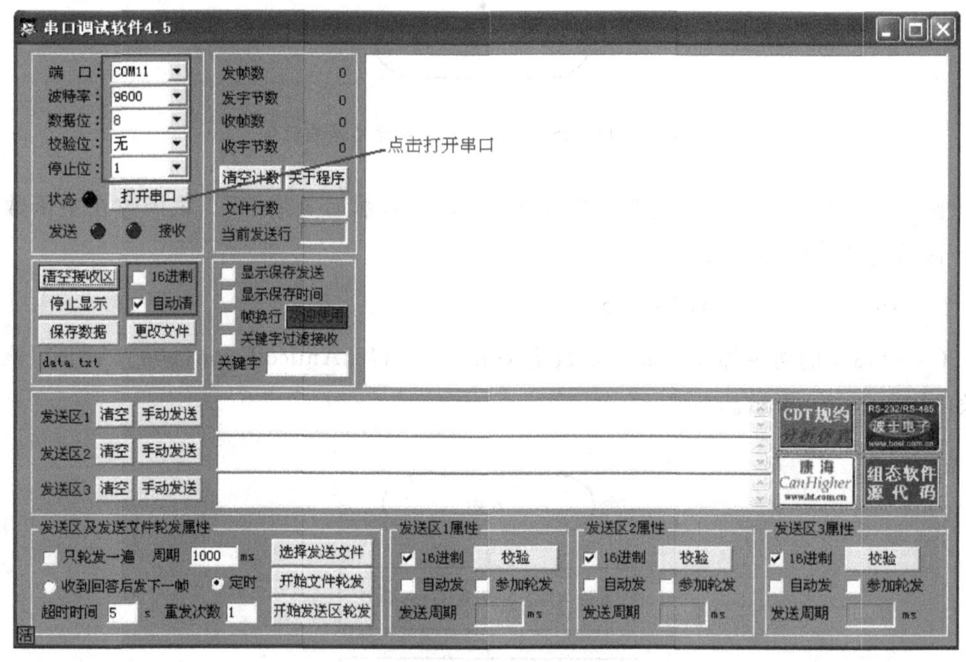

图 3－2－13　串口调试工具设置

(3)编译下载的实验代码，全速执行 ISO 14443A 协议通信工程文件。实验结果如图 3－2－14 所示。

(4)将准备好的 ISO 14443A 卡片，靠近 TRF7970 读卡线圈。串口输出"ISO 14443A type A:[B209E7E5B9,59]"，表示读取 ISO 14443A 协议卡片 UID 为 B209E7E5B9，信号强度 rssi 值为 59。正确实验结果如图 3－2－15 所示。

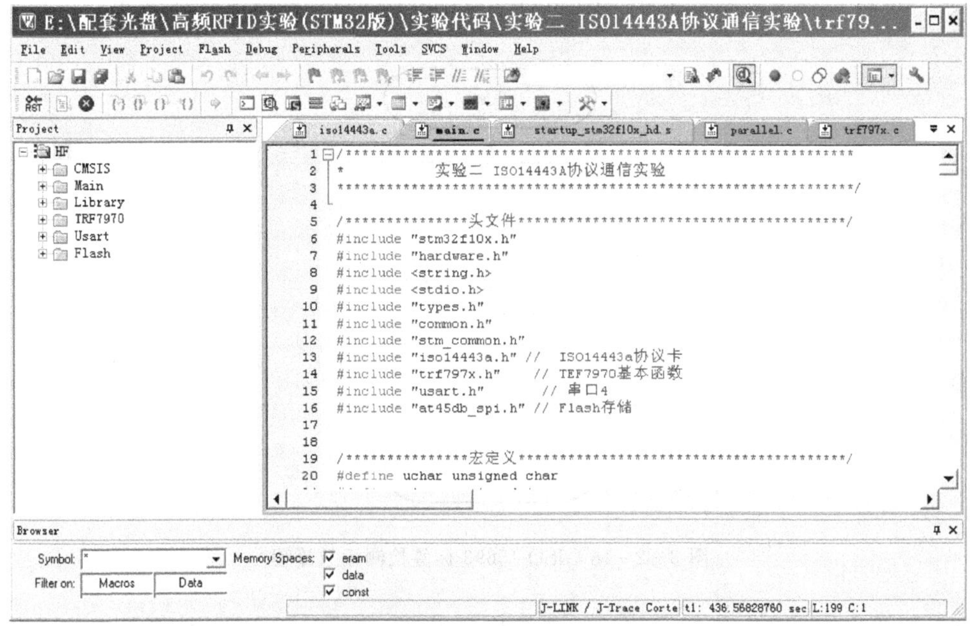

图 3-2-14 代码全速执行结果

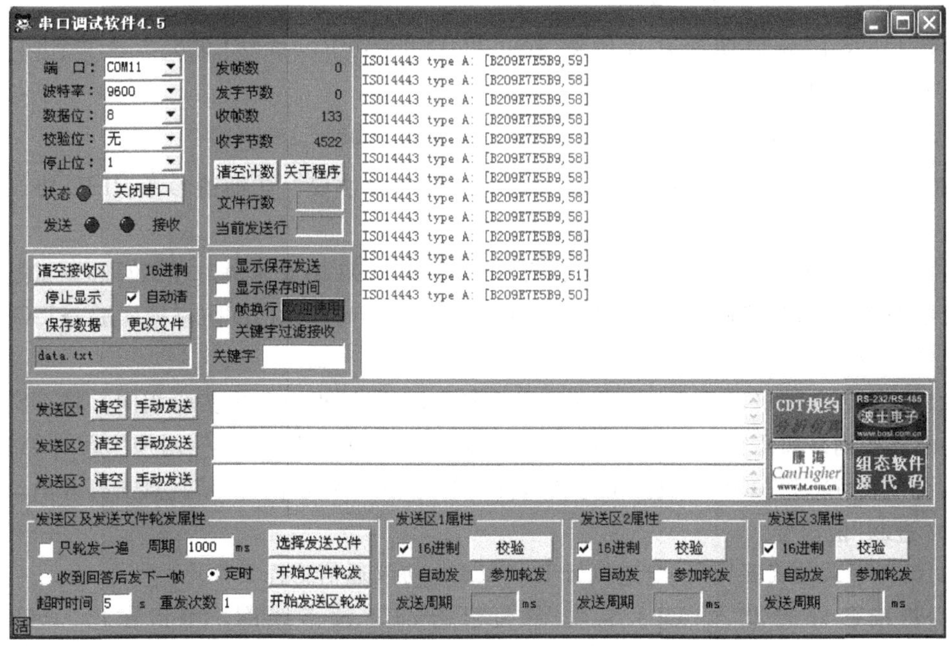

图 3-2-15 ISO 14443A 卡片寻卡结果

3. ISO 15693 标签防碰撞实验

本实验的重点为实现 ISO 15693 协议编程，读取 ISO 159693 卡的 UID 号，并串口输出其值。示例程序中主要由 ISO15693.c 和 ISO15693.h 文件完成。下面对该文件中几个重要函数进行介绍。

ISO 15693 标签检测函数 void Iso15693FindTag(void),该函数流程如图 3-2-16 所示。

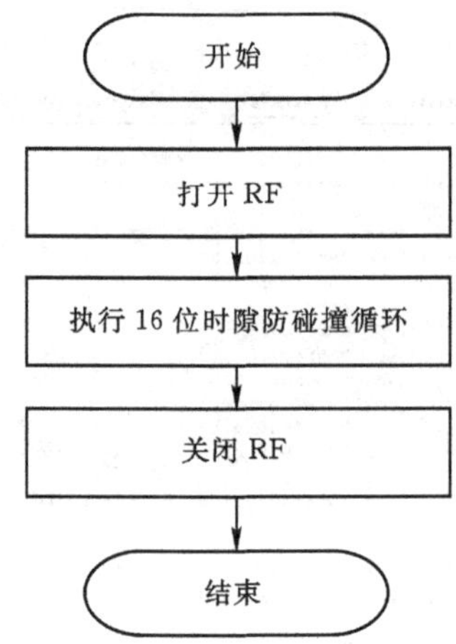

图 3-2-16　ISO 15693 标签检测函数流程

该函数首先打开 RF,执行完整的防碰撞序列循环,然后关闭 RF。该函数在主函数中被调用。函数具体代码如下:

```
void Iso15693FindTag(void)
```

ISO 15693 防碰撞循环处理函数 void Iso15693Anticollision(u08_t * mask, u08_t length)函数具体代码如下:

```
void Iso15693Anticollision(u08_t *mask, u08_t length)
```

ISO 14443 协议标准中 ISO 15693—3 规定了防碰撞协议。详细请参考 RFID 协议标准。基于以上关键函数定义,实验具体步骤如下:

(1)根据实验原理和实验功能要求编写实现 ISO 15693 协议函数。在编写和调试过程中,可参考示例实验代码,代码位置:配套光盘→13.56 MHz 高频 RFID 防碰撞实验→ISO 15693 协议通信实验。

(2)完成 USB 转串口 PL2303 驱动程序的安装,安装过程同前述实验相同。将 USB 接口的另一端连接到高频实验板,打开串口调试工具。设置端口为"COM3"(对应实际计算机映射端口);设置波特率为"9600",数据位为"8",校验位为"无",停止位为"1"。点击打开串口按钮,去掉"16 进制"前勾号。

(3)编译下载的实验代码,全速执行 ISO 15693 协议通信工程文件。

(4)将准备好的 ISO 15693 卡片,靠近 TRF7970 读卡线圈。串口输出"ISO15693:[0292D3814500104E0,50]",说明读取 ISO 15693 卡片 UID 读取成功,信号强度 rssi 值为 50。正确实验结果如图 3-2-17 所示。

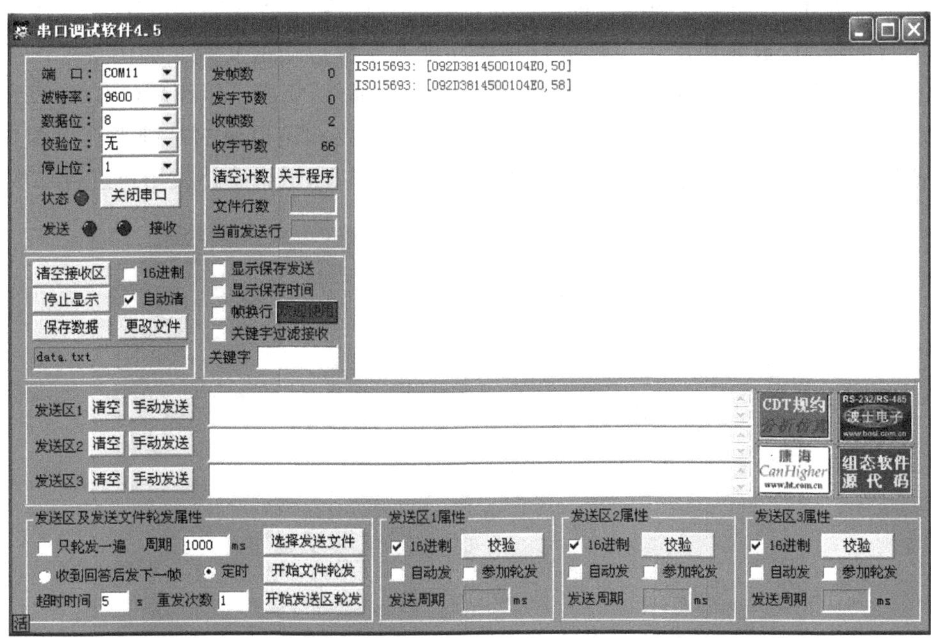

图 3-2-17　ISO 15693 卡片寻卡结果

3.3　超高频 RFID 读写实验

3.3.1　实验目的

(1)掌握超高频模块设置频率操作和原理；
(2)掌握超高频单步识别标签操作和原理；
(3)掌握超高频防碰撞识别标签操作和原理；
(4)掌握标签读写数据操作和原理。

3.3.2　实验设备

(1)超高频传感器板 1 块；
(2)超高频射频卡若干；
(3)USB 专用通信线 1 条；
(4)PC 机 1 台；
(5)超高频测试软件：RMU_DEMO_v2.4.exe；
(6)串口测试软件 ComMonitor.exe。

3.3.3　实验原理

1. 超高频 RFID 模块

本实验的目的是了解 RMU900+读写器(915 MHz)的工作方式、后台配置程序、测试软件程序的操作方式，并能够正确操作读写器对标签进行读写，感受超高频(UHF)频段的 RFID 远距离读写的能力，最终使用读写器进行相关功能和工程应用的实现。如图 3－3－1 所示，RMU900＋模块是超小型化的 UHF RFID 读写器核心部件，集成了锁相环(PLL)、发射器、接收器、耦合器以及微控制单元(MCU)等部件。用户只需要在该模块的基础上作电源处理，即可很方便地控制该模块的工作。模块的工作电压为＋3.3 V，适合手持机用户进行二次开发。

图 3－3－1　RMU900＋超高频模块

RMU900＋模块采用 ISO 18000—6C(EPCC1G2)标准。该标准的特点是：速度快，数据传输速率可达 40～640 kb/s；可同时读取的标签数量多，理论上可同时读到多于 1000 个标签；标签的 ID 号需要用读数据的方式读取；功能强，具有多种写保护方式，安全性强；区域多，分为 EPC 区(96 位或 16 字节、可扩展到 512 位)、ID 区(64 位或 8 字节)、用户区(224 位或 28 字节)和密码区(32 位或 4 字节)。

上位机发送到 RMU 的数据包称为“命令”，RMU 返回到上位机的数据包称为“响应”。以下所有数据段的长度单位为字节(Byte)。RMU 与上位机传递的数据包的通用格式见表 3－3－1和表 3－3－2。

表 3－3－1　命令的数据包格式

数据段	SOF	LENGTH	CMD	PAYLOAD	*CRC－16	EOF
长度	1	1	1	＜254	2	2

注：有 * 号的是可选部分，下同。

表 3－3－2　响应数据格式

数据段	SOF	LENGTH	CMD	STATUS	PAYLOAD	*CRC－16	EOF
长度	1	1	1	1	＜253	2	1

SOF 是一个字节的常数(SOF ＝＝ 0xAA)，表示数据帧的开始。

LENGTH 部分是按字节计算的＜SOF＞和＜EOF＞之间的数据(即＜LENGTH＞、＜CMD＞、＜STATUS＞、＜PAYLOAD＞、＜CRC－16＞)的长度。

表3-3-3 CMD数据段定义表

位	Bit 7	Bit 6 Bit 5 Bit 4 Bit 3 Bit 2 Bit 1 Bit 0
描述	CRC控制位	RMU命令
功能	0 = 数据包中没有CRC－16 1 =数据包中带有CRC－16	

STATUS是RMU的响应中包含的对上位机命令的执行状态。STATUS只在RMU的响应中，上位机的命令中没有STATUS部分。STATUS中高四位是通用的标志位，而低四位是各命令中特有的状态。STATUS通用标志位的定义见表3-3-4，低四位的定义详见各命令的状态定义表。

表3-3-4 通用标志位的定义

位	Bit 7	Bit 6	Bit 5	Bit 4	Bit 3～Bit 0
描述	1=执行命令成功 0=执行命令失败	1=CRC验证失败 0=CRC验证成功	保留	保留	命令状态

PAYLOAD是需要传递的实际数据。除了在各命令格式中已定义的PAYLOAD有效字节外，在LENGTH可表示的范围内可延长任意PAYLOAD，RMU不对其进行操作。

CRC-16部分是对＜LENGTH＞、＜CMD＞、＜STATUS＞(响应中)和＜PAYLOAD＞部分计算的CRC-16值。用户可通过CMD的Bit 7选择是否使用该选项。

2. 超高频询问状态定义

RMU(读写器)在识别卡和读写卡前需先确认模块是否和上位机联机，发送询问状态指令。如果联机成功则返回数据，无返回数据表示无连接。联机正常后需设置功率、频率。功率的大小决定读卡距离的远近。功率越大，读卡距离越远，功耗越大，建议将其设置在10～20 dBm之间即可，并根据设置的情况体会读卡距离。RMU900＋峰值电流与输出功率对应表见表3-3-5。

表3-3-5 RMU900＋峰值电流与输出功率

输出功率/dBm	V_{cc}/V	峰值电流/mA
10	3.31	237
11	3.31	245
12	3.31	252
13	3.31	267
14	3.31	286
15	3.31	297
16	3.31	319
17	3.31	342

续表

输出功率/dBm	V_{cc}/V	峰值电流/mA
18	3.31	368
19	3.31	390
20	3.31	427
21	3.31	446
22	3.31	494
23	3.31	546
24	3.31	590
25	3.31	639
26	3.31	698
27	3.31	754

超高频模块采用异步半双工 UART 协议。UART 接口一帧的数据格式为:1 个起始位,8 个数据位,无奇偶校验位,1 个停止位;波特率:57600 b/s。与本实验相关的指令如下。

1)数据格式

该命令询问 RMU 模块的状态,用户可利用该命令查询 RMU 是否连接。如果有响应,则说明 RMU 已经连接;如果在指定时间内没有响应,则说明 RMU 没有连接。询问状态格式及响应格式见表 3-3-6 和表 3-3-7。

表 3-3-6 询问状态命令格式

数据段	SOF	LEN	CMD	*CRC	EOF
长度	1	1	1	2	1

表 3-3-7 询问状态响应格式

数据段	SOF	LEN	CMD	STATUS	*CRC	EOF
长度	1	1	1	1	2	1

2)命令状态定义

命令状态定义格式见表 3-3-8。

表 3-3-8 命令状态定义格式

位	Bit 7～Bit 4	Bit 3～Bit 1	Bit 0
功能	通用位	保留	0 = 连接成功

注:该命令的 STATUS Bit 0 只在 Bit 7 为 0 时有效。

3)命令示例

命令示例见表 3-3-9。

表 3-3-9　命令示例

发送命令格式(hex)	返回数据格式(hex)
aa 02 00 55	成功:aa 03 00 00 55
	失败:无返回

3. 超高频读取功率

该命令为读取 RMU 的功率设置。用户使用 RMU 对标签进行操作前可用该命令读取 RMU 的功率设置。

1)数据格式

读取功率的设置命令格式与响应格式见表 3-3-10 和表 3-3-11。

表 3-3-10　读取功率设置命令格式

数据段	SOF	LEN	CMD	*CRC	EOF
长度	1	1	1	2	1

表 3-3-11　读取功率设置响应格式

数据段	SOF	LEN	CMD	STATUS	POWER	*CRC	EOF
长度	1	1	1	1	1	2	1

2)命令状态定义

读取功率的命令状态定义见表 3-3-12。

表 3-3-12　功率数据段格式

功率	Bit 7	Bit 6	Bit 5	Bit 4	Bit 3	Bit 2	Bit 1	Bit 0
描述	保留	输出功率/dBm						

3)命令示例

读取功率的命令示例见表 3-3-13。

表 3-3-13　命令示例

发送命令格式(hex)	返回数据格式(hex)
aa 02 01 55	成功:aa 04 01 00 1a 55
	失败:无返回

4. 超高频设置功率

该命令设置 RMU 的输出功率。用户使用 RMU 对标签进行操作前需要用该命令设置 RMU 的输出功率。若用户没有设置 RMU 的功率,RMU 工作时将使用默认设置。

1)数据格式

读取 RMU 信息的命令定义格式见表 3-3-14,其信息响应定义见表 3-3-15。

表 3-3-14　读取 RMU 信息命令定义

数据段	SOF	LEN	CMD	*CRC	EOF
长度	1	1	1	2	1

表 3-3-15　读取 RMU 信息响应定义

数据段	SOF	LEN	CMD	STATUS	SERIAL	VERSION	*CRC	EOF
长度	1	1	1	1	6	1	2	1

2)命令状态定义

读取 RMU 信息 STATUS 的命令见表 3-3-16。

表 3-3-16　读取 RMU 信息 STATUS

位	Bit 7～Bit 4	Bit 3～Bit 1	Bit 0
功能	通用位	保留	0 = 成功读取 RMU 信息 1 = 该 RMU 未定义相关信息

3)命令示例

读取 RMU 信息状态的命令示例见表 3-3-17。

表 3-3-17　命令示例

发送命令格式(hex)	返回数据格式(hex)
aa 02 07 55	成功:aa 0a 07 01 ff ff ff ff ff ff ff ff ff ff ff ff ff ff 55
	失败:无返回

5. 超高频频率设置

目前全球超高频射频识别系统的工作频率在 860～960 MHz 之间,因为射频识别系统将应用于全世界,然而在全球找不到一个射频识别系统可以适用的共同频率,世界各国对频率方面的具体规定也各不相同。因此,频率问题对射频识别系统来讲是一个重要的问题。频率问题主要包括工作频率的范围、发射功率的大小、调频技术、信道宽度等。

全球的频段由国际电信联盟(ITU)进行统一规划和分配。ITU 把全球划分为 3 个大区,分别为区域 1(欧洲和非洲地区)、区域 2(美洲地区)和区域 3(大洋洲和亚洲地区)。

RMU900+支持四种频率工作模式:①"Chinese 标准"模式。该模式是依据中国关于 RFID 使用频段的规定设置输出频率范围,默认为跳频方式。中国标准规定的有效频段为 840～845 MHz、920～925 MHz。②"ETSI 标准"模式。该模式是依据欧洲标准设置输出的频率范围,默认为跳频方式。ETSI 标准使用的频段为 865～868 MHz。③"定频"模式,该模式将工作频率设定为 915 MHz。④“用户自定义”模式。用户通过设置 6 个参数进行设置所要的频率工作范围：频率工作模式（FREMODE）、频率基数（FREBASE）、起始频率（BF）、频道数（CN）、频道带宽（SPC）和跳频顺序方式（FREHOP）。

起始频率（BF）、频道数（CN）、频道带宽（SPC）、最终频率和带宽存在以下关系：

起始频率（BF）=【起始频率（整数部分）】+【频率基数】×【起始频率尾数积数】

如：起始频率=840 MHz+ 125 kHz×5=840.625 MHz

频道带宽（SPC）=【频道带宽积数】×【频率基数】

如：频道带宽（SPC）=2×125 kHz=250 kHz

最终频率=起始频率（BF）+（频道数（CN）−1）×频道带宽（SPC）

如：最终频率=840.625 MHz+（16−1）×250 kHz=844.375 MHz

带宽=最终频率−起始频率（BF）

如：带宽=844.375 MHz−840.625 MHz=3.75 MHz

注：【频率基数】×【频道带宽积数】不能超过 1000 kHz；当【频率基数】为 50 kHz 时，【带宽】不能大于 12 MHz，当【频率基数】为 125 kHz 时，【带宽】不能大于 32 MHz。

1）数据格式

设置频率命令格式见表 3-3-18，FREMODE、FREBASE、BF、FREHOP 字段定义见表 3-3-19～表 3-3-22，设置频率响格式见表 3-3-23。

表 3-3-18　设置频率命令格式

描述	SOF	LEN	CMD	FREMODE	FREBASE	BF	CN	SPC	FREHOP	* CRC	EOF
长度	1	1	1	1	1	2	1	1	1	2	1

表 3-3-19　FREMODE 字段定义

位	Bit 7 ～ Bit 4	Bit 3 ～ Bit 0
功能	保留	频率工作模式
		0000：中国标准（920～925 MHz） 0001：中国标准（840～845 MHz） 0010：ETSI 标准 0011：定频模式（915 MHz） 0100：用户自定义 其他：中国标准（920～925 MHz）

表 3-3-20　FREBASE 字段定义

位	Bit 7 ～ Bit 1	Bit 0
描述	保留	频率基数
功能		0：50 kHz 1：125 kHz

表 3-3-21 BF 字段定义

位	Bit 15	Bit 14 ～ Bit 5	Bit 4 ～ Bit 0
功能	保留	起始频率(整数部分)	起始频率位数积数 (起始频率小数部分)

表 3-3-22 FREHOP 字段定义

位	Bit 7 ～ Bit 2	Bit 1 ～ Bit 0
功能	保留	跳频顺序方式
		00:随机跳频 01:从高往低顺序跳频 10:从低往高顺序跳频 其他:随机跳频

注:RMU900+只支持“随机跳频”。RMU900+中,FREHOP 字段可以为任意值。

表 3-3-23 设置频率响应格式

数据段	SOF	LEN	CMD	STATUS	*CRC	EOF
长度	1	1	1	1	2	1

2)命令示例

命令示例见表 3-3-24。

表 3-3-24 命令示例

发送命令格式(hex)	返回数据格式(hex)
aa 09 06 00 01 73 05 10 02 00 55	成功:aa 03 06 00 55
	失败:无返回

6. 超高频读取频率设置

1)数据格式

超高频读取频率设置的命令格式、响应格式见表 3-3-25 和表 3-3-26。

表 3-3-25 读取频率设置命令格式

描述	SOF	LEN	CMD	*CRC	EOF
长度	1	1	1	2	1

表 3-3-26　读取频率设置响应格式

描述	SOF	LEN	CMD	STATUS	FRE MODE	FRE BASE	BF	CN	SPC	FRE HOP	* CRC	EOF
长度	1	1	1	1	1	1	2	1	1	1	2	1

2)命令示例

超高频读取频率设置的命令示例见表 3-3-27。

表 3-3-27　命令示例

发送命令格式(hex)	返回数据格式(hex)
aa 02 05 05	成功:aa 0A 05 00 00 01 73 05 10 02 00 55
	失败:无返回

7. 单标签识别操作

该命令启动标签识别循环,对单张标签进行识别时使用该命令。该命令有两种响应格式:RMU 接收该命令后返回识别标签响应告诉上位机启动标签识别循环成功与否;若启动标签识别循环成功,RMU 连续返回获取标签号响应,直到接收停止识别标签命令,每个获取标签号响应只返回一张标签的 UII。

1)数据格式

识别(单)标签命令格式见表 3-3-28。

表 3-3-28　识别(单)标签命令格式

数据段	SOF	LEN	CMD	* CRC	EOF
长度	1	1	1	2	1

获取标签号响应格式见表 3-3-29。

表 3-3-29　获取标签号响应格式

数据段	SOF	LEN	CMD	STATUS	* CRC	EOF
长度	1	1	1	1	2	1

注:本文档中的 UII 包括 PC bits,即 PC+UII。

2)命令状态定义

识别标签状态命令见表 3-3-30。

表 3-3-30　识别标签状态命令

数据段	SOF	LEN	CMD	STATUS	UII	* CRC	EOF
长度	1	1	1	1		2	1

注:该命令的 STATUS Bit 0 只在 Bit 7 为 0 时有效。

3)命令示例

命令示例见表3-3-31。

表3-3-31　命令示例

发送命令格式(hex)	返回数据格式(hex)	
AA 02 10 55	成功	先返回确认命令:aa 03 10 01 55(收到识别标签命令)
		再返回标签数据:aa 07 10 00 08 00 00 01 55(不断返回)
	失败	仅返回确认命令:aa 03 10 01 55(没有识别到标签)

8.多标签防碰撞识别

该命令启动标签识别循环,对多张标签进行识别时使用该命令。发送命令时需指定防碰撞识别的初始 Q 值。若 Q 设为0,则RMU使用默认 Q 值。该命令的响应方式与单标签识别命令一致。

关于防碰撞 Q 值的选择,详细可参考ISO 18000－6C协议中关于防碰撞的内容说明。主要用于电磁场内存在多张电子标签时,避免多张电子标签信号相互碰撞,导致读写器无法正常识别电子标签。Q 值的选择依据为读卡器通信范围内的电子标签的数目(假设为 N),当 $2Q$ 接近 N 时,最佳。界面上的 Q 值,为RMU900＋接受的起始 Q 值,RMU900＋会根据通信过程中的碰撞情况,智能调整实际通信过程的 Q 值,以达到快速识别读写器通信范围内的多个电子标签的目的。当起始 Q 值与读写器通信范围内的电子标签数量匹配时,能够提高识别效率。默认情况下,该起始 $Q=3$。

1)数据格式

识别(防碰撞)标签命令格式、响应格式见表3-3-32和3-3-33。获取(防碰撞)标签号响应格式见表3-3-34。

表3-3-32　识别(防碰撞)标签命令格式

数据段	SOF	LEN	CMD	Q	*CRC	EOF
长度	1	1	1	1	2	1

表3-3-33　识别(防碰撞)标签响应格式

Q	Bit 7 ～ Bit 4	Bit 3 ～ Bit 0
描述	保留	Q Bit 3 ～ Bit 0

表3-3-34　获取(防碰撞)标签号响应格式

数据段	SOF	LEN	CMD	STATUS	UII	*CRC	EOF
长度	1	1	1	1		2	1

2)命令状态定义

识别(防碰撞)标签状态的定义见表 3-3-35。

表 3-3-35　识别(防碰撞)标签命令状态定义

位	Bit 7 ～ Bit 4	Bit 3 ～ Bit 1	Bit 0
功能	通用位	保留	1 ＝ 识别标签响应(不包含 UII) 0 ＝ 获取标签号响应(包含 UII)

注:该命令的 STATUS Bit 0 只在 Bit 7 为 0 时有效。

3)命令示例

命令示例见表 3-3-36。

表 3-3-36　命令示例

发送命令格式(hex)	返回数据格式(hex)	
aa 03 11 03 55	成功	先返回确认命令:aa 03 11 01 55(收到识别标签命令)
		再返回标签数据:aa 07 11 00 08 00 00 01 55(不断返回)
	失败	仅返回确认命令:aa 03 11 01 55(没有识别到标签)

9. 超高频标签数据读取操作(指定 UII)

用户可以从超高频标签读取数据,也可以写入数据到超高频标签内。读写存储器数据有两种方式:第一种是不指定 UII 读写,即用户无须指定电子标签的 UII,就可以从该电子标签内读取或写入指定存储空间的数据信息;第二种是指定 UII 读写,即用户需指定欲读写数据的标签的 UII 信息,方能对该电子标签读写数据。本实验中所谓的 UII 包含 PC 位(参见 ISO18000－6C 简介)。UII 的前两个字节是 PC(protocol-control)位,其格式见表 3-3-37。

表 3-3-37　UII 格式

Bits 0 ～ 4	Bit 5 ～ Bit 6	Bit 7 ～ Bit 15
以 word(两个字节)为单位的 PC 和 UII 的总体长度	未定义	NSI(未使用)

在具体标签读写过程中,UII 从低位开始传输,PC 的前五位表示 PC 和 UII 的总体长度。整段 UII 的数据信息是由 PC 加上 EPC 构成。所以用户可以通过 PC 的前 5 位计算出整个 UII 的长度。

公式:Length UII = (((UII[0] >> 3) & 0x1F) + 1) * 2

如果一张标签的 UII(hex) = 30 00 12 34 56 78 53 40 00 00 12 34 85 1A,UII[0] = 0x30。根据公式可以计算得出:Length UII = 14,所以整段卡号的长度就为 14 个字节。

如果您想写一张标签的 UII 总长度为 12 个字节,根据公式计算结果:UII[0] = 0x28,所以将 UII [0] =0x28 写入 UII 的第一个字节之后的卡号为:28 00 12 34 56 78 53 40 00 00 12 34。综上所述,实际计算长度为 UII [0]的前 5 位。

1)数据格式

读取标签数据的命令格式见表 3-3-38。

表 3-3-38 读取标签数据命令格式

数据	SOF	LEN	CMD	APWD	BANK	PTR	CNT	UII	*CRC	EOF
长度	1	1	1	4	1	EBV	1		2	1

表 3-3-38 中,APWD 代表标签的数据访问密码,当用户欲读取的数据存储区为非 Reserved 存储区时,将 APWD 置为 0x00000000;当用户欲读取的数据存储区为 Reserved 存储区时,APWD=标签的 ACCESS 密钥。BANK 为标签的存储分区,当该分区为 Reserved 存储区时,BANK=0x00;UII 存储区时,BANK=0x01;TID 存储区时,BANK=0x02;User 存储区时,BANK=0x03。PTR 代表标签存储区的起始地址,采用 EBV 格式;CNT 代表数据长度,以 word(2 字节)为单位,支持 CNT=0。

读取标签数据成功时的响应格式见表 3-3-39。

表 3-3-39 读取标签数据成功时的响应格式

数据段	SOF	LEN	CMD	STATUS	DATA	*CRC	EOF
长度	1	1	1	1	CNT*2	2	1

读取标签数据失败的响应格式见表 3-3-40。

表 3-3-40 读取标签数据失败时的响应格式

数据段	SOF	LEN	CMD	STATUS	*ECODE	*CRC	EOF
长度	1	1	1	1	1	2	1

注:ECODE(Error Code)数据段是可选项,下同。

2)命令状态定义

读取标签数据状态的命令格式见表 3-3-41。

表 3-3-41 读取标签数据状态的命令格式

位	Bit 7 ~ Bit 4	Bit 3 ~ Bit 1	Bit 0
功能	通用位	保留	1 = 响应中含 ECODE 数据段 0 = 响应中不含 ECODE 数据段

注:该命令的 STATUS Bit 0 只在 Bit 7 为 1 时有效。

3)命令示例

命令示例见表 3-3-42。

表 3-3-42　命令示例

发送命令格式(hex)	返回数据格式(hex)
aa 0d 13 00 00 00 00 01 01 01 08 00 00 01 55	成功:aa 05 13 00 08 00 55
	失败:aa 04 13 81 04 55

10. 超高频标签数据读取操作(不指定 UII)

该命令从标签读取数据。用户无须指定电子标签的 UII 即可从该电子标签内读取指定存储空间的数据信息,并返回该电子标签的 UII 信息。

1)数据格式

不指定 UII 读取标签数据的命令格式、成功后的响应格式、失败后的响应格式。见表 3-3-43～表 3-3-45。

表 3-3-43　读取标签数据(不指定 UII)命令格式

描述	SOF	LEN	CMD	APWD	BANK	PTR	CNT	*CRC	EOF
长度	1	1	1	4	1	EBV	1	2	1

表 3-3-44　读取标签数据(不指定 UII)响应格式(成功)

描述	SOF	LEN	CMD	STATUS	DATA	UII	*CRC	EOF
长度	1	1	1	1	CNT*2		2	1

表 3-3-45　读取标签数据(不指定 UII)响应格式(失败)

描述	SOF	LEN	CMD	STATUS	*ECODE	*CRC	EOF
长度	1	1	1	1	1	2	1

注:ECODE(Error Code)数据段是可选项,下同。

2)数据格式

不指定 UII 读取标签数据的状态定义见 3-3-46。

表 3-3-46　读取标签数据(不指定 UII)STATUS

位	Bit 7 ～ Bit 4	Bit 3 ～ Bit 1	Bit 0
功能	通用位	保留	1 = 响应中含 ECODE 数据段 0 = 响应中不含 ECODE 数据段

注:该命令的 STATUS Bit 0 只在 Bit 7 为 1 时有效。

3)命令示例

命令示例见表 3-3-47。

表 3-3-47 命令示例

发送命令格式(hex)	返回数据格式(hex)
aa 09 20 00 00 00 00 01 01 01 55	成功:aa 09 20 00 08 00 08 00 00 01 55
	失败:aa 04 20 81 04 55

11. 写入标签数据(指定 UII)

该命令往标签写入数据。在这种写入方式下,用户需指定欲写入数据的电子标签的 UII 信息。

1)数据格式

指定 UII 时写入标签数据的命令格式见表 3-3-48。

表 3-3-48 写入标签数据命令格式(指定 UII)

数据段	SOF	LEN	CMD	APWD	BANK	PTR	CNT	DATA	UII	*CRC	EOF
长度	1	1	1	4	1	EBV	1	CNT*2		2	1

注:CNT 数据段是以 word(2 字节)为单位的 DATA 的长度。现只支持 CNT 为 1。

2)命令状态定义

指定 UII 时写入标签数据状态的定义见表 3-3-49。

表 3-3-49 写入标签数据 STATUS(指定 UII)

位	Bit 7 ～ Bit 4	Bit 3 ～ Bit 1	Bit 0
功能	通用位	保留	1 = 响应中含 ECODE 数据段 0 = 响应中不含 ECODE 数据段

注:该命令的 STATUS Bit 0 只在 Bit 7 为 1 时有效。

3)命令示例

命令示例见表 3-3-50。

表 3-3-50 命令示例

发送命令格式(hex)	返回数据格式(hex)
aa 0f 14 00 00 00 00 01 01 01 10 00 08 00 00 01 55	成功:aa 03 14 00 55
	失败:aa 04 14 81 04 55

12. 写入标签数据(不指定 UII)

该命令是向标签写入数据,用户无须指定电子标签的 UII,即可向该电子标签的指定地址的存储空间写入数据信息,并返回该电子标签的 UII 信息。

1)数据格式

不指定 UII 写入标签数据的命令格式和响应格式见表 3－3－51 和表 3－3－52。

表 3－3－51　写入标签数据(不指定 UII)命令格式

数据段	SOF	LEN	CMD	APWD	BANK	PTR	CNT	DATA	* CRC	EOF
长度	1	1	1	4	1	EBV	1	CNT * 2	2	1

注:CNT 数据段是以 word(2 字节)为单位的 DATA 的长度。现只支持 CNT 为 1。

表 3－3－52　写入标签数据(不指定 UII)响应格式

数据段	SOF	LEN	CMD	STATUS	UII	* ECODE	* CRC	EOF
长度	1	1	1	1		1	2	1

2)命令状态定义

不指定 UII 写入标签数据状态的定义见表 3－3－53。

表 3－3－53　写入标签数据(不指定 UII)状态定义

位	Bit 7 ～ Bit 4	Bit 3 ～ Bit 1	Bit 0
功能	通用位	保留	1 ＝ 响应中含 ECODE 数据段,不含 UII 数据 0 ＝ 响应中不含 ECODE 数据段,不含 UII 数据

注:该命令的 STATUS Bit0 只在 Bit 7 为 1 时有效。

3)命令示例

命令示例见表 3－3－54。

表 3－3－54　命令示例

发送命令格式(hex)	返回数据格式(hex)
aa 0b 21 00 00 00 00 01 01 01 10 00 55	成功:aa 07 21 00 08 00 00 01 55
	失败:aa 04 21 81 04 55

3.3.4　实验步骤

1. 超高频功率设置实验

1)使用超高频测试软件

(1)打开配套光盘,点击“RFID 开发工具\ RMU_DEMO_v2.4.exe”,软件界面如图 3－3－2 所示,主要分为两大区域:第一区域为“显示区域”,用于显示当前读取的标签号、读取到的电子标签数据等信息;第二区域为“操作区域”,用于用户 RFID 端口、输出功率、频率、带宽等参数设置。

注:RMU900＋ Demo 软件在 Windows 平台下运行,需要安装 Microsoft. NET Framework 2.0(请从微软相关网站下载)。

(2)将超高频实验板上的USB接口和PC机连接，参考3.1实验“检测串口”部分，若出现 通信端口号（COM1）提示信息，则说明超高频传感器板已经映射在COM1口，即超高频传感器板和电脑硬件连接成功。

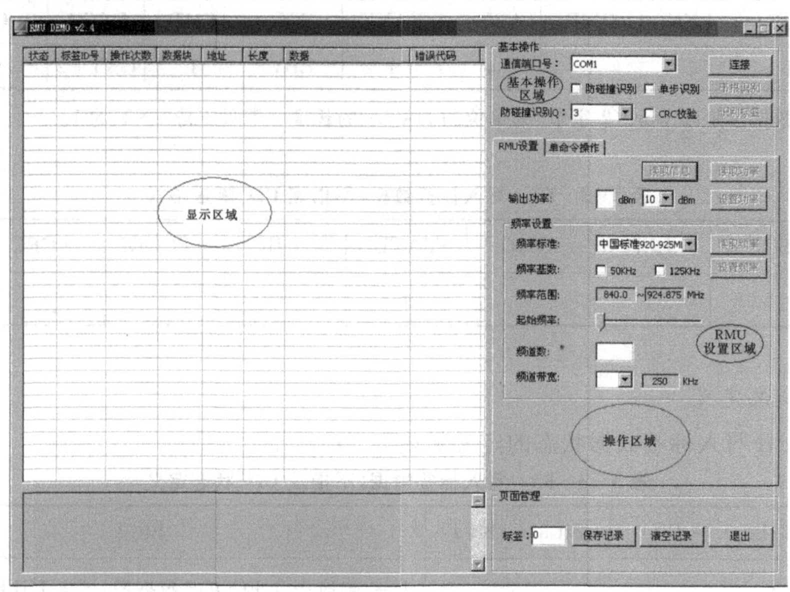

图3-3-2 超高频模块上位机测试界面

(3)在图3-3-2界面的选择对应的通信端口号。然后点击 连接 ，如通信成功，在图3-3-2的界面显示“成功连接到RMU900”；否则显示连接RMU900失败提示信息。

(4)联机成功后，按照图3-3-3所示，选择“RMU设置”标签。点击“读取信息”按钮，该命令读取RMU的硬件序列号和软件版本号。其中，RMU的硬件序列号是6个字节的十六进制数，软件版本号是1个字节。软件版本字节的前四个比特是软件的主版本号，后四个比特是次版本号。当上位机与RMU900+读写器连接成功后，才能对该功能进行操作。读取信息成功后，在测试界面的左下角会显示“读取RMU信息成功”，并显示该模块的序列号和软件版本号。

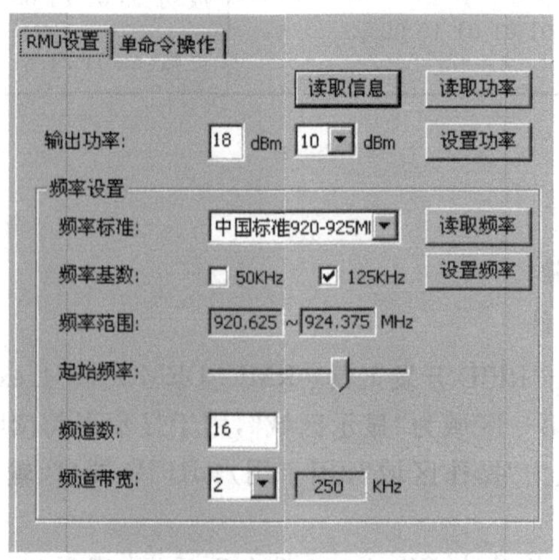

图3-3-3 RMU具体设置

(5)点击图 3－3－3 所示界面中“读取功率”,用于获取读写器模块的输出功率大小信息。当上位机与 RMU900＋读写器连接成功后,该功能才能进行操作。界面如图 3－3－4 所示。

图 3－3－4　RMU 功率读取与设置

前一个画圈部分为读出模块当前功率,后一个画圈部分为要设置的功率。如果读取成功,在测试界面的左下角会显示“读取 RMU 功率设置成功”字样,其界面如图 3－3－5 所示。

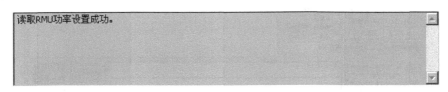

图 3－3－5　读取 RMU 功率设置成功

(6)在图 3－3－4 界面上点击“设置功率”,用于设置读写器模块的输出功率,单位为 dBm,有效值在 10～30 dBm 之间。当上位机与 RMU900＋读写器连接成功后,该功能才能进行操作。设定功率值后,RMU900＋将该功率参数保存,重新上电后,RMU900＋的默认输出功率为最后一次修改的功率值。

2)使用串口工具实验

(1)打开光盘自带的串口测试软件 ComMonitor. exe,在图 3－3－6 所示界面画圈指定位置设置串口参数。

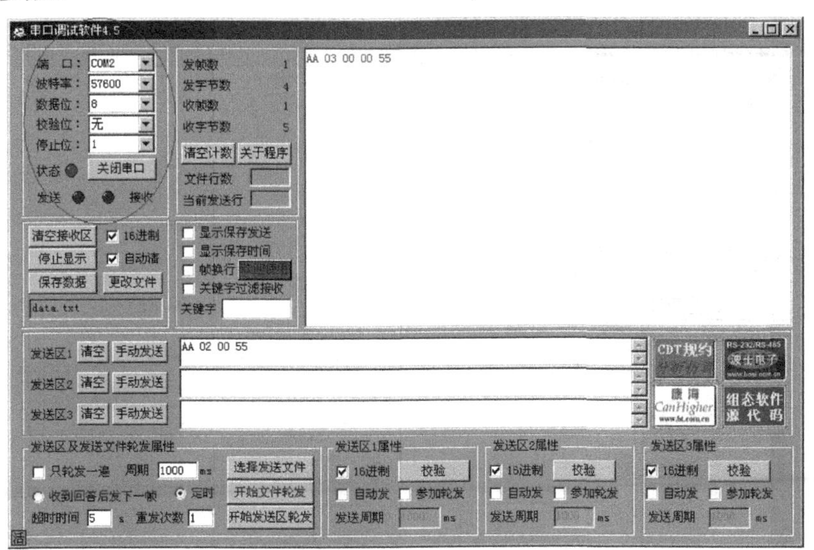

图 3－3－6　串口参数设置

端口设置：选择串口实际对应的 COM2 口；波特率：默认为 57600；数据位：8 位；校验位：无；停止位：1 位。设置完成后，点击状态指示灯后边的“打开串口”，串口设置完成。

(2)发送设置询问状态指令，根据之前给出的超高频命令指表，在图 3-3-7 所示界面的发送区 1(左下方画圈处)，输入“AA 02 00 55”，然后点击相对应发送区右边“手动发送”按钮，成功返回“AA 03 00 00 55”，如图 3-3-7 所示(中上方画)的一串数据，表示连接成功。若失败则无返回。

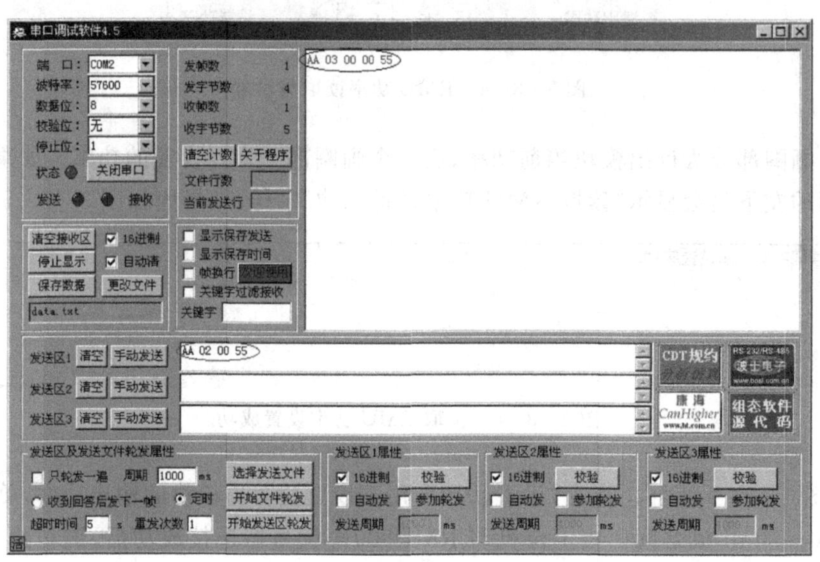

图 3-3-7　连接成功显示界面

(3)发送设置读取信息指令，在图 3-3-8 所示界面的发送区 1，输入“aa 02 07 55”，然后点击相对应发送区右边“手动发送”按钮，成功返回“AA 0A 07 00 00 00 00 00 00 58 55”如图 3-3-8 中显示区中画圈的一串数据，表示连接成功。若失败则无返回。对读取信息进行分析，第 5 字节到第 10 字节 6 个“00”为序列号，第 11 字节“58”为软件版本号。

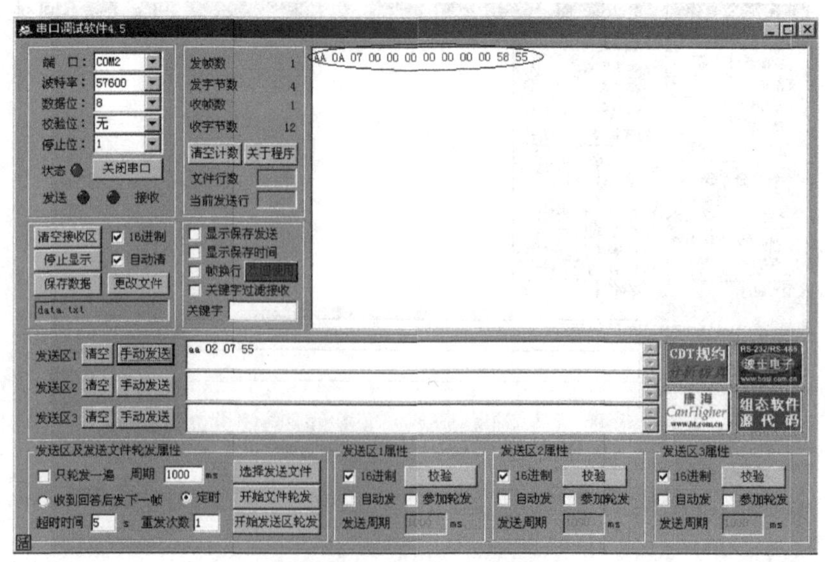

图 3-3-8　读取信息界面

(4)发送读取功率指令，在图 3-3-9 所示界面的发送区 2，输入“aa 02 01 55”，然后点击相对应发送区右边“手动发送”按钮，成功返回“AA 04 01 00 93 55”，如图 3-3-9 中画圈的一串数据，表示连接成功。若失败则无返回。其中“93”为读取功率值，根据功率数据格式分析，最高位 Bit 7 保留，因此读取的功率实际为十六进制“13”，十进制“19”，即模块功率为“19 dBm”。

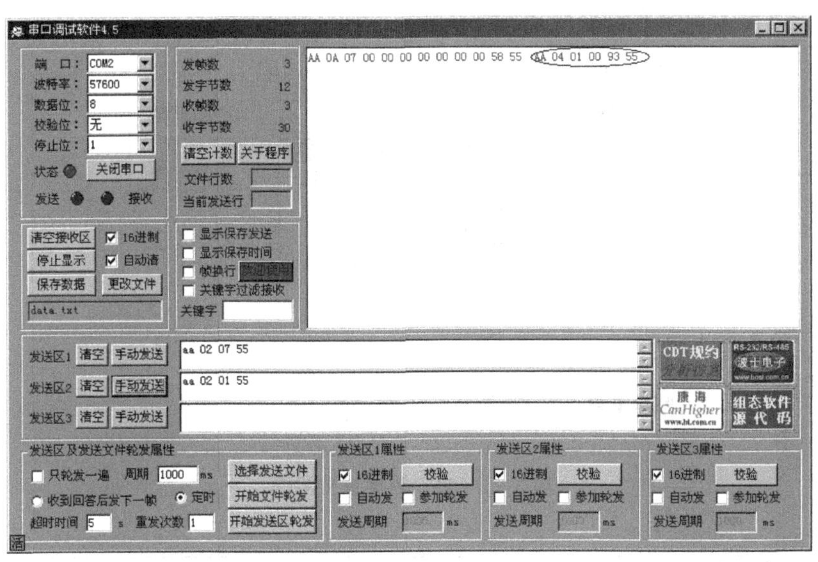

图 3-3-9　读取模块功率值

(5)发送设置功率指令，在图 3-3-10 所示界面的发送区 3，输入“aa 04 02 01 13 55”，其中“13”为要设置的功率值，点击相对应发送区右边“手动发送”按钮，成功返回“AA 03 02 00 55 ”。如图 3-3-10 中画圈的一串数据，表示连接成功。若失败无则返回。

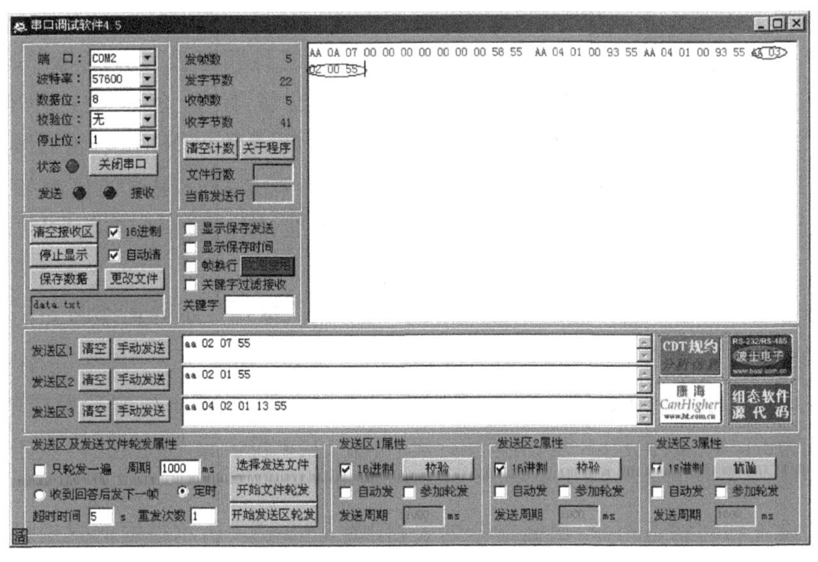

图 3-3-10　设置功率界面

(2)超高频频率设置实验

1)使用超高频测试软件

(1)设置频率。目前中国国家标准使用的频率是920～925 MHz,因此在“频率标准”下拉菜单选择“中国标准920～925 MHz”,其余参数已经固化,不需设定。频率标准设置完成点击图3-3-11所示界面中“设置频率”按钮,主界面左下位置将显示频率设置成功与否。如图3-3-12所示界面表示频率设置成功。

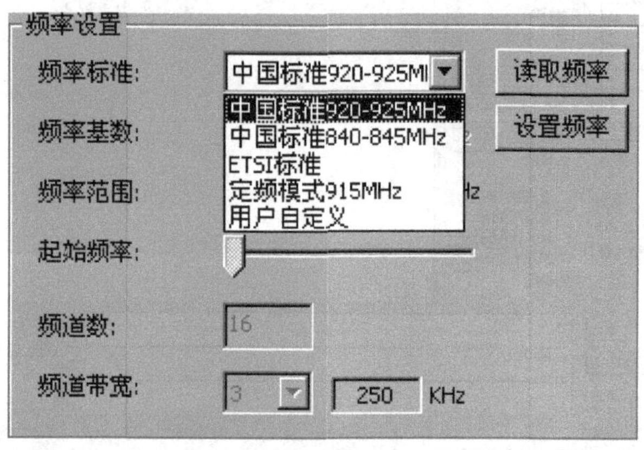

图3-3-11　频率设置界面

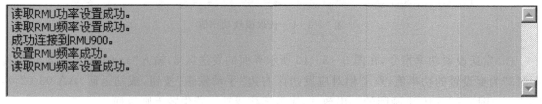

图3-3-12　频率设置成功

(2)中国标准840～845 MHz、ETSI标准、定频模式三种频率设置方式与中国标准920～925 MHz相同。用户自定义模式RMU的频率设置有5个参数:频率工作模式(FREMODE)、频率基数(FREBASE)、起始频率(BF)、频道数(CN)和频道带宽(SPC)。其中频道数是RMU跳频时支持的最大频道个数,频道带宽是每一频道的信道带宽。根据不同地理区域,选择对应的参数,此模块为了方便国内标准,默认频率标准为“中国标准920～925 MHz”。

(3)点击“RMU设置”中的“读取频率”按钮,频率相关数据显示界面如图3-3-12所示。

2)使用串口工具实验

(1)打开串口测试软件ComMonitor.exe,设置串口参数:选择串口实际对应的COM2口;波特率:默认为57600;数据位:8位;校验位:无;停止位:1位。设置完成后,点击“打开串口”按钮,串口设置完成。

(2)发送设置询问状态指令,根据指令列表,在图3-3-13所示界面的发送区1(左下方画圈的地方),输入“AA 02 00 55”,然后点击相对应发送区右边“手动发送”按钮,成功返回“AA 03 00 00 55”,如图3-3-14上方画圈的一串数据,表示连接成功。若失败则无返回。

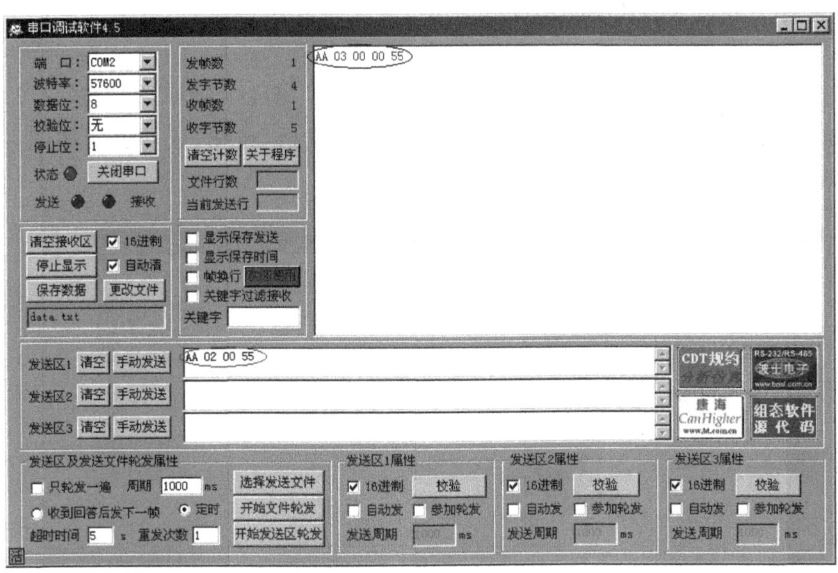

图 3-3-13　询问状态指令

(3)发送功率指令:设置频率操作指令中包含 6 个需要设置的参数:

①频率工作模式(FREMODE):设置为“中国标准 920～925 MHz”,此字节为“00”。

②频率基数(FREBASE):设置频率基数为 125 kHz,故次字节为“01”。

③起始频率(BF):中国标准起始频率整数为 920 MHz,920 的十六进制为 398,起始频率为 2 字节,最高位 BIT15 保留(最左边框所示),BIT14～BIT5 为起始频率的整数部分,应为 398(中间长框所示),BIT4～BIT0 表示其实频率尾数积数(其实频率小数部分)。频率基数为“25 kHz”,由于起始频率小数部分要设置为“625 kHz”,因此频率尾数积数=625/125=5(图 3-3-14中右框所示),16 个字节合起来为十六进制“73 05”。

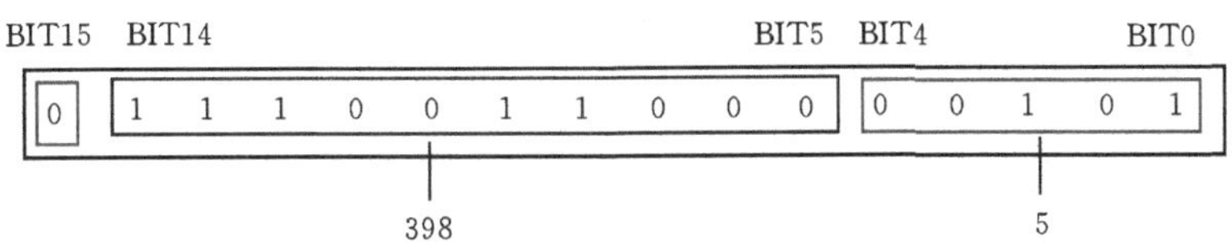

图 3-3-14　频率数据组成

④频道数(CN):

最终频率= 起始频率(BF)+(频道数(CN)-1)×频道带宽(SPC)

频道数(CN)=(最终频率- 起始频率(BF))/频道带宽(SPC)+ 1

　　　　　= (924.375-920.625) MHz/250 kHz+1

　　　　　=16

由以上推断的字节为“10”。

⑤频道带宽(SPC):【频道带宽积数】×【频率基数】,设置频道带宽积数为“2”。即频道带宽为 2 * 125=250 kHz。

⑥跳频顺序方式(FREHOP:RMU900+中,只支持随机调频)。依表 4-3-1,此字节只能为“0”。

根据以上分析,要设置中国标准(920.625～924.375 MHz) 频率,在发送区 2 输入“aa 09 06 00 01 73 05 0F 02 00 55”,然后点击相对应的“手动发送”按钮,成功返回如图 3-3-15 所示的界面中画圈数据。若失败则无返回。

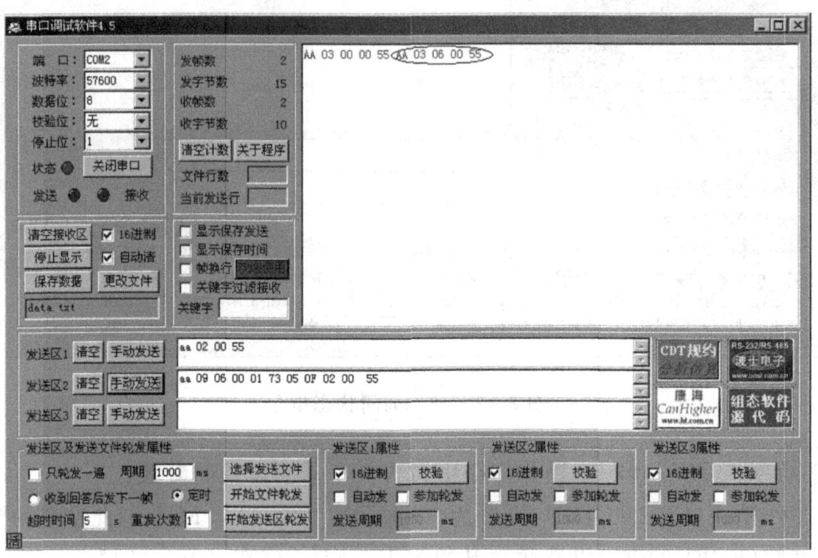

图 3-3-15　频率设置成功界面

(4)发送读取频率指令。在图 3-3-16 所示界面发送区 3 输入“aa 02 05 55”,成功返回“AA 0A 05 00 00 01 73 05 0F 02 00 55”。若失败则无返回。返回具体频率参数分析与频率设置部分相同。

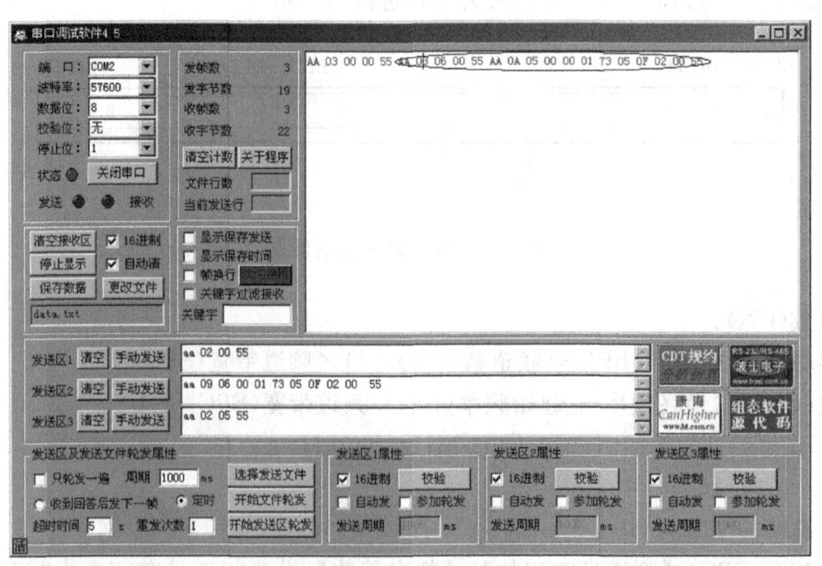

图 3-3-16　读取频率界面

3. 超高频寻卡实验

1)使用超高频测试软件

(1)将超高频电子标签置于天线辐射范围内，防碰撞识别、单步识别都不选择，点击图 3-3-17的“识别标签”按钮。该功能用于识别读写器通信范围内(以下简称为“场内”)的电子标签。当上位机与 RMU900+读写器连接成功后，才能对该功能进行操作。识别标签可以分为单步识别(单卡识别)和防碰撞识别(多卡识别)。

图 3-3-17　识别标签

如超高频射频卡置于天线辐射场内，模块循环识别此标签。识别标签的具体信息显示在识别标签区域。如图 3-3-18 所示。

状态	标签ID号	操作次数	数据块	地址	长度	数据
识别	3000E2001021491300922600 0F40	68				

图 3-3-18　识别标签 ID 号

(2)单步识别。在图 3-3-19 界面的“单步识别”前勾选，单步识别用于识别单张电子标签。与“防碰撞识别”识别不同的是，该功能不启动识别循环，不启动“防碰撞识别”功能。当上位机与 RMU900+读写器连接成功后，才能对该功能进行操作。如图 3-3-19 所示界面。

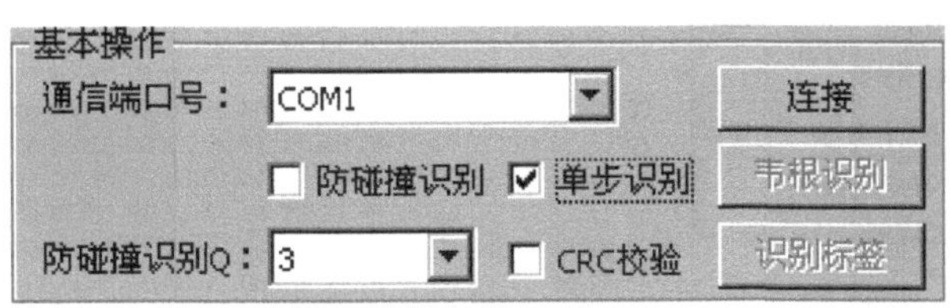

图 3-3-19　单步识别

(3)防碰撞识别。将几张不同 UII 超高频卡片电子标签置于天线辐射场内，在图 3-3-20 界面中的“防碰撞识别”前勾选。防碰撞识别用于识别多张电子标签。与单步识别不同的是，该功能循环识别多张标签卡，启动防碰撞功能。当上位机与 RMU900+读写器连接成功后，才能对该功能进行操作。

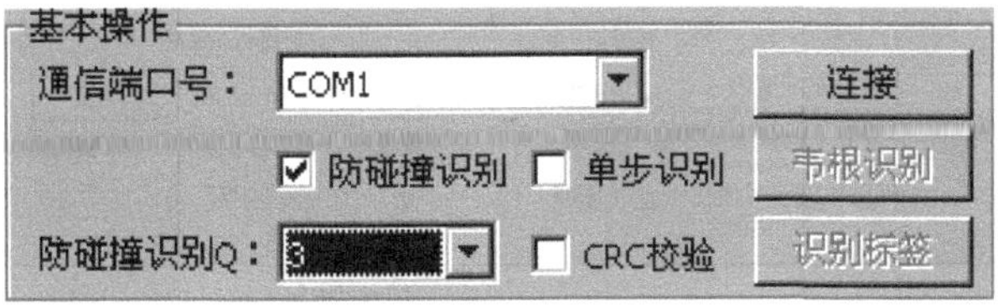

图 3-3-20　防碰撞识别

该命令启动标签识别循环，用于对多张标签进行识别。发送命令时，需指定防碰撞识别的初始 Q 值。RMU 使用默认 Q 值 3。该命令的响应方式与单标签识别命令一致。可以选择不同的 Q 值，观察识别电子标签速度。本实验用 3 张不同 UII 超高频卡片电子标签置于天线辐射场内，防碰撞识别，分别选择 Q 值为 3、5、8，观察 3 识别最快，8 识别最慢。点击“停止”，停止识别一切操作。返回信息如图 3-3-21 所示。

状态	标签ID号	操作次数	数据块	地址	长度
识别	3000E20083646403022205 00DEF6	176			
识别	3000E200831414190168078 0C937	79			
识别	3000E20010214913009226000F40	256			

图 3-3-21 防碰撞识别结果

2)使用串口工具实验

(1)打开串口测试软件 ComMonitor. exe。端口：选择串口实际对应的 COM 口；波特率：默认为 57600；数据位：8 位；校验位：无；停止位：1 位。设置完成后点击“打开串口”按钮，则串口设置完成。

(2)发送识别标签指令。将超高频电子标签置于天线辐射场内，根据指令表，在图 3-3-22 所示界面的发送区 2 输入“AA 02 10 55”，若成功，先返回确认命令：aa 03 10 01 55(收到识别标签命令)再返回标签数据：aa 07 10 00 08 00 00 01 55(不断返回标签数据)。若失败，仅返回确认命令：aa 03 10 01 55(没有识别到标签)。

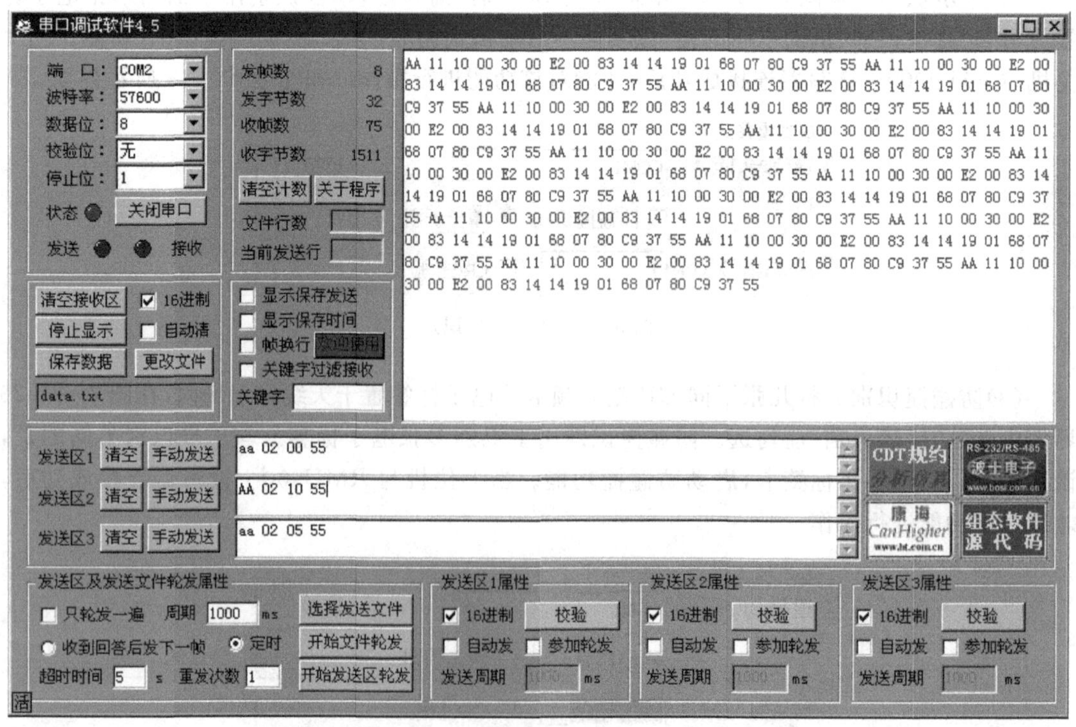

图 3-3-22 识别标签界面

(3)在图 3-3-23 所示界面的发送区 3 输入“aa 02 12 55”，点击相对应的“手动发送”，成功返回“AA 03 12 00 55”。若失败则无返回。成功后停止识别标签。

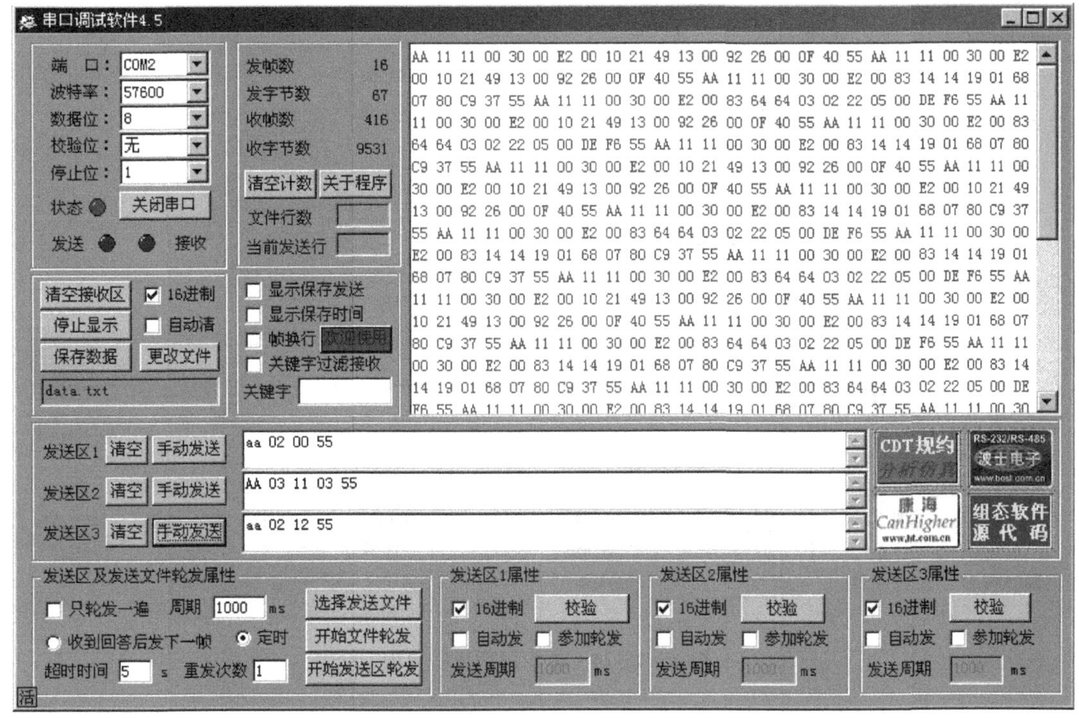

图 3-3-23　防碰撞识别标签界面

(4)发送防碰撞识别标签指令，将几张超高频电子标签置于天线辐射场内，依照指令表，在图 3-3-23 所示界面的发送区 2 输入“AA 03 11 03 55”。若成功，先返回确认命令：aa 03 11 01 55(收到识别标签命令)，再返回标签数据：AA 11 11 00 30 00 E2 00 10 21 49 13 00 92 26 00 0F 40 55；AA 11 11 00 30 00 E2 00 83 14 14 19 01 68 07 80 C9 37 55；AA 11 11 00 30 00 E2 00 83 64 64 03 02 22 05 00 DE F6 55(不断返回识别到的标签数据)。若失败，仅返回确认命令：aa 03 10 01 55(没有识别到标签)。

(5)发送单步识别指令，将一张超高频电子标签置于天线辐射场内，依照指令表，在图 3-3-24所示界面的发送区 2 输入“AA 02 18 55”。若成功，先返回确认命令：AA 11 18 00 30 00 E2 00 10 21 49 13 00 92 26 00 0F 40 55 (收到识别标签命令)。若失败，仅返回确认命令：aa 03 18 01 55(没有识别到标签)。

4. 超高频读卡实验

1)使用超高频测试软件

(1)点击 RMU 软件界面的“单命令操作”标签。该命令用于对标签芯片进行相关操作，如读取标签信息、销毁标签等，界面如图 3-3-25 所示。

(2)不指定 UII 读取数据。以单次方式，从地址 01 开始读“标签 ID”2 个字的过程为例。在图 3-3-25 界面中“不指定 UII”复选框被选中时，该操作工作在“不指定 UII”模式下，用户不需要选择“标签 ID”数据即可进行读取数据操作。各选项设置如下：数据块选择“01：UII”；

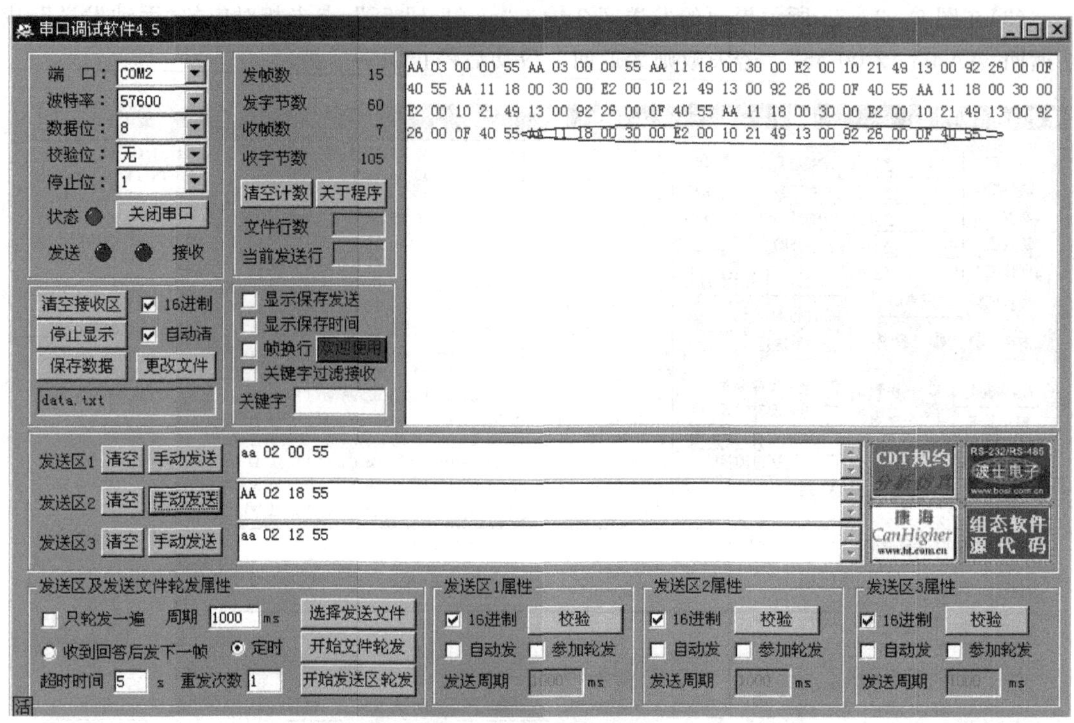

图 3-3-24　单步识别成功界面

图 3-3-25　读取标签 ID

地址设置“01”;长度设置“2”;不循环读取,即读取数据前面的“循环”复选框不打勾。以上步骤设置完成,将电子标签置于天线辐射场内,点击“读取数据”后,读出如图 3-3-26 所示的对话框。

状态	标签ID号	操作次数	数据块	地址	长度	数据	错i
读取	3000E30093666612...	1	01	01	2	3000E300	

图 3-3-26 读取的数据的显示界面

(3)指定 UII 读取数据。以循环方式,从地址 02 开始读“标签 ID”3 个字的过程为例。当未选中图 3-3-25 所示界面的“不指定 UII”复选框时,该操作工作在“指定 UII”模式下,此时,用户读取电子标签的指定信息,必须先在“标签 ID”文本框中填写一个标签 ID 号。各选项设置如下:数据块选择“01:UII”;地址设置“02”;长度设置“3”;循环读取,即在“读取数据”按钮前面的“循环”复选框打勾。以上步骤设置好后,将电子标签置于天线辐射场内,点击“读取数据”后,循环读出如图 3-3-27 所示的对话框。

状态	标签ID号	操作次数	数据块	地址	长度	数据	错i
读取	3000E20010214913...	111	01	02	3	E20010214913	

图 3-3-27 循环读取数据界面

2)使用串口工具实验

(1)打开串口测试软件 ComMonitor. exe,在图 3-3-28 所示画圈指定位置设置串口参数,其中,端口:选择串口实际对应 COM 口;波特率:默认为 57600;数据位:8 位;校验位:无;停止位:1 位。设置完成后,点击“打开串口”按钮。

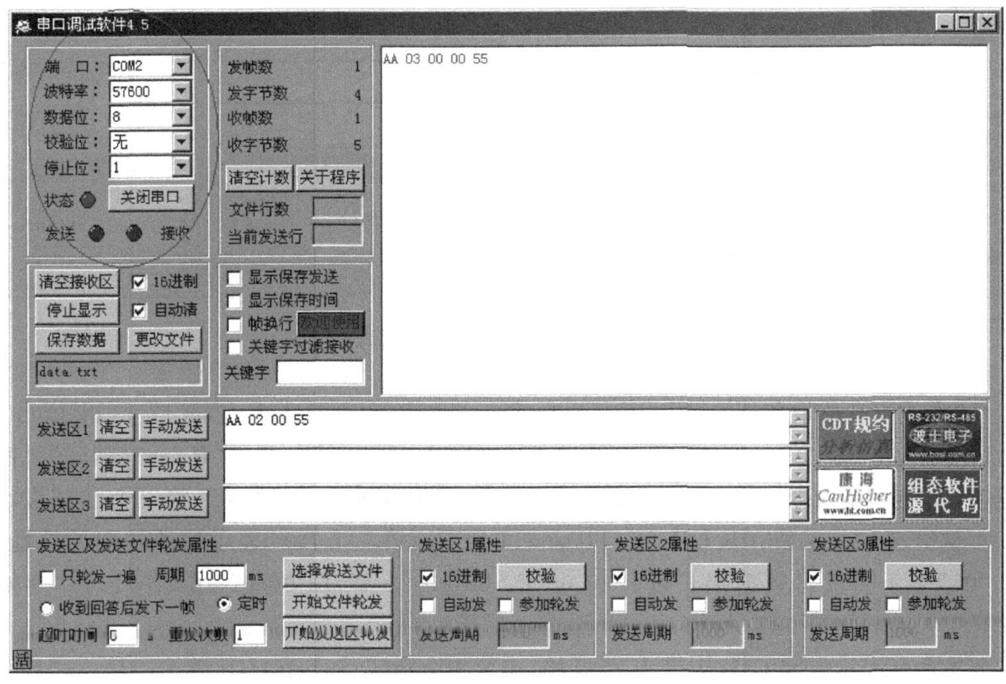

图 3-3-28 串口联机界面

(2)不指定 UII 读取数据。在图 3-3-29 所示界面的发送区 2 输入“aa 09 20 00 00 00 00 01 01 01 55”。其中:“09”是“aa”到“55”之间的数据长度;“20”是命令字;4 个“00”是 AccessPassword,初始为 4 个“00”;第一个“01”表示标签存储分区(00:保留;01:UII;02:TID;03:USER);第二个“01”表示标签的起始地址;第三个“01”表示要读出数据字长度。

此段命令表示不指定 UII,从地址 01 开始,读取 1 个字(2 个字节)UII 数据。输入完以上命令,将电子标签置于天线辐射场内,点击发送区 2 对应的“发送数据”按钮。如果成功则返回“AA 13 20 00 30 00 30 00 E2 00 10 21 49 13 00 92 26 00 0F 40 55”,如果失败则返回“aa 04 20 81 04 55 ”。其中:“13”是“aa”到“55”之间的数据长度;“20”是命令字;“00”是状态字,表示成功;第一个“30 00”指读出的一个字的数据;“30 00 E2 00 10 21 49 13 00 92 26 00 0F 40”指读出的 UII。其界面如图 3-3-29 所示。

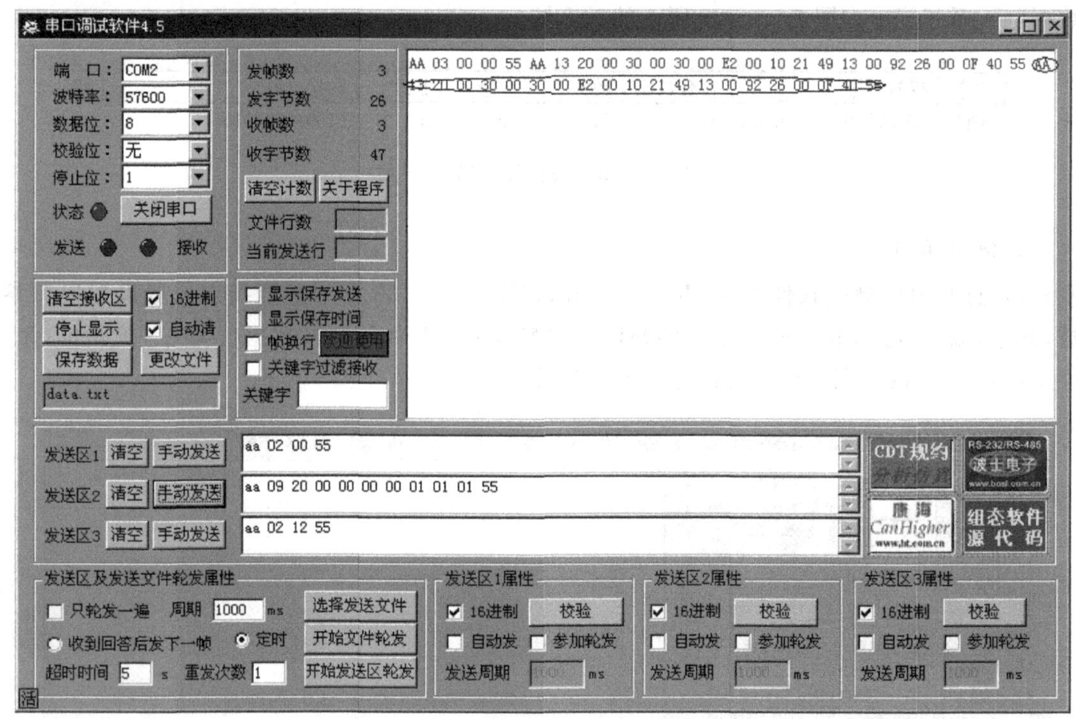

图 3-3-29 不指定 UII 读取标签

(3)指定 UII 读取数据。在图 3-3-30 所示界面的发送区 2 输入“aa 17 13 00 00 00 00 01 01 01 30 00 E2 00 10 21 49 13 00 92 26 00 0F 40 55”。其中:“17”是“aa”到“55”之间的数据长度;“13”是命令字;4 个“00”是 AccessPassword,初始为 4 个“00”;第一个“01”表示标签的存储分区(00:保留;01:UII;02:TID;03:USER);第二个“01”表示标签的起始地址;第三个“01”表示要读出数据字长度;“30 00 E2 00 10 21 49 13 00 92 26 00 0F 40”为指定的 UII。

此段命令表示指定 UII,从地址 01 开始,读取 1 个字(2 个字节)UII 数据。输入完以上命令,将指定 UII 电子标签置于天线辐射场内,点击对应区的“发送数据”按钮。如果成功则返回“AA 05 13 00 30 00 55”(右圈图定部分);如果失败则返回“AA 03 13 80 55”(前圈部分)。

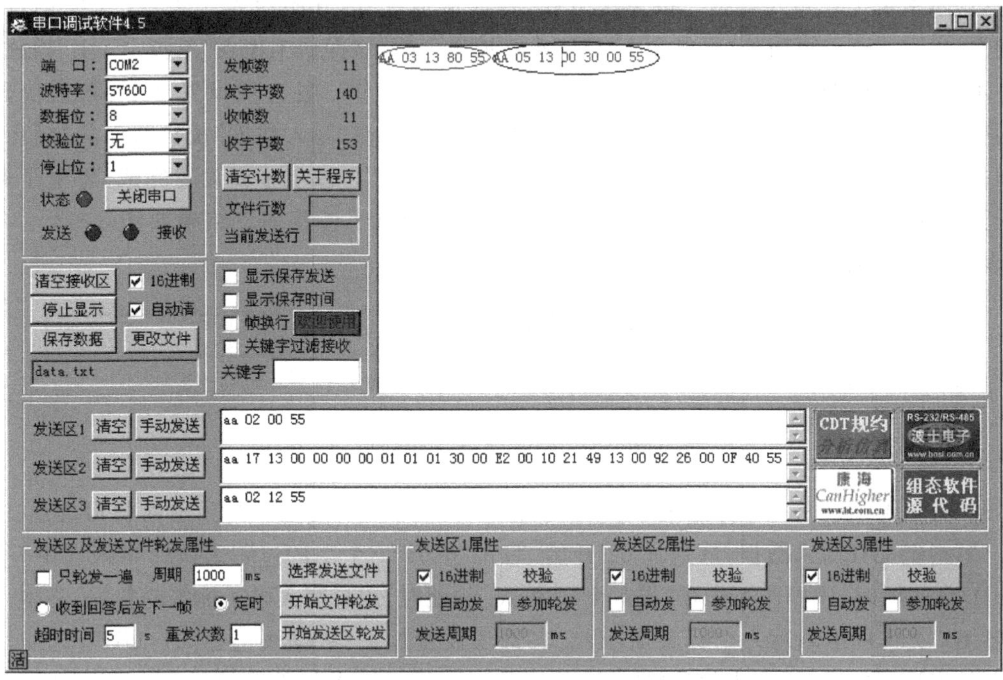

图 3－3－30　指定 UII 读取数据

5. 超高频写卡实验

1)使用超高频测试软件

(1)在图 3－3－31 所示界面上，点击“单命令操作”标签。该命令用于对标签芯片进行相关操作，如读取标签信息、写入数据、销毁标签等，其界面如图 3－3－31 所示。

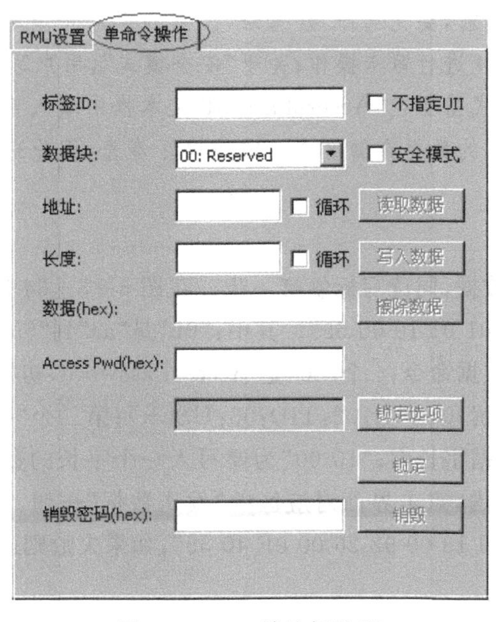

图 3－3－31　读取标签 ID

(2)不指定 UII 写入数据。以单次方式，描述从地址 02 开始写入“0505”1 个字的过程。如图 3－3－31 所示界面的“不指定 UII”复选框被选中时，该操作工作在“不指定 UII”模式下，用户不需要选择“标签 ID”数据，也可以进行写入数据操作。各选项设置如下：数据块选择“01：UII”；地址设置“02”；长度设置“1”；不循环读取，即不在“写入数据”按钮前面的“循环”复选框打勾；在“数据(hex)”右边框里输入要写的数据“0505”。以上步骤设置完成，将电子标签置于天线辐射场内，点击“写入数据”按钮，写入数据到电子标签内。结果如图 3－3－32 所示，表示写入成功。

状态	标签ID号	操作次数	数据块	地址	长度	数据
写入	3000010110214913...	1	01	02	1	E200

图 3－3－32　写入数据界面

注意：因为 UII 第一个字节表示长度，不能为 00，如为 00，标签 UII 所有数据都是 00。

(3)指定 UII 写入数据，从地址 02 开始，写入“0101”1 个字的过程为例。当未选中“不指定 UII”复选框时，该操作工作在“指定 UII”模式下，此时，用户写入电子标签的数据，必须先在“标签 ID”文本框中填写一个标签 ID 号。各选项设置如下：数据块选择“01：UII”；地址设置“02”；长度设置“1”。以上步骤设置完成，将指定的电子标签置于天线辐射场内，点击“写入数据”按钮，循环写入一个字数据，其界面如图 3－3－33 所示。

状态	标签ID号	操作次数	数据块	地址	长度	数据
写入	3000010110214913...	1	01	02	1	0101

图 3－3－33　写入数据界面

注：用户进行写卡操作前，要先选择“数据块”。有的卡片可能不支持所有的数据块操作，只能针对该卡开放的数据块进行写卡操作；关于“安全模式”，用户写入数据时，可以选择在“安全模式”下写入，使用该模式需要在“AccessPasswd”文本框中填入正确的 8 位密码；循环写入数据需慎用，由于电子标签的数据存储区有一定的擦写寿命，因此进行连续数据写入操作，会影响电子标签的使用寿命。

2)使用串口工具实验

(1)不指定 UII 写入数据，同读写标签第一步。在图 3－3－34 所示界面的发送区 2 输入“aa 0b 21 00 00 00 00 01 01 01 10 00 55”。其中：“0b”是“aa”到“55”之间的数据长度；“21”是命令字，不指定 UII 写入数据命令；4 个“00”是 AccessPassword，初始为 4 个“00”；第一个“01”表示标签存储分区(00：保留；01：UII；02：TID；03：USER)；第二个“01”表示标签的起始地址；第三个“01”表示要读出数据字长度；“10 00”为要写入一个字长的数据。输入完以上命令，将电子标签置于天线辐射场内，点击界面对应区的“发送数据”按钮。如果成功则返回“AA 11 21 00 30 00 01 01 10 21 49 13 00 92 26 00 0F 40 55”；如果失败则返回“AA 03 21 80 55 ”。

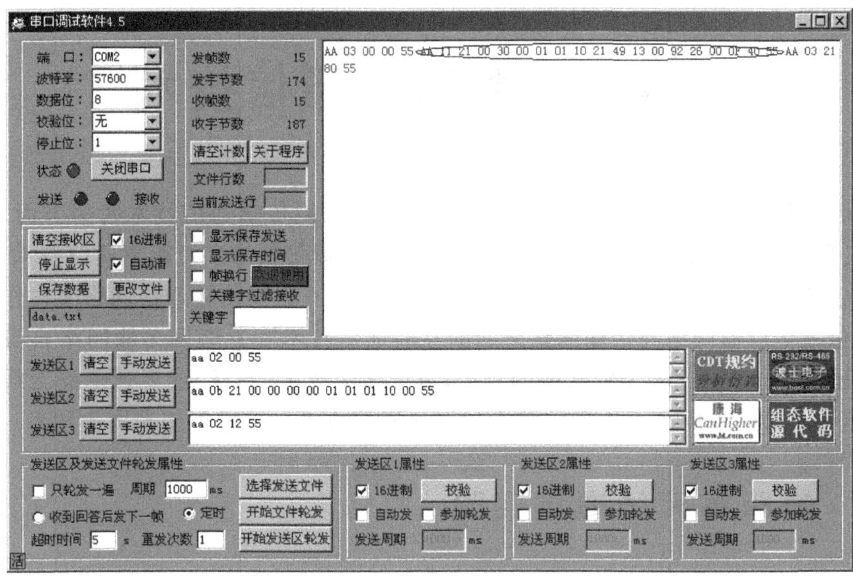

图 3-3-34　不指定 UII 写入数据

(2)指定 UII 写入数据。在图 3-3-35 所示界面的发送区 2 输入“aa 11 14 00 00 00 00 01 01 01 10 00 10 00 01 01 10 21 55”。其中:“11”是“aa”到“55”之间的数据长度;“14”是命令字,指定 UII 命令;4 个“00”是 AccessPassword,初始为 4 个“00”;第一个“01”表示标签的存储分区(00:保留;01:UII;02:TID;03:USER);第二个“01”表示标签的起始地址;第三个“01”表示要读出数据字长度;第一个“10 00”是要写入数据;“10 00 01 01 10 21”指定的 UII。输入完以上命令,将指定 UII 的电子标签置于天线辐射场内,点击对应区的“发送数据”按钮。如果成功则返回“AA 03 14 00 55”(前圈);如果失败则返回“AA 03 14 80 55”(后圈)。

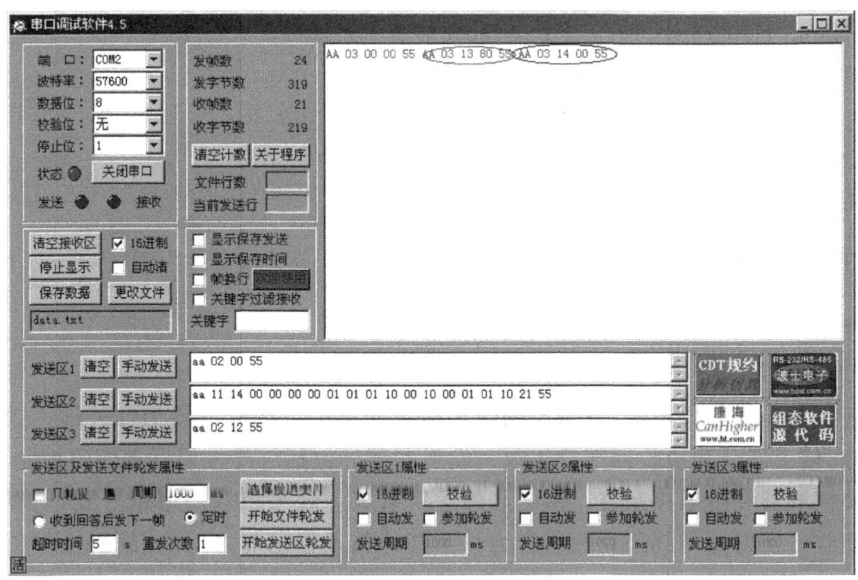

图 3-3-35　指定 UII 写入数据界面

第4章　物联网通信技术

物联网的通信技术主要包括传感器通信技术和互联网传输通信技术两个方面。其中，传感器网络又称作末梢网络，采用的通信技术主要是无线通信技术和短距离通信技术，设备主要包括RFID、NFC、蓝牙、ZigBee、UWB、IrDA红外线等。互联网传输通信网络又称作核心承载网络，主要包括传感器网络与传输网络之间的互联通信技术和互联网传输网络自身的通信技术。因此，Internet可被比喻为物联网的骨干，有线通信技术（光纤）或者远距离无线通信技术被比喻作躯干、四肢，近距离无线通信技术和有线通信技术可被看作前端构建技术。

4.1　短距离无线通信实验

4.1.1　实验目的

(1)了解红外载波原理；
(2)了解超再生通信原理；
(3)熟悉SPI协议；
(4)掌握蓝牙AT指令格式；
(5)学会使用Arduino编写SPI通信程序；
(6)能用NRF24L01进行一对多通信。

4.1.2　实验设备

(1)Arduino UNO 2块，面包板1块，杜邦线若干；
(2)红外发光管1个、红外接收三极管1个；
(3)433MHz超再生收发模块1对；
(4)NRF24L01模块1对；
(5)HC05模块1个。

4.1.3　实验原理

1. 红外通信

1)红外线原理

红外通信与无线数据通信一样，不同的是传输介质由无线电波换为红外线。通信系统由发射器部分、信道部分和接收器部分组成。发射器部分包括红外发射器和编码控制器，接收部分包括红外探测器和解码控制器。由于红外通信系统一般采用双向通信方式，所以在红外通信系统中把红外发射器和红外探测器合为一个红外收发器。与之对应，编码控制器和解码控制器合为红外编/解码控制器，简称为红外控制器。信道部分是指红外通信中光线传输的方式。因此，红外通信系统即由红外收发器、红外控制器和信道组成，如图4-1-1所示。

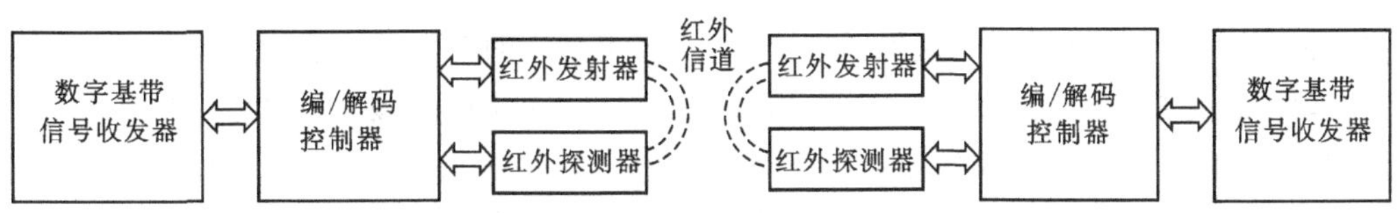

图 4-1-1 红外通信系统结构

红外线是波长在 760 nm～1 mm 之间的非可见光。红外通信装置由红外发射管和红外接收管组成。红外发射管是能发射出红外线的发光二极管[图 4-1-2(a)],发射强度随着电流的增大而增大;红外接收管等价为一个三极管[图 4-1-2(b)],包含具有红外光敏感特征的 PN 结的光敏二极管和放大信号的三极管,能够将光信号转化为电信号。

(a)红外发光二极管　　(b)红外接收管

图 4-1-2 红外线收发设备

2)信号调制原理

基带数据信号首先由红外控制器按一定的方式进行编码,然后由控制器控制红外收发器产生编码红外脉冲。接收时,红外收发器检测红外信号并传输给控制器进行解码转换,最后输出数字基带信号。红外通信根据通信速率的不同可分为:低速模式(serial infrared,SIR),通信速率小于 115.2 kb/s;中速模式(medium speed infrared,MIR),通信速率为 0.567～1.152 Mb/s;高速模式(fast speed infrared,FIR),通信速率为 4 Mb/s;超高速模式(very fast speed infrared,VFIR),通信速率为 16 Mb/s。红外遥控器使用 38 KB 的载波对原始信号进行解调,其原理图如图 4-1-3 所示。调制后产生一定频段的高低电平,但红外接收头接收到的信号和调制后的信号电平相反。

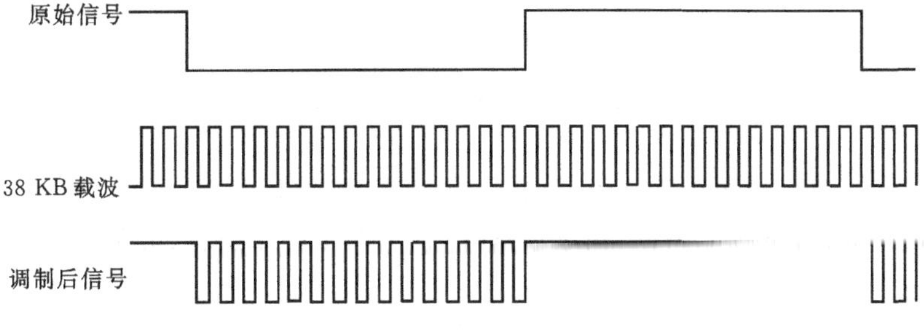

图 4-1-3 红外信号调制原理图

3)NEC 协议

红外遥控由多种协议控制，这里介绍最主要、应用最广的 NEC 协议。如图 4-1-4 所示，NEC 协议的数据格式包括了引导码、用户码(或者用户码反码)、键数据码和键数据码反码；以及停止位。停止位主要起隔离作用，一般不进行判断，编程时我们也不予理会。其中，引导码包含 9 ms 的载波+4.5 ms 的空闲；比特值“0”代表 560 μs 的载波+560 μs 的空闲；比特值“1”则代表 560 μs 的载波+1.68 ms 的空闲。数据编码总共是 4 个字节 32 位。第一个字节是用户码，第二个字节可能也是用户码，或者是用户码的反码，具体由生产商决定；第三个字节就是当前按键的键数据码；而第四个字节是键数据码的反码，可用于对数据的纠错。NEC 协议规定低位首先发送，一串信息首先发送 9 ms 的 AGC(自动增益控制)的高脉冲，接着发送 4.5 ms 的起始低电平，接下来是发送 4 个字节的地址码和命令码。

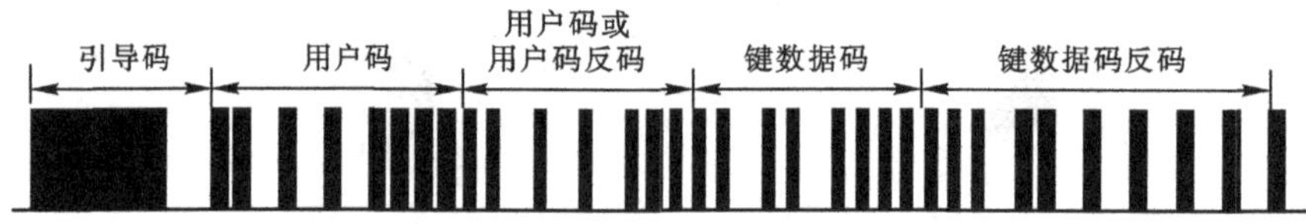

图 4-1-4　NEC 协议数据格式

2. 超再生无线通信

超再生技术是直放式的一种，是利用正反馈原理，把经过放大的信息回馈到输入端，再放大。所谓直放，是与超外差技术相对应的。也就是说信号本身不经过变频，直接进行处理。超再生发射器(图 4-1-5)是由一个能产生等幅振荡的高频载频振荡器(一般用 30～450 MHz)和一个产生低频调制信号的低频振荡器组成的。用来产生载频振荡和调制振荡的电路一般有多揩振荡器、互补振荡器和石英晶体振荡器等。由低频振荡器产生的低频调制波，一般为宽度一定的方波。如果是多路控制，则可以采用每一路宽度不同的方式产生频率不同的方波去调制高频载波，组成一组组的已调制波，向空中发射。

图 4-1-5　433 MHz 超再生无线模块

与超外差技术相比，超再生技术电路简单、灵敏度高、体积小、成本低，不足之处在于灵敏度不稳定、起伏较大，抗干扰能力差，频率稳定性差、易产生频率漂移，近距接收时易产生阻塞。

3. SPI 协议

SPI(高速同步串行口)是一种标准的四线同步双向串行总线。

SPI 总线系统是一种同步串行外设接口，它可以使 MCU 与各种外围设备以串行方式进行通信以交换信息。外围设备有 FLASHRAM、网络控制器、LCD 显示驱动器、A/D 转换器和 MCU 等。SPI 总线系统可直接与各个厂家生产的多种标准外围器件直接接口，该接口一般使用 4 条线：串行时钟线（SCLK）、主机输入/从机输出数据线（MISO）、主机输出/从机输入数据线（MOSI）和低电平有效的从机选择线（SS，有的 SPI 接口芯片带有中断信号线 INT、有的 SPI 接口芯片没有主机输出/从机输入数据线）。图 4－1－6 是一个 SPI 接口的读卡器模块实物图。

图 4－1－6　SPI 接口的读卡器模块

SPI 的通信原理如图 4－1－7 所示，它以主从方式工作，这种模式通常有一个主设备和一个或多个从设备，需要至少 4 根线（事实上 3 根线也可以，用于单向传输时，也就是半双工方式），也是所有基于 SPI 的设备共有的，它们是 SDI（数据输入）、SDO（数据输出）、SCLK（时钟）和 CS（片选）。

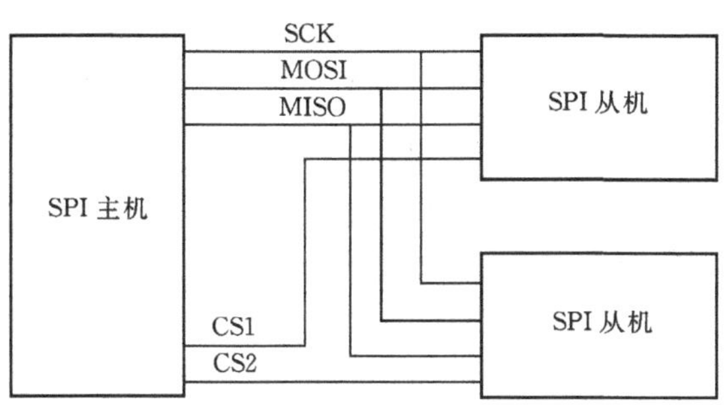

图 4－1－7　SPI 一主两从连接示意图

①MOSI——SPI 总线主机输出/ 从机输入（SPI bus master output/slave input）；

②MISO——SPI 总线主机输入/ 从机输出（SPI bus master input/slave output）；

③SCLK——时钟信号，由主设备产生；

④CS——从设备使能信号，由主设备控制（chip select），有的 IC 此引脚叫 SS。

其中 CS 是控制芯片是否被选中的，也就是说只有片选信号为预先规定的使能信号时（高电位或低电位），对此芯片的操作才有效。这就使允许在同一总线上连接多个 SPI 设备成为可能。接下来就是负责通信的 3 根线了。通信是通过数据交换完成的，这里先要知道 SPI 是串行通信协议，也就是说数据是一位一位地传输的。这就是 SCLK 时钟线存在的原因，由 SCLK 提供时钟脉冲，SDI、SDO 则基于此脉冲完成数据传输。数据输出通过 SDO 线，数据在时钟上升沿或下降沿时改变，在紧接着的下降沿或上升沿被读取。完成一位数据传输，输入也使用同样原理。这样,在至少8次时钟信号的改变(上沿和下沿为一次),就可以完成8位数据的传输。SPI时序图如图4-1-8所示。

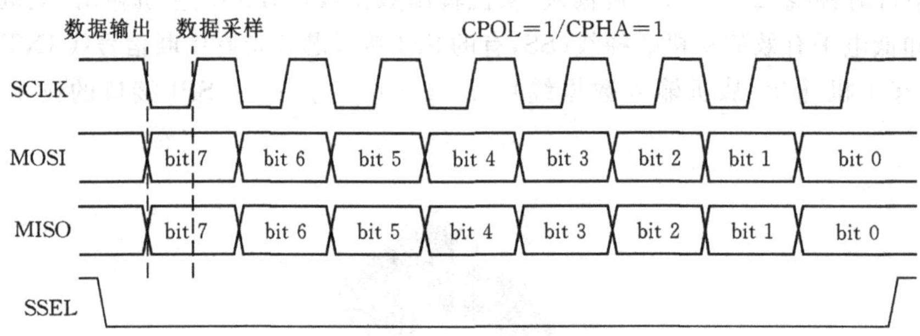

图4-1-8 SPI时序图

在点对点的通信中,SPI接口不需要进行寻址操作,且为全双工通信,显得简单高效。在多个从设备的系统中,每个从设备需要独立的使能信号,硬件上比I^2C系统要稍微复杂一些。

4. NRF24L01 2.4 GHz无线模块

前面我们介绍了超再生无线模块,其结构简单,并且价格便宜。但是,它也有很严重的问题:稳定性非常不好。究其原因,与它的分立元件式设计不无关系。所以,本小节中会介绍一个稳定性更好的IC——NRF24L01。

如图4-1-9所示,NRF24L01是一款新型单片射频收发器件,工作于2.4~2.5 GHz ISM频段。内置频率合成器、功率放大器、晶体振荡器、调制器等功能模块,并融合了增强型ShockBurst技术,其中输出功率和通信频道可通过程序进行配置。NRF24L01功耗低,在以−6 dBm的功率发射时,工作电流也只有9 mA;接收时,工作电流只有12.3 mA,多种低功率工作模式,工作在100 mW时电流为160 mA,在数据传输方面实现相对Wi-Fi距离更远,但传输数据量不如Wi-Fi(掉电模式和空闲模式)使节能设计更方便。

图4-1-9 NRF24L01模块

图4-1-10为NRF24L01芯片通用电路。该芯片主要特点是:

(1)GFSK调制;

(2)硬件集成OSI链路层;

(3)具有自动应答和自动再发射功能;

(4)片内自动生成报头和CRC校验码;

(5)数据传输率为1 Mb/s或2 Mb/s;

(6)SPI速率为0~10 Mb/s;

(7)125 个频道；

(8)与其他 nRF24 系列射频器件相兼容；

(9)QFN20 引脚 4 mm×4 mm 封装；

(10)供电电压为 1.9～3.6 V；

(11)传输距离<5m。

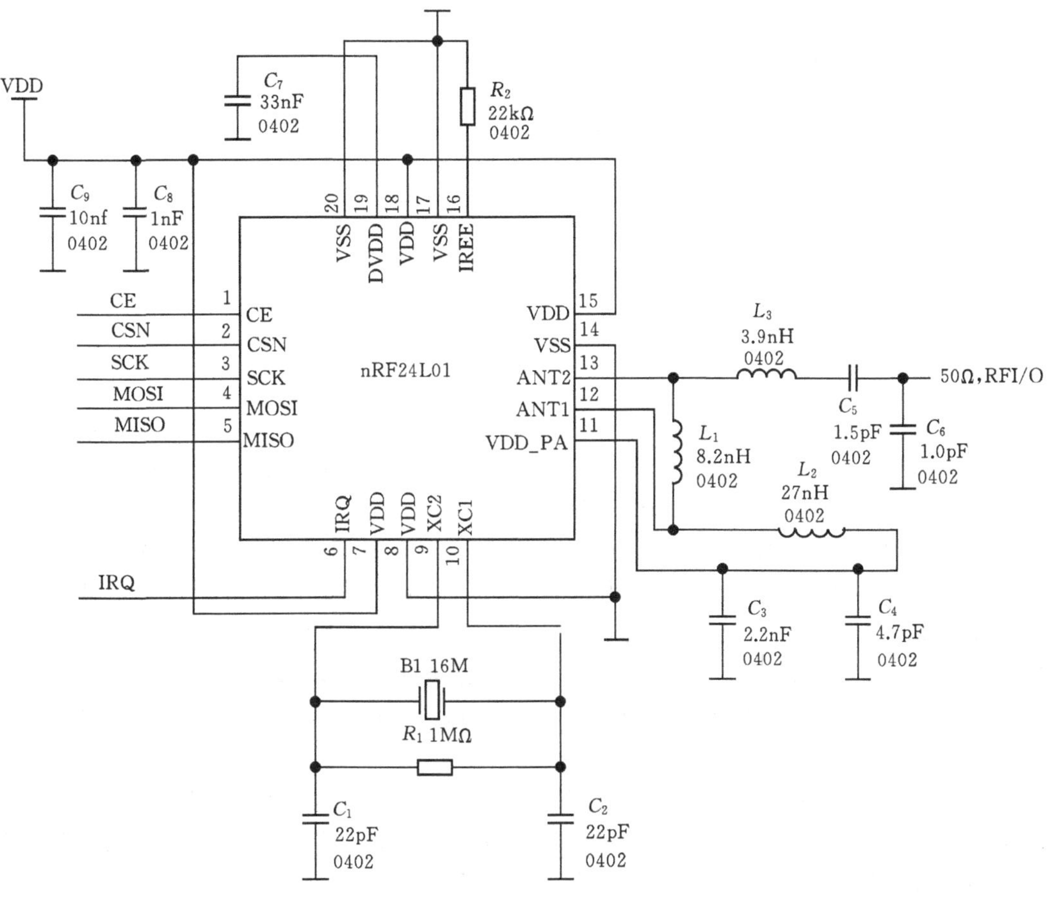

图 4-1-10　NRF24L01 通用电路

5. HC05 蓝牙串口模块

蓝牙(bluetooth)，是一种支持设备短距离通信(10 cm 到 10 m 之间)的无线电技术，能在包括移动电话、PDA、无线耳机、笔记本计算机、相关外设等众多设备之间进行无线信息交换。利用蓝牙技术，能够有效地简化移动通信终端设备之间的通信，也能够成功地简化设备与因特网之间的通信。该技术最初由爱立信公司创制，后由索尼爱立信、IBM、英特尔、诺基亚及东芝等公司联合组成蓝牙技术联盟(Bluetooth Special Interest Group，SIG)，并于 1999 年公布蓝牙 1.0 版本。蓝牙本身是一种无线数据与语音通信的开放性全球规范，最初以去掉设备之间的电缆为目标，为固定与移动设备通信环境建立一个低成本的近距离无线连接。随着应用的扩展，蓝牙技术为已存在的数字网络和外设提供通用接口，组建一个远离固定网络的个人特别连接设备群，即无线个人局域网(wireless personal area networks，WPAN)。

蓝牙联盟针对蓝牙技术制定了相应的协议结构，IEEE 802.15 委员会对物理层和数据链路层进行了标准化，于 2002 年批准了第一个 PAN 标准 802.15.1。基于 802.15 版本的蓝牙协议栈结构如图 4-1-11 所示，协议层描述如下。

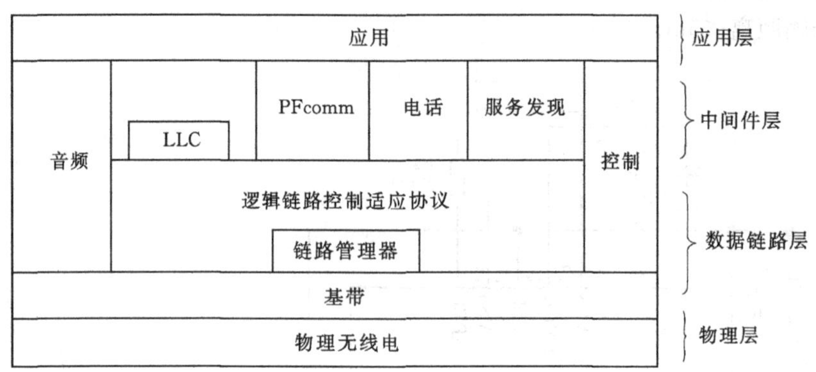

图 4-1-11　基于 802.15 版本的蓝牙协议栈结构示意图

(1)物理无线电层处理与无线电传送和调制有关的问题。蓝牙是一个低功率系统，通信范围在 10 m 以内，运行在 2.4 GHz ISM 频段上。该频段分为 79 个信道，每个信道 1 MHz，总数据率为 1 Mb/s，采用时分双工传输方案实现全双工传输。

(2)基带层将原始位流转变成帧，每一帧都是在一个逻辑信道上进行传输的，该逻辑信道位于主节点与某一个从节点之间，称为链路。蓝牙标准中共有两种链路。第一种是 ACL(asynchronous connection-less，异步无连接)链路，用于无时间规律的分组交换数据。在发送方，这些数据来自于 L2CAP 层；在接收方，这些数据被递交给 L2CAP 层。采用尽量投递模型，帧可能会丢失。另一种是 SCO(synchronous connection oriented，面向连接的同步)链路，用于实时数据传输，例如电话。

(3)数据链路层负责在设备之间建立逻辑信道，包括电源管理、认证和服务质量。逻辑链路控制适应协议(logical link control adaptation protocol，L2CAP)为上面各层屏蔽传输细节，主要包含三个功能：第一，在发送方，接收来自上面各层的分组，分组最大为 64 KB，将其拆散到帧中；在接收方，重组为对应分组。第二，处理多个分组源的多路复用和解复用。当一个分组被重组时，决定由哪一个上层协议来处理它。例如，由 RFcomm 或者电话协议来处理。第三，处理与服务质量有关的需求。此外，音频协议和控制协议分别处理音频和控制相关的事宜，上层应用可略过 L2CAP 直接调用这两个协议。

(4)中间件层由许多不同的协议混合组成。RFcomm(radio frequency communication，无线电频率通信/射频通信)是指模拟连接键盘、鼠标、Modem 等设备的串口通信。电话协议是一个用于话音通信的实时协议。服务发现协议用来查找网络内服务。

(5)应用层包含特定应用的协议子集。蓝牙系统的基本单元是微微网(piconet)，包含一个主节点以及 10 m 距离内的至多 7 个处于活动状态的从节点。

蓝牙的一个子功能，蓝牙串口，是基于 SPP(serial port profile)协议，能在蓝牙设备之间创建串口进行数据传输的一种设备。蓝牙串口的目的是针对如何在两个不同设备(通信的两端)上的应用之间保证一条完整的通信路径。

本实验所使用的 HC05 模块(图 4-1-12)就是一种支持 SPP 的主从一体蓝牙串口模块。简单地说,当蓝牙设备与蓝牙设备配对连接成功后,我们可以忽视蓝牙内部的通信协议,直接将蓝牙当作串口用。当建立连接,两设备共同使用一通道也就是同一个串口,一个设备发送数据到通道中,另外一个设备便可以接收通道中的数据。而主从一体的意思是,该模块既可以作为主模块发起连接,也可以作为从模块,等待其他设备的连接。

图 4-1-12　不带引脚版蓝牙 HC05 模块

4.1.4　实验步骤

1. SPI 双机通信

1)连接电路

按照如图 4-1-13 所示电路图,将两个 Arduino UNO 板连接在一起,一个作为主机,另一个作为从机。

(1)(SS):引脚 10;

(2)(MOSI):引脚 11;

(3)(MISO):引脚 12;

(4)(SCK):引脚 13;

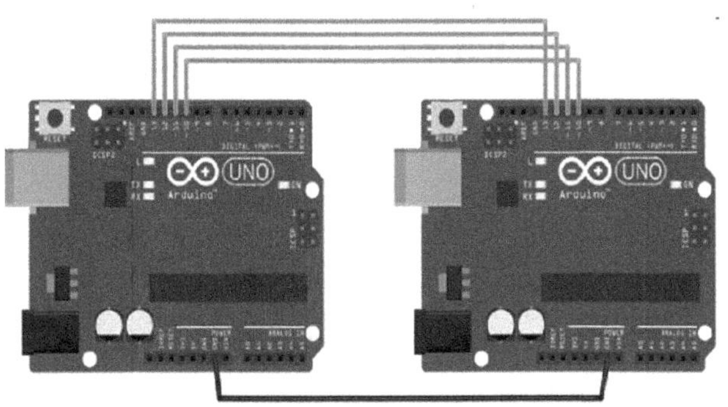

图 4-1-13　两个 Arduino UNO 通过 SPI 连接

2)程序编写

```
/**
 * SPI 主机程序
 */
#include <SPI.h> //Arduino 自带 SPI 库

void setup () {
    digitalWrite(SS, HIGH); //取消 slave 片选
```

```
    SPI.begin (); //SPI通信开始
    SPI.setClockDivider(SPI_CLOCK_DIV8);//时钟设置为8分频
}
void loop () {
    char c;
    digitalWrite(SS, LOW); //slave片选使能

    for (const char * p = "Hello, world! \r"; c = *p; p++) {//传送
      Hello,world SPI.transfer (c);
    }

    digitalWrite(SS, HIGH); //取消 slave 片选
    delay(2000);
}



/**
 * SPI从机程序
 */

#include <SPI.h>

char buff [50]; //存储收到的数据
volatile byte indx; //中断程序与主程序同步的变量,索引
volatile boolean process; //标志位

void setup (void) {
    Serial.begin (9600);
    pinMode(MISO, OUTPUT);
    SPCR |= _BV(SPE); //打开SPI从机模式
    indx = 0; //清空缓冲区
    process = false;
    SPI.attachInterrupt(); //打开 SPI 中断
}

ISR (SPI_STC_vect) { //SPI 中断服务程序
    byte c = SPDR; //读取一个数据
    if (indx < sizeof buff) {
    buff [indx++] = c; //存到缓冲区
    if (c == '\r') //收到结尾符号
    process = true;
```

```
        }
    }
    void loop (void) {
        if (process) {
            process = false;
            Serial.println (buff); //打印数据到串口
            indx= 0;
        }
    }
```

3)下载程序

将主机程序和从机程序分别下载到两个 Arduino 上,并打开串口监视器,注意需要两块 Arduino 均上电。

4)观察实验现象

主机每隔 2 s 发送"Hello, world!"从机收到后,打印到串口。

2. NRF24L01 通信

1)连接电路

按照图 4-1-14 连接电路,两套 Arduino 以同样的方式连接 NRF24L01。其中,NRF24L01 芯片面对自己。且天线位于上方时,引脚顺序分别为:VCC,CSN,MOSI,IRQ,GND,CE,SCK,MISO。两者之间的连接如表 4-1-1 所示。

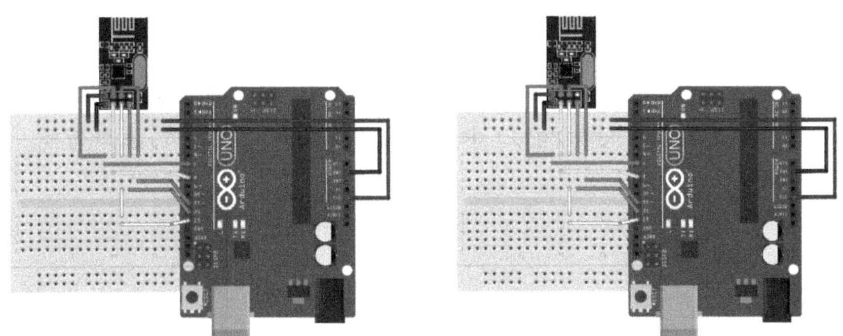

图 4-1-14　两 Arduino 分别连接 NRF24L01

表 4-1-1　Arduino 引脚连接表

Arduino	NRF24L01
3.3V	VCC
GND	GND
7	CSN
8	CE
11	MOSI
13	SCK
12	MISO

2)程序编写

```
/**
* NRF24L01 发射端程序
*/

#include <SPI.h>
#include <Mirf.h>
#include <nRF24L01.h>
#include <MirfHardwareSpiDriver.h>
int value;
void setup() {
    Mirf.spi = &MirfHardwareSpi;
    Mirf.init();
    Mirf.setRADDR((byte *)"ABCDE"); //设置自己的地址(发送端地址),
                                    //使用 5 个字符
    Mirf.payload = sizeof(value);
    Mirf.channel = 90; //设置所用信道
    Mirf.config();
}
void loop() {
    Mirf.setTADDR((byte *)"FGHIJ"); //设置接收端地址
    value = random(255); //0~255 的随机数
    Mirf.send((byte *)&value); //发送指令,发送随机数 value
    while(Mirf.isSending()) delay(1); //直到发送成功,退出循环
    delay(1000);
}

/**
* NRF24L01 接收端程序
*/

#include <SPI.h>
#include <Mirf.h>
#include <nRF24L01.h>
#include <MirfHardwareSpiDriver.h>
int value;

void setup() {
    Serial.begin(9600);
    Mirf.spi = &MirfHardwareSpi;
    Mirf.init();
```

```
        Mirf.setRADDR((byte *)"FGHIJ"); //设置自己的地址(接收端地址),
                                        //使用 5 个字符
        Mirf.payload = sizeof(value);
        Mirf.channel = 90; //设置使用的信道
        Mirf.config();
        Serial.println("Listening…"); //开始监听接收到的数据
    }

    void loop() {
        if(Mirf.dataReady()) { //当接收到程序,便从串口输出接收到的数据
            Mirf.getData((byte *) &value);
            Serial.print("Got data: ");
            Serial.println(value);
        }
    }
```

3)下载所需库文件

本示例用到库的下载地址:https://github.com/aaronds/arduino-nrf24l01,下载得到一个压缩文件,解压文件,提取其中的 Mirf 文件夹,并压缩为 Mirf.zip。然后在 Arduino IDE 中加载 Mirf.zip。

4)编译并上传程序

分别编译并上传两个程序,打开从机的串口监视器,观察到数行“Go data:XX”,其中 XX 为 0～255 的随机数。

3. 433MHZ 超再生模块通信

1)连接电路

按照如图 4-1-15 所示的电路图连接电路。在图 4-1-15(a)中,Arduino 连接的是发射模块,发射模块正面朝上时,从左到右依次为 DATA、VCC、GND,分别连接 Arduino 的 12 号引脚、5V、GND;在图 4-1-15(b)中,Arduino 连接的是接收模块,接收模块正面朝上时,从左到右依次为 VCC、DATA、DATA、GND,分别连接 Arduino 的 5V、悬空、2 号引脚、GND;最好给两个模块都焊上天线,否则信号强度不是很好,传输距离只有几厘米。

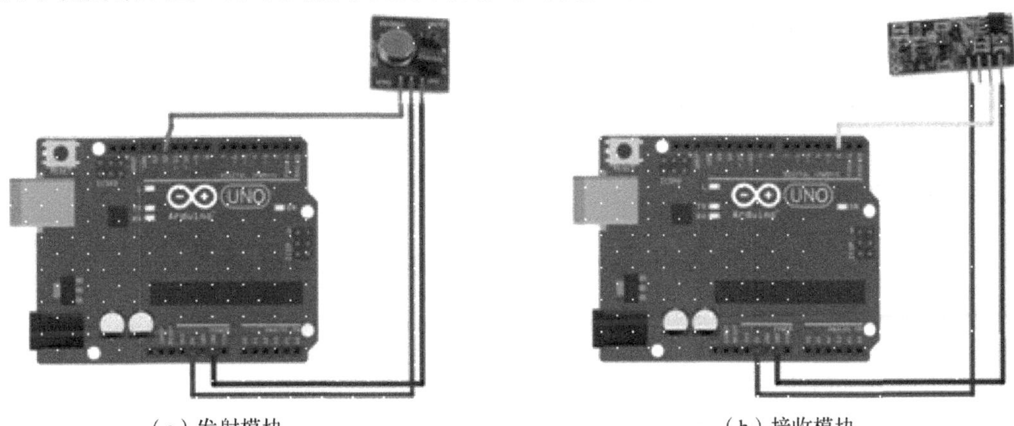

(a) 发射模块　　(b) 接收模块

图 4-1-15　433 MHz 超再生模块与 Arduino 连接

2)编写程序

```
/**
 * 433 MH发送端程序
 */

#include <RCSwitch.h>

RCSwitch mySwitch = RCSwitch();

void setup() {
    Serial.begin(9600);
    // Transmitter is connected to Arduino Pin #10
    mySwitch.enableTransmit(12);
}

void loop() {
    /* Same switch as above, but using decimal code */
    for (int i = 0; i < 100; i++) {
        mySwitch.send(i, 24);
        delay(1000);
        mySwitch.send(i, 24);
        delay(1000);
    }
}
```

```
/**
 * 433MHz接收端程序
 */
#include <RCSwitch.h>

RCSwitch mySwitch = RCSwitch();

void setup() {
    Serial.begin(9600);
    mySwitch.enableReceive(0); // 0号中断 => 2号引脚
}

void loop() {
    if (mySwitch.available()) {
        Serial.print("Received ");
```

```
            Serial.print( mySwitch.getReceivedValue() );
            Serial.print(" / ");
            Serial.print( mySwitch.getReceivedBitlength() );
            Serial.print("bit ");
            Serial.print("Protocol: ");
            Serial.println( mySwitch.getReceivedProtocol() );
            mySwitch.resetAvailable();
        }
    }
```

3)下载程序

到 https://github.com/Octoate/ArduinoRCSwitch 下载 RCSwitch 库,加载到 Arduino IDE 中。将程序分别下载到发射端与接收端。注意接发射模块的 Arduino 板需要下载发射端程序。

4)观察实验现象

打开串口监视器,每秒钟会收到一条消息,显示收到的消息内容、位数、协议。

4. 红外通信实验

1)连接电路

按照如图 4-1-16 所示的电路图连接电路。为了方便,我们把接收管和发射管放在同一个面包板。左边部分为发射电路,二极管负极接 GND,正极串联电阻后,接到 Arduino 2 号引脚;右边部分为接收电路,红外三极管负极接 GND、正极串联电阻后接到 5V、信号脚接到 Arduino11 号引脚。其中 11 号引脚具有硬件中断。

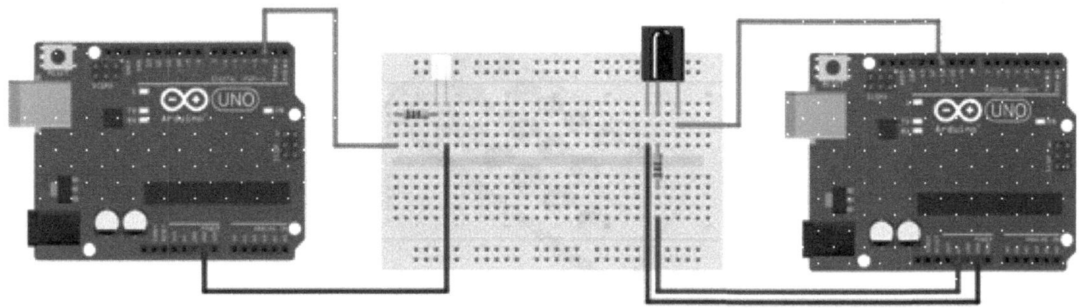

图 4-1-16　Arduino 红外遥控连接示意图

2)编写红外接收程序并测试

```
/**
 * 红外接收程序
 */

#include <IRremote.h>

int RECV_PIN = 11;
IRrecv irrecv(RECV_PIN);
decode_results results;
```

```
void setup()  {
    Serial.begin(9600);
    Serial.println("Enabling IRin");
    irrecv.enableIRIn(); // Start the receiver
    Serial.println("Enabled IRin");
}

void loop() {
    if (irrecv.decode(&results)) {
        zSerial.println(results.value, HEX);
        irrecv.resume(); // Receive the next value
    }
    delay(100);
}
```

3)加载库文件

到 https://github.com/z3t0/Arduino-IRremote 下载 zip 格式的库文件，使用 Arduino IDE 加载该库文件。

4)红外遥控接收测试

将上述程序下载到接收器(右)，使用如图 4-1-17 所示的遥控器，对着接收端按下按键，串口将输出每个按键对应的键码。

图 4-1-17　Arduino 配套红外遥控器

5)编写红外发射接收程序并测试

```
/**
 * 红外发射程序
 */

#include <IRremote.h>

IRsend irsend;

void setup() {
```

```
}

void loop() {
    for (int i = 0; i < 3; i++) {
        irsend.sendSony(0xa90, 12);
        delay(40);
    }
    delay(5000);// 延迟 5 秒

/**
 * 红外接收程序
 */

#include <IRremote.h>

#define LED 13

int RECV_PIN = 11;
IRrecv irrecv(RECV_PIN);
decode_results results;

void setup() {
    pinMode(LED, OUTPUT);
    Serial.begin(9600);
    Serial.println("Enabling IRin");
    irrecv.enableIRIn(); // 开启接收程序
    Serial.println("Enabled IRin");
}

void loop() {
    if (irrecv.decode(&results)) {
        if(results.value == 0x90) {
            digitalWrite(LED, !digitalRead(LED));
        }
        irrecv.resume(); // 清空接收区
    }
    delay(100);
}
```

6)下载程序

将以上两个程序,分别下载到发射端和接收端 Arduino。如果实验成功,则接收端的板载 LED 会每隔 5 s 变换一次状态。

5. HC05 蓝牙通信

1)连接电路

按照如图 4-1-18 所示的电路图连接电路。HC05 模块芯片面对自己且引脚朝下时,从左到右依次为 State(模块工作状态)、RXD(串口接收)、TXD(串口发送)、GND、VCC、KEY(控制进入 AT 模式)。除了 State 引脚,其他几个引脚依次连接到 Arduino 的 11、10、GND、VCC、3 号引脚。

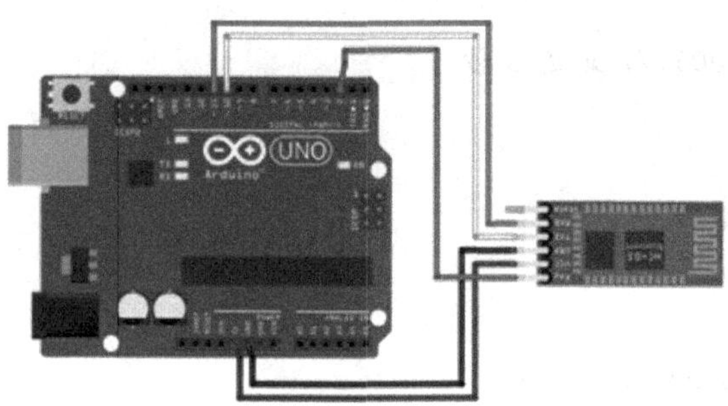

图 4-1-18　Arduino 连接 HC05

2)编写程序

使用 Arduino 设置蓝牙模块 AT 模式编写程序,这个程序是让我们可以通过 Arduino IDE 提供的串口监视器来设置蓝牙模块。详细的 Arduino 代码如下:

```
/**
* 利用 Arduino 串口调试 HC05 AT 指令
*/
#include <SoftwareSerial.h>
SoftwareSerial BT(10, 11); // Pin10 为 RX,接 HC05 的 TXD //Pin11 为 TX,
                                                  //接 HC05 的 RXD
char val;
void setup() {
    Serial.begin(38400);
    Serial.println("BT is ready!");
    BT.begin(38400); // HC-05 默认,38400
}
void loop() {
    if (Serial.available()) {
        val = Serial.read();
        BT.print(val);
    }
    if (BT.available()) {
        val = BT.read();
        Serial.print(val);
    }
}
```

3)AT 指令调试

将 Arduino 断电，然后按着蓝牙模块上的黑色按钮，再让 Arduino 通电，如果蓝牙模块指示灯按 2 秒的频率闪烁，表明蓝牙模块已经正确进入 AT 模式。

4)蓝牙模块设置

打开 Arduino IDE 的串口监视器，选择正确的端口，将输出格式设置为“Both：NL & CR”，波特率设置为“38400”，可以看到串口监视器中显示“BT is ready！”的信息。然后，输入“AT”，如果一切正常，串口显示器会显示“OK”。接下来，即可对蓝牙模块进行设置，常用 AT 命令如表 4-1-2 所示。

表 4-1-2　常用蓝牙 AT 指令

指令	用途
AT+ORGL	恢复出厂模式
AT+NAME=<Name>	设置蓝牙名称
AT+ROLE=0	设置蓝牙为从模式
AT+CMODE=1	设置蓝牙为任意设备连接模式
AT+PSWD=<Pwd>	设置蓝牙匹配密码

5)蓝牙测试

设置完毕后，断开电源，再次通电，这时蓝牙模块指示灯会快速闪烁，这表明蓝牙已经进入正常工作模式。

6)编写控制程序

利用 Andorid 手机连接 Arduino 并控制 LED 灯开关，控制程序如下。

```
/**
 * 利用 Android 手机蓝牙控制灯
 */

#include <SoftwareSerial.h>
#define LED 13

SoftwareSerial BT(10, 11); // Pin10 为 RX,接 HC05 的 TXD
                           // Pin11 为 TX,接 HC05 的 RXD
char val;

void setup() {
Serial.begin(38400);
    Serial.println("BT is ready!");
    pinMode(LED, OUTPUT);
    BT.begin(38400); // HC-05 默认,38400
}
void loop() {
    if (BT.available()) {
```

```
            val = BT.read();
            if(val = = 'c') {
                digitalWrite(LED, ! digitalRead(LED));
                Serial.print("Receive c from BT!");
            }
            Serial.print(val);
        }
    }
```

7)下载程序并调试

在 Android 端上进行调试,需要下载蓝牙串口调试 App,可以根据喜好在各大应用商店搜索下载。

8)安装完成。

下载安装完成 App 后,先打开手机的蓝牙设置,搜索并匹配好我们的蓝牙模块。然后打开蓝牙串口调试 App,让 App 连接上蓝牙模块,然后我们可以在 App 中输入“c”并发送,每发送一个“c”,灯的状态就会改变一次。

4.2 ZigBee 无线组网技术

4.2.1 实验目的

(1)掌握 IAR 软件的安装;
(2)掌握 ZigBee 协议栈在 IAR 软件开发环境中的应用;
(3)掌握 ZigBee 的常见组网方式。

4.2.2 实验设备

(1)PC 机 1 台;
(2)CC2530-DEBUG 仿真器 1 台;
(3)ZigBee 通信模块 4 个,ZigBee 协调器 1 个;
(4)IAR Embedded Workbench Evaluation,PL2303-USB 转串口驱动程序;
(5)串口调试软件。

4.2.3 实验原理

1. IAR 软件简介

IAR 软件的全称为 IAR Embedded Workbench(简称 EW),是 IAR 公司开发的一款完整、稳定且容易使用的专业应用开发工具。可支持数十种 8 位、16 位、32 位微处理器。EW 包括优化编译器、汇编器、链接定位器、库管理员、编译器、项目管理器和 C-SPY 调试器等。协议栈软件(ZStack-CC2530-2. 5. 1a)是一个应用工程,可从 TI 公司官网(http://www. ti. com. cn/)直接下载并免费使用,EW 中包含一个全软件的模拟程序(Simulator)。用户不需要任何硬件支持就可以模拟各种 ARM 内核、外部设备甚至中断的软件运行环境。从中可以了解和评估 IAR EWARM 的功能和使用方法。IAR EWARM 的主要特点如下:

(1)高度优化的 IAR ARM C/C＋＋ Compiler；

(2)IAR ARM Assembler；

(3)一个通用的 IAR XLINK Linker；

(4)IAR XAR 和 XLIB 建库程序和 IAR DLIB C/C＋＋运行库；

(5)功能强大的编辑器；

(6)项目管理器；

(7)命令行实用程序；

(8)IAR C-SPY 调试器(先进的高级语言调试器)。

2. ZigBee 网络设备

ZigBee 网络有三种逻辑设备类型，即协调器(coordinator)、路由器(router)和终端设备(end device)。一般情况下一个 ZigBee 网络由一个协调器节点、若干个路由器节点和若干个终端节点组成(星形网络拓扑结构除外)。

1)协调器

协调器的作用是创建和维护 ZigBee 网络，也是形成网络的第一个设备。ZigBee 网络中的协调器与路由器和终端的硬件电路并无区别，只是其软件设置有所不同。协调器的设置内容包含网络拓扑结构、信道和网络标识(即网络号 PAN ID)，也可使用默认值而省略设置，然后开始启动这个网络(各个节点上电即为启动)。一旦启动网络，在与协调器的有效通信距离范围内且设置为相同网络标识和信道的路由器和终端就会自动加入这个网络。协调器的主要作用是建立和设置网络，网络一旦建立完成，该协调器的作用就与路由器节点相同，甚至可以退出这个网络(仅限于树形和网形网络)。

2)路由器

路由器是在网络中起支持关联设备的作用，实现其它节点的消息转发功能。ZigBee 的树形网络和网形网络可有多个 ZigBee 路由器，ZigBee 的星形网络不支持路由器。路由器功能包括：使其子树中的设备(路由器或终端)加入这个网络；路径选择；辅助其子树终端的通信。

3)终端

ZigBee 终端节点是具体执行数据传输的设备，不能转发其他节点的消息。因此，在不发射和接收数据时可以休眠，所以它可作为电池供电节点。

3. ZigBee 信道与网络号

ZigBee 有三种频带，分别是用于欧洲的 868 MHz、用于美国的 915 MHz 以及全球通用的 2.4 GHz，其各自信道的带宽不同，分别为 0.6 MHz，2 MHz 和 5 MHz。因此，每个频带可细分为若干个信道，以上三个频带分别可细分为 1 个、10 个和 16 个信道。不同频带拥有不同的速率，分别为 20 kb/s(868 MHz)、40 kb/s(915 MHz)和 250 kb/s(2.4 GHz)的原始数据吞吐率，如图 4－2－1 所示。

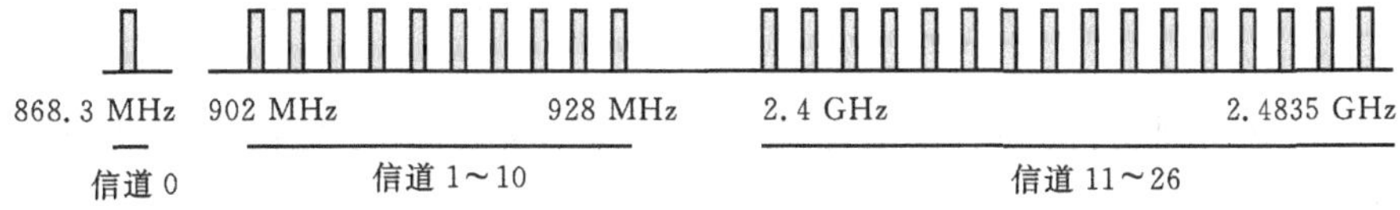

图 4－2－1　ZigBee 的频带与信道

ZigBee 网络号是一个 ZigBee 网络的基本标识。一个网络的网络号是唯一的,也是同一个通信区域内不同网络中的节点加入自己应加入网络的标识。网络号用 PAN ID 表示,PAN ID 是一个 16 位的标识,即 0X0000～0XFFFF。理论上有 64 K 个网络号可供选择。事实上只允许在 0X0000～0XFFFE 之间进行设置,如果将网络号设置为 0XFFFF,则会随机产生一个网络号建立网络。ZigBee 无线网络的协调器是通过选择网络工作信道和网络号(也称为个人局域网识别标志或网络地址)启动一个 ZigBee 无线网络。PAN ID 也称为个人局域网识别标志或网络地址。ZigBee 无线网络的路由器或终端设置网络号的默认值为 0XFFFF。当选择为默认值时,该节点会自动加入附近已有的网络。如果设定为一个非 0XFFFF,则会根据设置的网络号加入对应的网络。

需要注意的是,所设置的同一个网络中的各种设备(协调器、路由器或终端)的网络号必须一致,各个设备的信道号必须一致(此时网络号和信道号可选用不同的数值)。如果各设备的网络号不一致(网络号为 0XFFFF 除外)或信道号设置不一致,设备将不能加入到该网络中。网络号一致是同一网络中不同设备的网络号要一致,不是网络号与信道号一致,不能理解为网络号=信道号。信道号一致的理解与网络号一致的定义相同。

4. 网内地址(也叫短地址)的分配方式

1)设备地址

在网络中进行通信,需要标识每一个设备的地址,在 ZigBee 无线网络中设备地址有以下两种:

(1)64 位的 IEEE 地址(64 bit IEEE address):IEEE 地址是 64 位,而且是全球唯一的。每个 CC2530 单片机的 IEEE 地址在出厂时已经被定义。当然,在用户学习阶段,可以通过编程软件 SmartRF Flash Programmer 修改设备的 IEEE 地址(本实验未使用该软件,有关该软件请查阅有关资料)。64 位 IEEE 地址又被称为 MAC 地址(MAC address)或扩展地址(extended address)。

(2)16 位的网络地址(16 bit network address):网络地址为 16 位,该地址是在设备加入网络时按照一定的算法计算得到,并分配给加入网络的设备。网络地址在某个网络中是唯一的,16 位网络地址有两个功能:①在网络中标识不同的设备;②在网络数据传输中指定目的地址和源地址。16 位 IEEE 地址又称为逻辑地址(logical address)或短地址(short address)。ZigBee 网络中的地址类型如表 4-2-1 所示。

表 4-2-1 网络地址

地址类型	位数	别称
IEEE 地址	64 bit	MAC 地址(MAC address)
		扩展地址(extended address)
网络地址	16 bit	逻辑地址(logical address)
		短地址(short address)

2)地址分配方法

ZigBee 有两种地址分配方式:分布式分配机制(也叫 ZigBee 特性集)和随机分配机制(也叫 ZigBee-Pro 特性集)。

(1)分布式分配机制(仅支持星形网、树形网)。ZigBee 使用分布式寻址方案来分配网络地址。这个方案保证在整个网络中所有分配的地址是唯一的。只有这样才能保证一个特定的数据包能够发给它指定的设备,而不出现混乱。同时,这种寻址算法本身的分布特性保证设备只能与它的父设备通信接收一个网络地址,而不需要在整个网络范围内分配通信地址,有助于提高网络的可测量性。协调器在建立网络以后使用 0X0000 作为自己的网内地址,路由器和终端加入网络后使用父设备给它们分配 16 位网内地址。具体分配方式是在某节点加入网络之前,寻址方案需要知道和设置一些参数。这些参数是 NWK_MAX_DEPTH(网络最大深度)、NWK_MAX_ROUTERS(网络中一个节点可直接连接路由器的最大个数)和 NWK_MAX_CHILDREN(网络中一个节点可直接连接子节点数的最大个数,又称为最大孩子数或最大子节点数),这三个参数在文件 nwk_globals.h 中进行定义。ZigBee 协议栈已经默认了这些参数的值:NWK_MAX_DEPTH=5,NWK_MAX_ROUTERS=6 和 NWK_MAX_CHILDREN=20。

NWK_MAX_DEPTH 决定了网络最大深度,协调器位于深度 0,它的儿子位于深度 1,它儿子的儿子位于深度 2,依次类推到第 4 层。MAX_DEPTH 参数(网络层数)是网络结构的概念,网络层数越多,通信速度就越低,但在客观上为延长通信距离创造了条件。为了书写方便,公式中用 Lm 表示;NWK_MAX_CHILDREN 决定了一个路由器或一个协调器节点可以处理的子节点的最大个数。为了书写方便,公式中用 Cm 表示;NWK_MAX_ROUTER 决定了一个路由器或一个协调器节点可以处理的具有路由功能的子节点的最大个数。这个参数是 NWK_MAX_CHILDREN 的一个子集,终端节点使用(NWK_MAX_CHILDREN－NWK_MAX_ROUTER)剩下的地址空间。

(2)随机分配机制(仅支持网形网)。随机分配机制是指地址随机选择。在这种情况下,NWK_MAX_ROUTER 的值就无意义了,随机地址分配应符合 NIST(随机数测试)测试终端描述。当一个设备加入网络使用的是物理地址(MAC,每个 CC2530 节点都有一个固定的 16 位 MAC 地址)。其父设备应选择一个尚未分配过的随机地址。设备地址一旦确定则不可随意改变,并予以保留(断电后不予保留,再次开机可能被分配成其他地址),除非它收到其地址与另一个设备冲突的声明。此外,设备可能自我指派随机地址,例如:利用加入命令帧加入一个网络。

5. ZigBee 的网络拓扑结构

ZigBee 网络有三种拓扑结构,分别为星形拓扑结构、树形拓扑结构和网形拓扑结构。

1)星形拓扑结构

如图 4-2-2 所示,星形网络是 ZigBee 的最小型网络,由一个协调器和若干个终端构成(星形结构不支持路由器)。优点是结构简单和数据传输速度快,其缺点是网络中的节点数少且通信距离短,一般用于构成小型网络。星形网络的最大缺点是对协调器的要求很高,一旦协调器出现故障或掉电,整个网络将瘫痪。

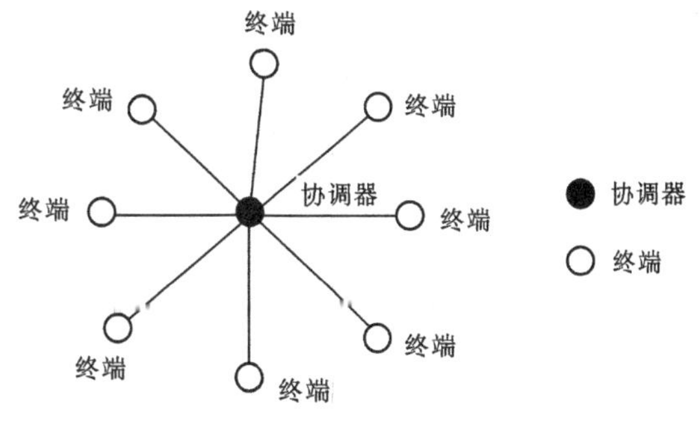

图 4-2-2　ZigBee 的星形拓扑结构

2)树形拓扑结构

如图 4-2-3 所示,树形网络结构是由协调器、路由器(也可承担终端的功能)和终端组成,网络结构比星形结构复杂。其优点是网络的节点数多,可组成大规模 ZigBee 网络,数据传输的速度比网形网络快,而且当网络组建完成后可不再依赖协调器,即使将协调器撤出网络仍可正常运行。其缺点是网络的安全性较差,即当一个路由器出现故障时,该路由器下的子节点将无法通信。

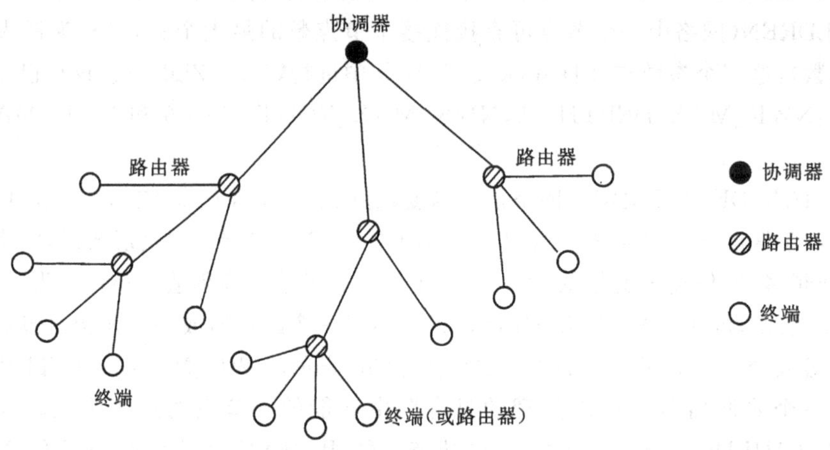

图 4-2-3　ZigBee 的树形拓扑结构

3)网形拓扑结构

如图 4-2-4 所示,网形网络结构是由协调器、路由器(也可承担终端的功能)和终端组成,其网络结构比树形网络结构复杂。其缺点是通信速度一般会低于树形网络结构,优点是网络的节点多,可组成大规模 ZigBee 网络,而且当网络组建完成后可不再依赖协调器,即使将协调器撤出,网络仍可正常运行。网形网络结构的最大优点是网络的安全性优于树形网络结构,即当一个路由器出现故障时可能不会影响其子节点的通信(条件是该子节点的附近有其他路由器)。

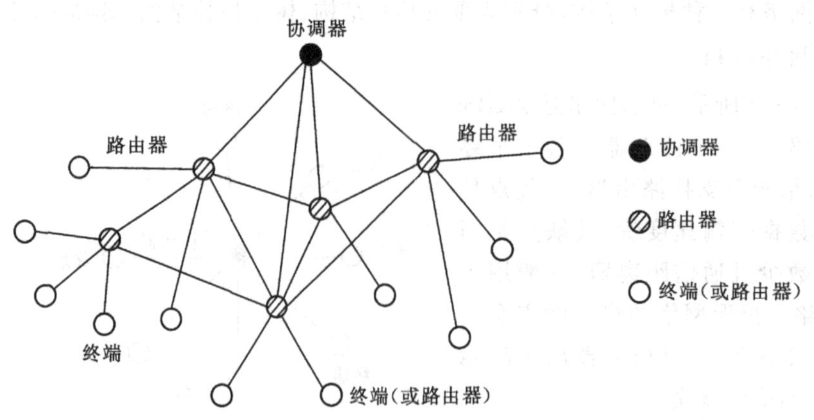

图 4-2-4　ZigBee 的网形拓扑结构

4.2.4　实验步骤

1. 协调器设置

1)IAR 软件编译环境的安装

IAR 软件可通过下载获得并免费试用，也可从本书配套光盘中获取（“配套光盘\ZigBee 开发工具\IAR\IAR EW8051 V8.1”）。具体安装过程与 Windows 操作系统的其他软件的安装方法相似，这里不再详述，学生可自行安装。

2)协调器模块的连接

将协调器插接在计算机的任意一个 USB 口上，协调器模块由计算机的 USB 口供电，协调器模块的电源指示灯亮。

3)导入工程文件

单击“IAR Embdded Workbench”，选择菜单中的“File”→选中“Open”→点击“Workspace…”，出现寻找文件路径界面，打开“配套光盘\实验 4.2 \zigbee 网络设备的类型的配置实验\ZStack－CC2530－2.5.1a\Projects\zstack\Samples\SampleApp\CC2530DB\ SampleApp.eww”。可看到一个文件名为“SmpleApp.eww”的工程文件，双击后出现如图 4-2-5 所示界面。

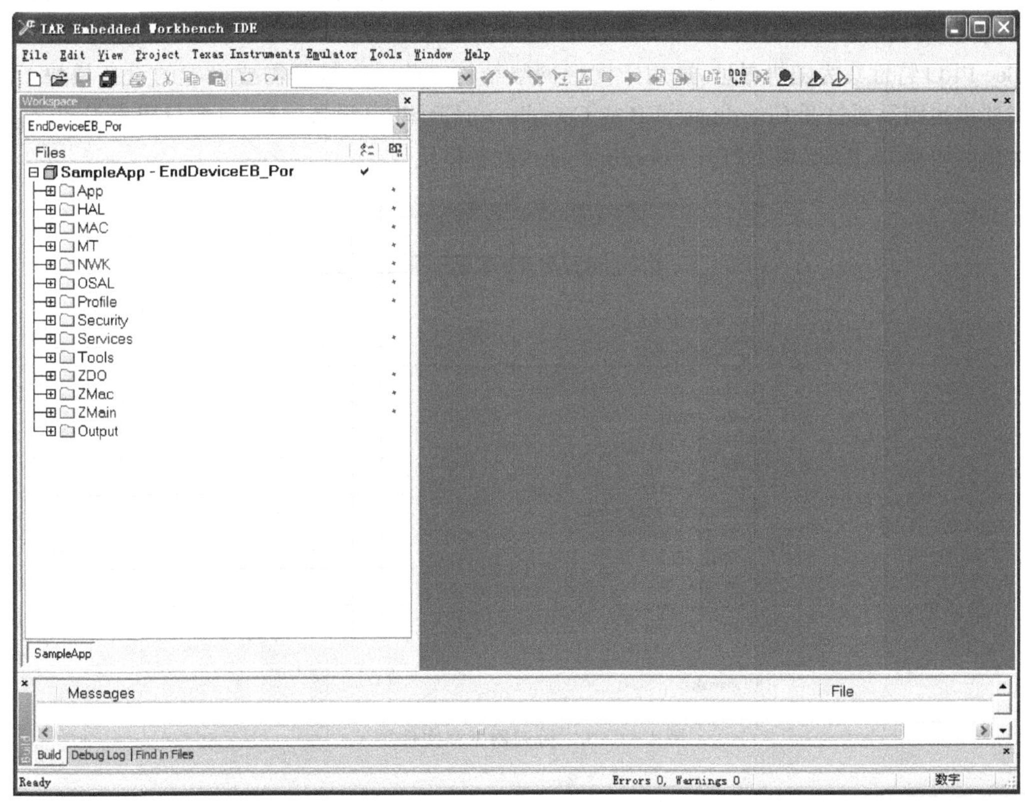

图 4-2-5　协调器工程文件导入

在工程文件左侧的 Workspace 中可以看到整个协议栈的构架。有很多文件夹，如 App、HAL、MAC 等，这些文件夹对应了 ZigBee 协议中不同的层。App 是应用层目录，这是用户创建各种不同工程的区域。在这个目录中包含了应用层的内容和这个项目的主要内容。在协议栈中一般以操作系统的任务实现的。HAL是硬件目录层,包含有与硬件相关的配置和驱动级操作函数。MAC是MAC层目录,包含了MAC层的的参数配置文件及其MAC的LIB库的函数接口文件。MT是实现通过串口可控制各层,并与各层进行直接交互。NWK是网络层目录,包含网络层配置参数文件和网络层库的函数接口文件及APS(应用支持子层)层库的函数接口。OSAL是协议栈的操作系统。Profile是AF层目录,包含AF层处理函数。Security是安全层目录,包含安全层处理函数,比如加密函数等。Services是地址处理函数目录,包含地址模式的定义及地址处理函数。Tools是工程配置目录,包含空间划分及Z-Stack相关配置信息。ZDO是ZDO(ZigBee设备对象)。ZMac是包含了MAC层的的参数配置文件及其MAC的LIB库的函数回调处理函数。ZMain是主函数目录。

4)选择协调器设备模块

如图4-2-6所示界面的Workspace窗口中会出现六个选项:CoordinatorEB、RouterEB、EndDeviceEB、CoordinatorEB_PRO、RouterEB_PRO和EndDeviceEB_PRO,以上6个选项统称为ZigBee的设备模块。前三个设备模块无_PRO后缀,后三个设备模块有_PRO后缀。无后缀_PRO的设备模块是ZigBee特性集,有后缀_PRO的设备模块是ZigBee-PRO特性集。其中CoordinatorEB表示协调器设备模块,RouterEB表示路由器设备模块,EndDeviceEB表示终端设备模块。(特性集表示组网的寻址方式,ZigBee特性集为分布式寻址,适用于星形或树形网络结构。ZigBee-PRO特性集为随机寻址,适用于网形网络结构。)此时应打开需要设置的设备模块,设置协调器模块则需要打开CoordinatorEB或CoordinatorEB_PRO设备模块,目前只要求设置ZigBee特性集的协调器,因此,需要打开CoordinatorEB设备模块。

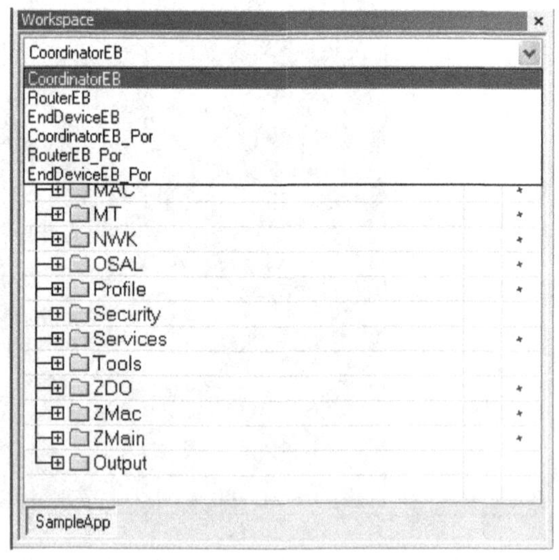

图4-2-6 协调器工程文件导入

5)设置协调器模块的预编译选项

在界面中的Workspace窗口中,右击"SampleApp-CoordinatorEB"工程名,弹出子菜单中单击选项"Options",在如图4-2-7所示的界面中单击"General Options",在"Target"中选择单片机型号,因本实验所使用的通信模块为CC2530F256,则应选择"Device:CC2530F256",下面的模式选择中程序模式 Code model 应选择“Banked”模式，数据模式 Data model 应选择“Large”模式。Banked 模式表示代码存储在分页存储区，Large 模式表示数据变量优先存储 xdata。

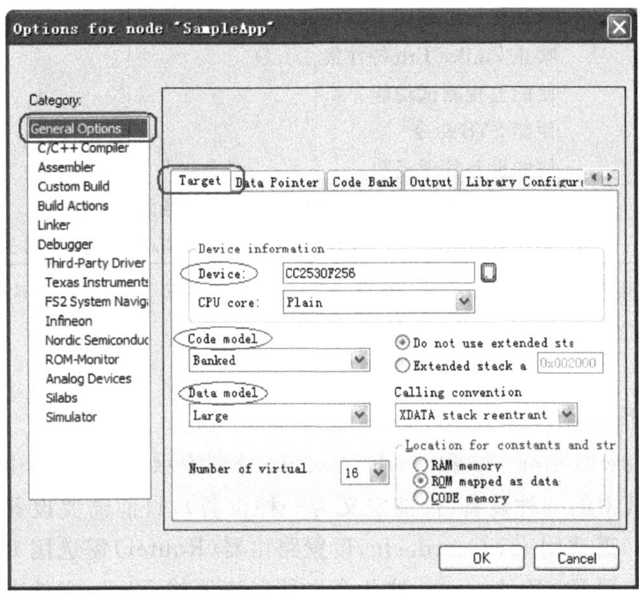

图 4-2-7　工程选项窗口

以上选项确定后，单击“C/C++ Compile”，在“C/C++ Compile→Preprocessor”选项中的“Defined symbols”中添加下列相关的预编译选项，见图 4-2-8 所示界面。

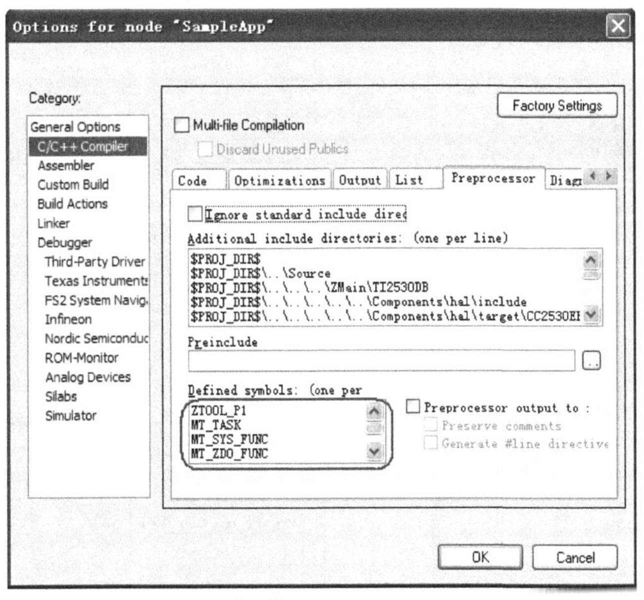

图 4-2-8　预编译选项输入

在“Defined symbols”中输入协调器预编译符号，其宏定义及相应的功能具体如表 4-2-2 所示。

表 4-2-2 宏定义输入符号

宏定义	功能
ZTOOL_P1	设置串口位置在 P1 口,使用串口传输信息
xZIGBEEPRO	禁止 ZigBee Pro 特性集
MT_TASK	使能监视测试功能
MT_SYS_FUNC	使能 SYS 命令
MT_ZDO_FUNC	使能设备管理函数
DT_COORD	使能协调器功能(DT_COORD 为协调器编译选项)
xNV_RESTORE	禁止设备(保存/恢复)网络状态信息(到/从)NV(非易失存储)

说明:如果设备模块选择 CoordinatorEB_PRO,则需加入 ZIGBEE_PRO。否侧屏蔽 ZIGBEE_PRO 功能。xZIGBEE_PRO 宏定义前端加 x 表示屏蔽此定义。

6)设置协调器预编译文件

f8wcoord. cfg、f8wRouter. cfg 和 f8wEndev. cfg 分别表示协调器、路由器和终端。可将某个通信模块编译成其中的一种设备(仅能定义为一种设备),目前需要设置一个协调器。设置协调器(Coordinator)需选用 f8wCoord. cfg,设置路由器(Router)需选用 f8wRouter. cfg,设置终端 EndDevice 需选用 f8wEndev. cfg,这几个文件在协议栈 Tools 文件夹里可以找到。设置时需使用鼠标右键点击相应的文件,选择“Options…”在弹出的对话框中选择“Exclude form build”前的方框“☑”,则不编译该文件,该文件为灰色显示;如果不选“☐”,则编译该文件。如图 4-2-9 所示协调器设置,“f8wcoord. cfg”为亮色显示,表示在编译工程时会编译 f8wcoord. cfg 文件;“f8Router. cfg”和“Endev. cfg”为灰色显示,表示在编译工程时,不会编译 f8Router. cfg 和 Endev. cfg 文件。

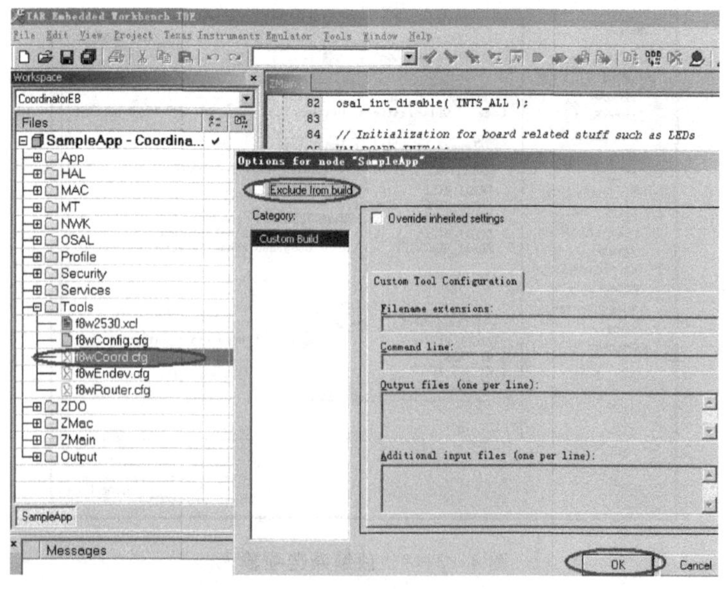

图 4-2-9 Exclude form build 选项

7)添加协调器预编译文件的路径

右击工程文件点击“Options”,在弹出的菜单中选择“C/C++ Compile”→“Extra Options”这个选项里中添加预编译文件,路径设置如图 4-2-10 所示。将以下代码复制到选项框中。

```
-f $PROJ_DIR$\..\..\..\Tools\CC2530DB\f8wCoord.cfg
-f $PROJ_DIR$\..\..\..\Tools\CC2530DB\f8wConfig.cfg
```

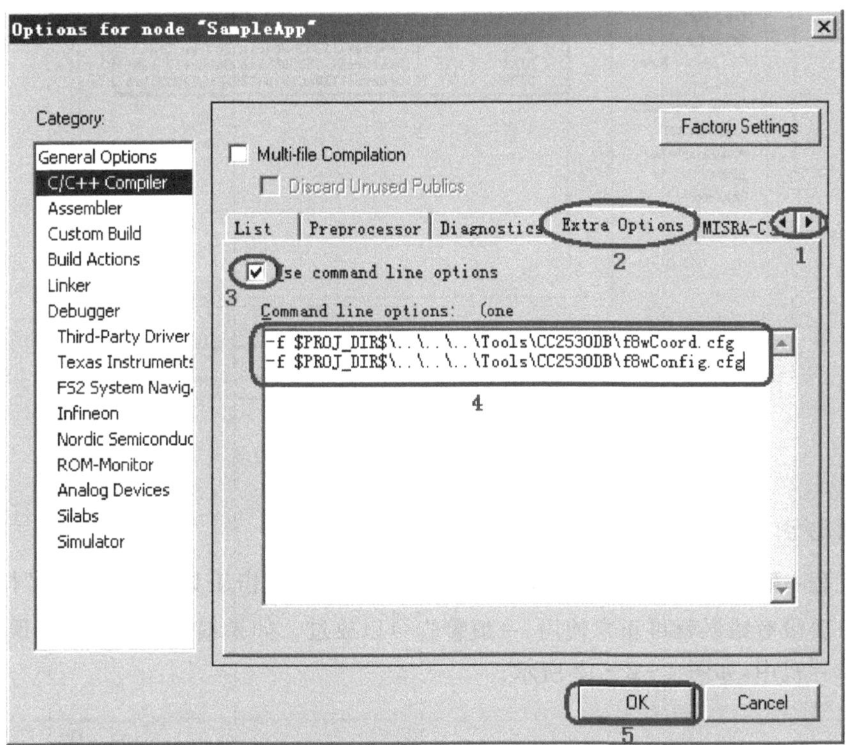

图 4-2-10　协调器连接文件库的设置

8)设置协调器连接库文件路径

在 Workspace 窗口中,右击工程文件,在弹出的菜单中选择“Extra Options”,打开工程选项卡。如图 4-2-11 所示,在“Options”→“Linker”→“Extra Options”中设置连接文件库的路径,如果选择分布式路由方式(ZigBee 特性集),协调器分布式路由方式的连接文件库及其路径如下:

```
-C $PROJ_DIR$\..\..\..\Libraries\TI2530DB\bin\Router.lib
-C $PROJ_DIR$\..\..\..\Libraries\TI2530DB\bin\Security.lib
-C $PROJ_DIR$\..\..\..\Libraries\TIMAC\bin\TIMAC-CC2530.lib
```

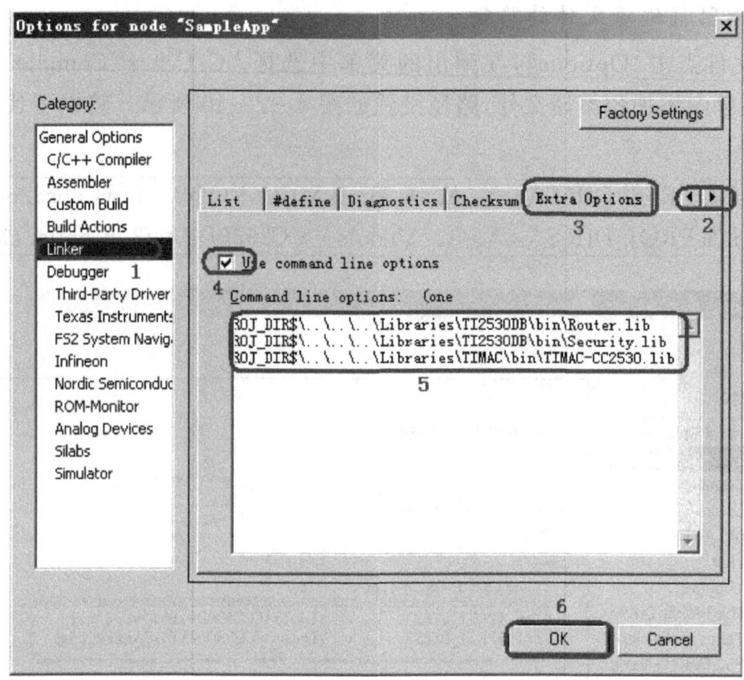

图 4-2-11　协调器连接文件库的设置

9)设置协调器连接库文件路径

编译工程:选择“Project” →“Make”选项或按 F7 键或点击工具条上的“ ”按钮。编译后的程序只要没有错误就可正常使用,一般警告可以放过。如果编译没有出现错误,就可将程序下载到单片机中,如图 4-2-12 所示。

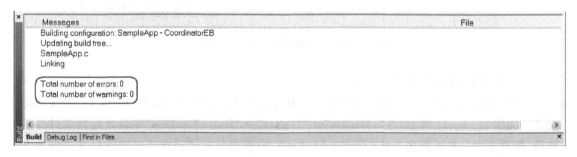

图 4-2-12　编译完成

10)串口设置

下载程序之前,应首先打开“串口助手”(串口助手使用可参照第 3 章相关实验)。端口选择协调器映射的 COM 口,波特率选择“38400”b/s(与协调器一致),数据位为 8 位,校验位为“无”,停止位为“1”,将 16 进制前的复选框中的“对号”去掉,点击清空接受区按钮、清空计数按钮清空接受区,点击“打开串口”按钮,如图 4-2-13 所示。

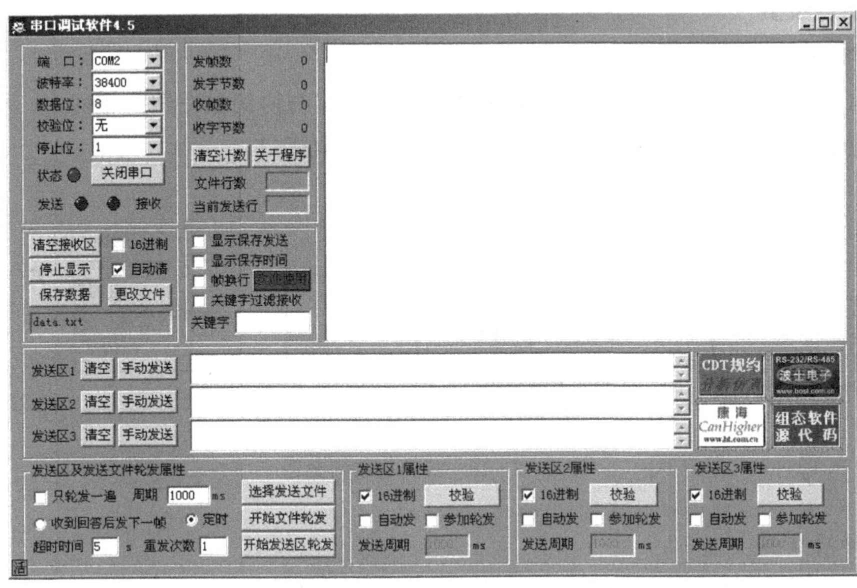

图 4-2-13　串口调试器配置

11)程序下载

将协调器模块 USB 口插入 PC 机的 USB 口,选择“Project” →“Debug”就可将程序下载到 CC2530 芯片中。待程序下载完成后,IAR 会自动跳转至仿真调试模式,如图 4-2-14 所示。点击运行程序。程序运行后,可以在串口助手软件的接收区显示结果,正确结果为“网络协调器设置成功”,此时表明 ZigBee 网络的协调器已设置成功。

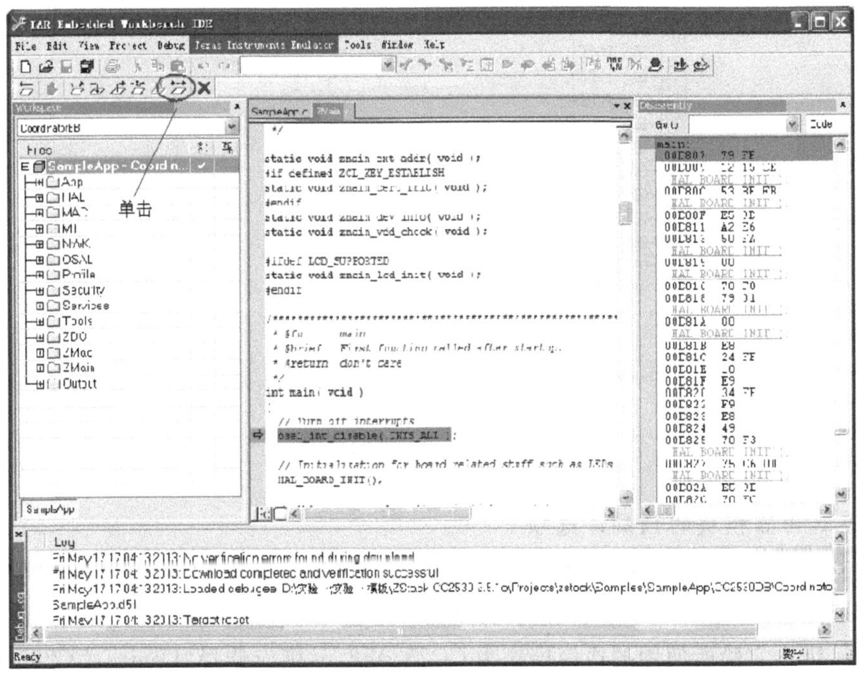

图 4-2-14　下载程序成功并进入调试状态

2. 路由器设置

1)线路连接

如图 4-2-15 所示,仿真器的 USB 连线的连接方式与协调器介绍的相同,仿真器连线的一端插入仿真器接口,另一端插入协议栈实验板上的仿真接口。

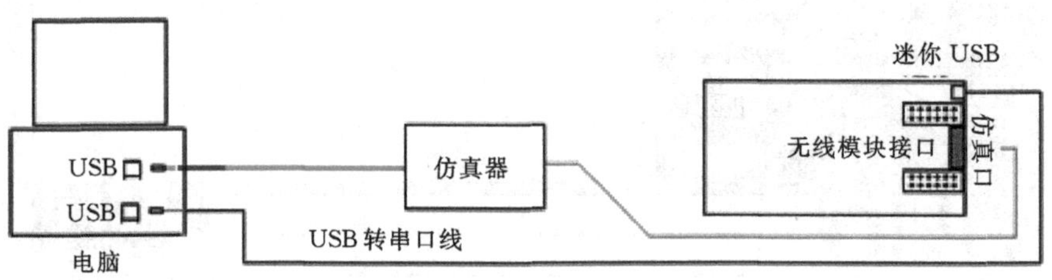

图 4-2-15 线路连接示意图

2)选择路由器

按照协调器导入模式导入工程文件,这里不再详述。如图 4-2-16 所示,工程文件导入后,在 Workspacezhong 中选择路由器设备模块,设置路由器模块则需要打开 RouterEB 或 Router-Por 设备模块,该实验只要求设置 ZigBee 特性集的路由器,因此,需要打开 RouterEB 设备模块。

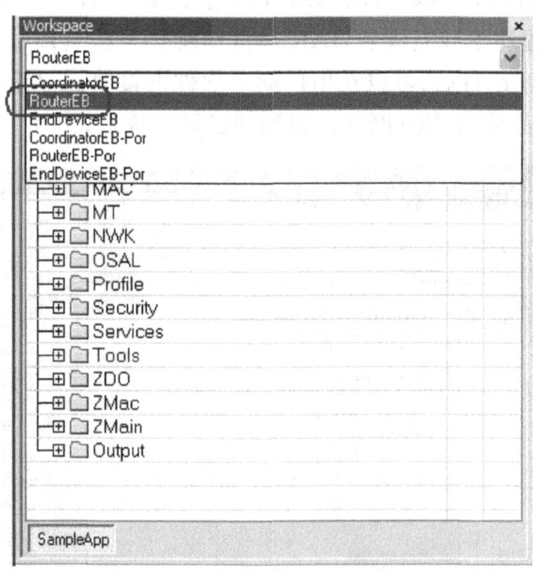

图 4-2-16 选择路由器模块

3)设置路由器模块的预编译选项

在界面中的 Workspace 窗口中,右击"SampleApp-CoordinatorEB"工程名,弹出子菜单中单击选项"Options",在图 4-2-17 所示的界面中单击"General Options",在"Target"中选择单片机型号,因本实验所使用的通信模块为 CC2530F256,则应选择"Device:CC2530F256",下面的模式选择中程序模式 Code model 应选择"Banked"模式,数据模式 Data model 应选择

"Large"模式。Banked 模式表示代码存储在分页存储区，Large 模式表示数据变量优先存储 xdata。

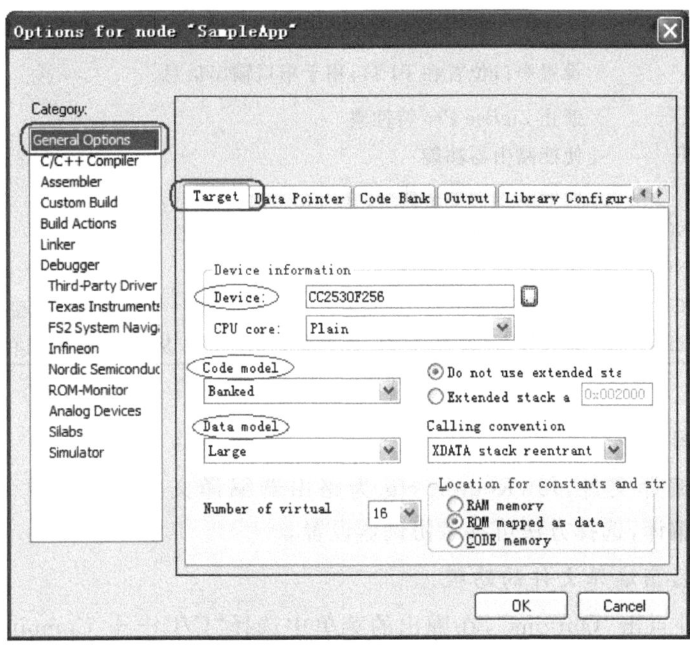

图 4－2－17　工程选项窗口

以上选项确定后，单击"C/C＋＋ Compile"，在"C/C＋＋ Compile"→"Preprocessor"选项中的"Defined symbols"中添加下列相关的预编译选项，见图 4－2－18 界面。

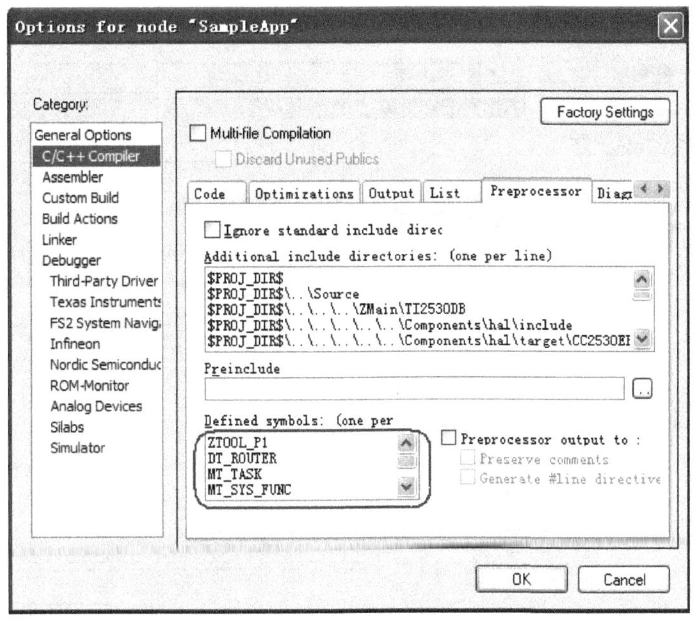

图 4－2－18　路由器预编译选项输入

在“Defined symbols”中输入路由器预编译符号，具体如表 4-2-3 所示。

表 4-2-3　路由器宏定义输入符号

宏定义	功能
ZTOOL_P1	设置串口位置在 P1 口，用于串口输出信息
xZIGBEEPRO	禁止 ZigBee Pro 特性集
DT_ROUTER	使能路由器功能
MT_TASK	使能监视测试功能
MT_SYS_FUNC	使能 SYS 命令
MT_ZDO_FUNC	使能设备管理函数
CHGQ=0x20	加速度传感器的 ID 号为 0x04，注意：在=号两边不能加空格
xNV_RESTORE	禁止设备（保存/恢复）网络状态信息（到/从）NV（非易失存储）

4）设置路由器预编译文件

选择路由器编译文件，f8wRouter. cfg 为路由器编译文件。另外两个 f8wCoord. cfg、f8wEndev. cfg 不编译，选择方法可参考协调器设置。

5）添加路由器预编译文件的路径

右击工程文件点击“Options”，在弹出的菜单中选择“C/C++ Compile”；再选择“Extra Options”这个选项里中添加预编译文件，路径设置如图 4-2-19 所示。将以下代码复制到选项框中。

```
-f $PROJ_DIR$\..\..\..\Tools\CC2530DB\f8wRouter.cfg
-f $PROJ_DIR$\..\..\..\Tools\CC2530DB\f8wConfig.cfg
```

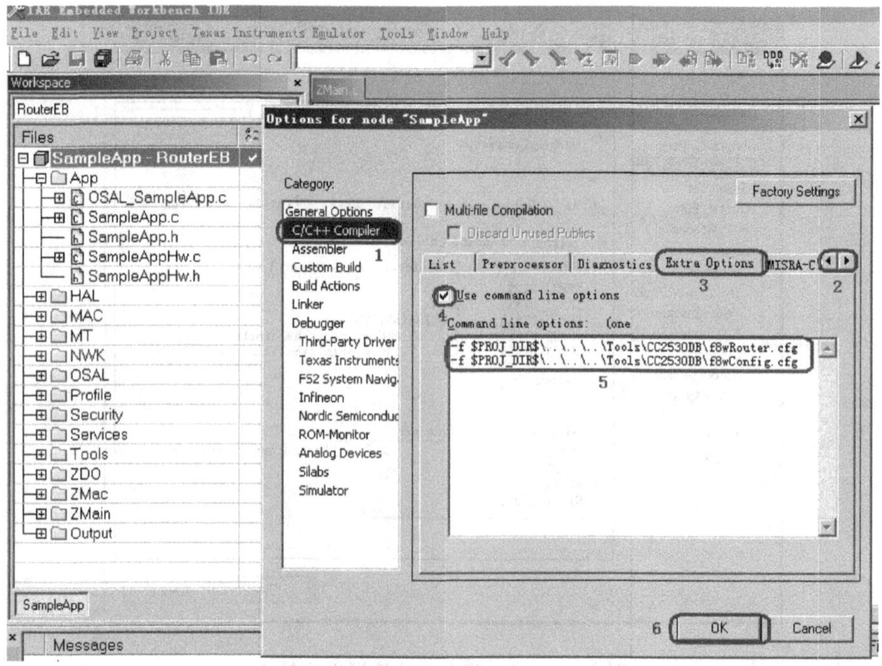

图 4-2-19　路由器连接文件库的设置

6)设置路由器连接库文件路径

在 Workspace 窗口中,右击工程文件,在弹出的菜单中选择"Options",打开工程选项卡。如图 4-2-20 所示。在"Options"→"Linker"→"Extra Options"中设置连接文件库的路径,如果选择分布式路由方式(ZigBee 特性集),路由器分布式路由方式的连接文件库及其路径如下:

-C $PROJ_DIR$\..\..\..\Libraries\TI2530DB\bin\Router.lib

-C $PROJ_DIR$\..\..\..\Libraries\TI2530DB\bin\Security.lib

-C $PROJ_DIR$\..\..\..\Libraries\TIMAC\bin\TIMAC-CC2530.lib

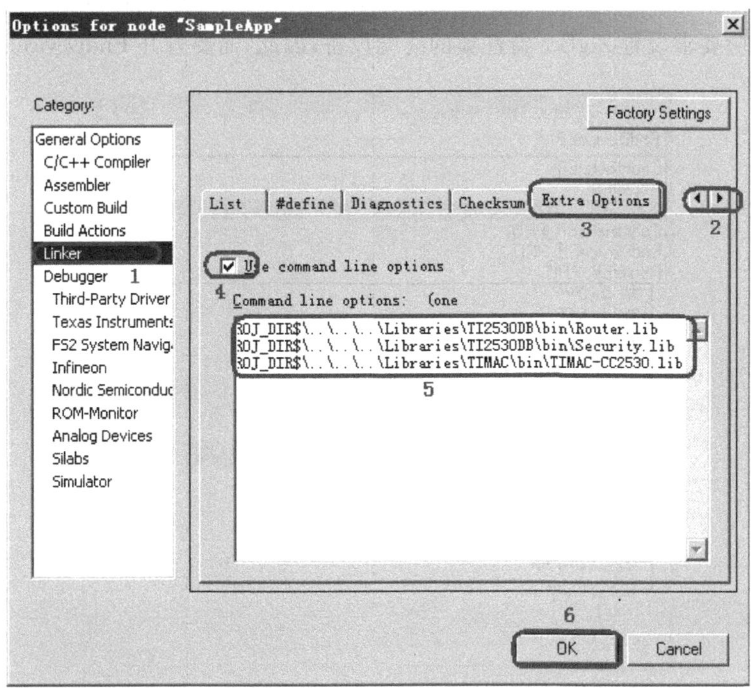

图 4-2-20　路由器连接文件库的设置

7)路由器文件编译及下载

可参照协调性文件编译和下载模式,当串口调试软件显示:"路由器设备配置成功",表明 ZigBee 路由器设置完成。

3. 终端设置

1)终端设备连接

仿真器的 USB 连线的连接方式与协调器介绍的相同,仿真器连线的一端插入仿真器接口,另一端插入协议栈实验板上的仿真接口,如图 4-2-21 所示。

2)选择终端模块

按照协调器导入模式导入工程文件,这里不再详述。如图 4-2-22 所示,工程文件导入后,

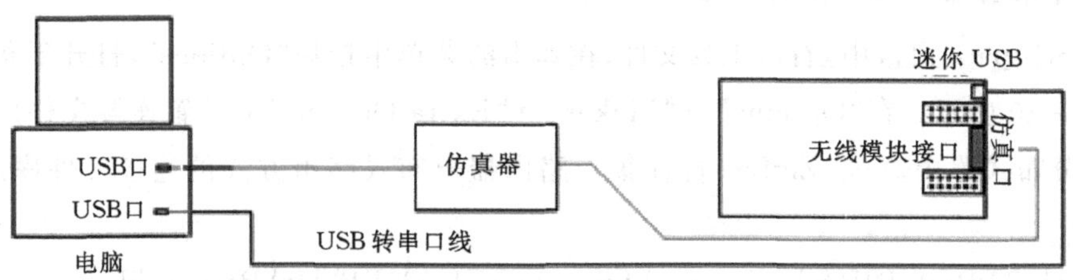

图 4-2-21　终端线路连接示意图

此时应打开需要设置的设备模块，设置终端设备模块需打开 EndDeviceEB 或 EndDeviceEB_PRO 设备模块，本实验要求设置 ZigBee 特性集的终端设备，因此，需要打开 EndDeviceEB 设备模块。

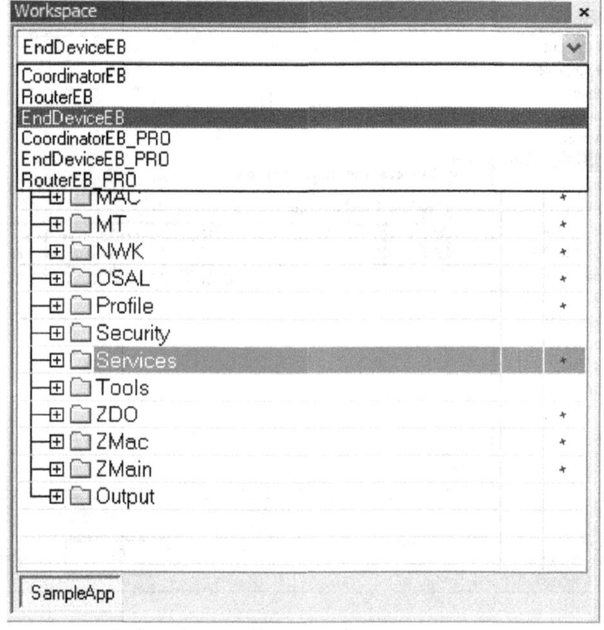

图 4-2-22　选择终端模块

3)设置终端设备模块的预编译选项

在界面中的 Workspace 窗口中，右击"SampleApp-CoordinatorEB"工程名，在弹出的子菜单中单击选项"Options"，在图 4-2-23 所示的界面中单击"General Options"，在"Target"中选择单片机型号，因本实验所使用的通信模块为 CC2530F256，则应选择"Device：CC2530F256"，下面的模式选择中程序模式 Code model 应选择"Banked"模式，数据模式 Data model 应选择"Large"模式。Banked 模式表示代码存储在分页存储区，Large 模式表示数据变量优先存储 xdata。

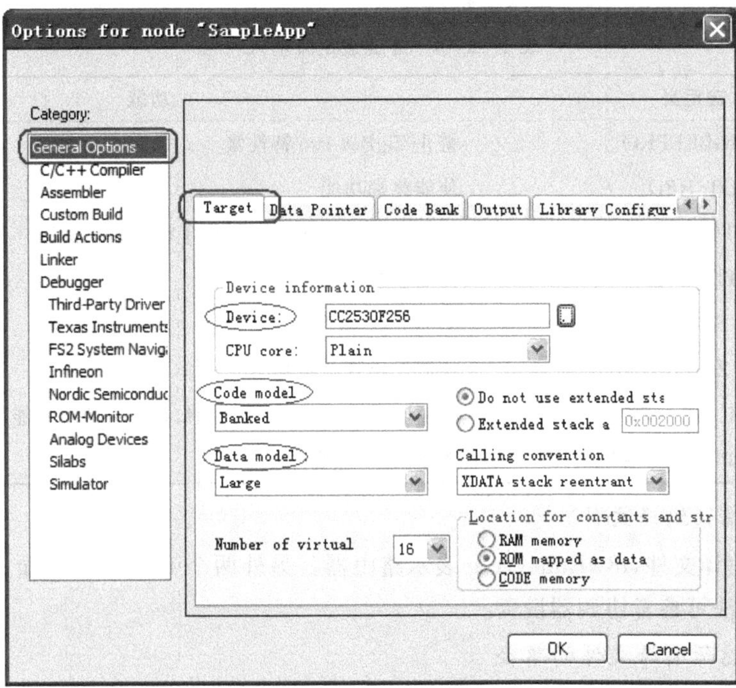

图 4-2-23　工程选项窗口

以上选项确定后，单击“C/C++ Compiler”，在“C/C++ Compiler”→“Preprocessor”选项中的“Defined symbols”中添加下列相关的预编译选项，见图 4-2-24 界面。

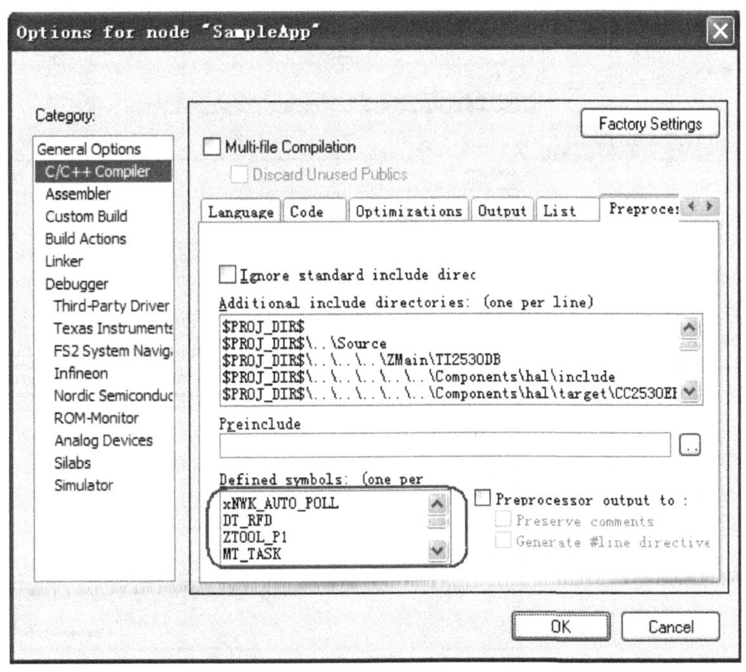

图 4-2-24　路由器预编译选项输入

在“Defined symbols”中输入终端预编译符号，具体如表 4-2-4 所示。

表 4-2-4　终端宏定义输入符号

宏定义	功能
xZIGBEEPRO	禁止 ZigBee Pro 特性集
DT_RFD	使能终端功能
ZTOOL_P1	设置串口位置在 P1 口，用于串口输出信息
MT_TASK	使能监视测试功能
MT_SYS_FUNC	使能 SYS 命令
MT_ZDO_FUNC	使能设备管理函数
CHGQ=0x04	加速度传感器的 ID 号为 04，在=号两边不能加空格
xLCD_SUPPORTED=DEBUG	禁止 LCD 功能

4)设置终端预编译文件

选择终端编译文件，f8wEndev. cfg 表示路由器。另外两个 f8wCoord. cfg、f8wRouter. cfg 不编译，选择方法可参考协调器设置。

5)添加终端预编译文件的路径

右击工程文件点击“Options”，在弹出的菜单中选择“C/C++ Compile”→“Extra Options”这个选项里中添加预编译文件，路径设置如图 4-2-25 所示。将以下代码复制到选项框中。

```
-f $PROJ_DIR$\..\..\..\Tools\CC2530DB\f8wEndev.cfg
-f $PROJ_DIR$\..\..\..\Tools\CC2530DB\f8wConfig.cfg
```

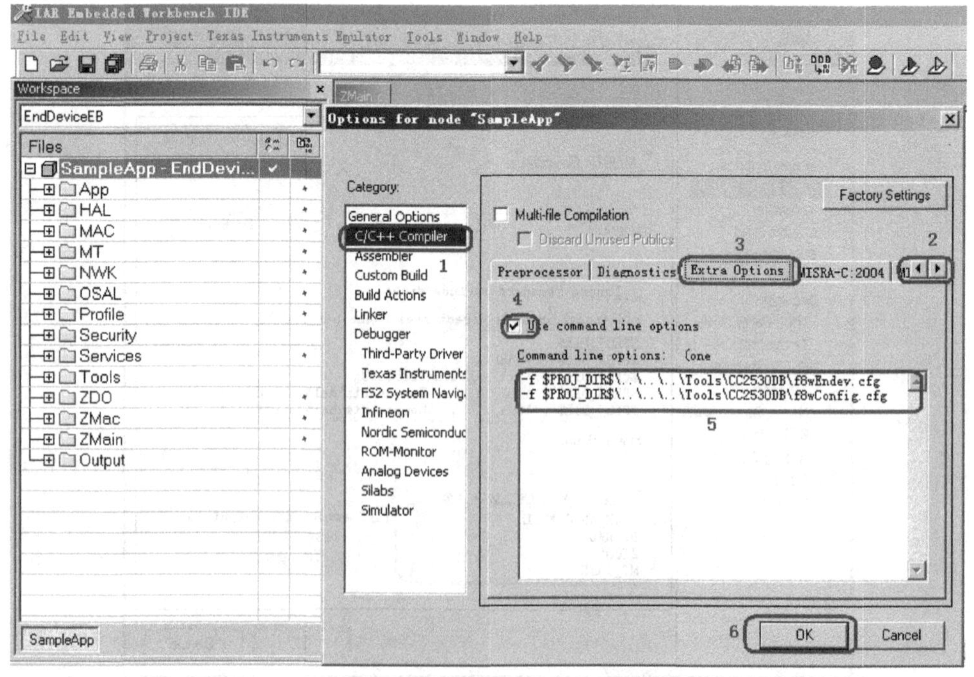

图 4-2-25　终端连接文件库的设置

6)设置终端连接库文件路径

在 Workspace 窗口中,右击工程文件,在弹出的菜单中选择"Options",打开工程选项卡。在"Options"→"Linker"→"Extra Options"中设置连接文件库的路径,如果选择分布式路由方式(ZigBee 特性集),终端分布式路由方式的连接文件库及其路径如下:

```
-C $PROJ_DIR$\..\..\..\Libraries\TI2530DB\bin\EndDevice.lib
-C $PROJ_DIR$\..\..\..\Libraries\TI2530DB\bin\Security.lib
-C $PROJ_DIR$\..\..\..\Libraries\TIMAC\bin\TIMAC-CC2530.lib
```

7)终端文件编译及下载

可参照协调性文件编译和下载模式,当串口调试软件显示"终端设备配置成功",表明 ZigBee 路由器设置完成。

4. ZigBee 星形网实验

本实验需要设置 5 个 ZigBee 节点,1 个为协调器,4 个为终端。协调器和终端的设置过程基本相同,只是在选择设备时有所不同。本实验以协调器设置为例进行介绍,终端的设置由学生参照协调器的设置独立完成。

1)设置信道(以协调器为例)

打开本书配套光盘中"实验 4.2 \ ZigBee 协议栈网络设置实验\ ZStack-C25302.5.1a\Projects\ zstack\Samples\SampleApp\CC2530DB\ SampleApp.eww"工程。设置该节点为协调器(Coordinator),协调器设备模块的设置方法与前述相同,过程不再重复。

2)传送设置代码

如图 4-2-26 所示,界面中的"f8wConfig.cfg"窗口内出现需要设置的程序段,信道选择程序段如下:

```
//-DMAX_CHANNELS_868MHZ     0x00000001   //0 信道  868 M 频段
//-DMAX_CHANNELS_915MHZ     0x000007FE   //1～10 信道  915 M 频段
//-DMAX_CHANNELS_24GHZ      0x07FFF800   //11～26 信道  2.4 G 频段
//-DDEFAULT_CHANLIST = 0x04000000  // 26 - 0x1A
//-DDEFAULT_CHANLIST = 0x02000000  // 25 - 0x19
//-DDEFAULT_CHANLIST = 0x01000000  // 24 - 0x18
//-DDEFAULT_CHANLIST = 0x00800000  // 23 - 0x17
//-DDEFAULT_CHANLIST = 0x00400000  // 22 - 0x16
//-DDEFAULT_CHANLIST = 0x00200000  // 21 - 0x15
//-DDEFAULT_CHANLIST = 0x00100000  // 20 - 0x14
//-DDEFAULT_CHANLIST = 0x00080000  // 19 - 0x13
//-DDEFAULT_CHANLIST = 0x00040000  // 18 - 0x12
//-DDEFAULT_CHANLIST = 0x00020000  // 17 - 0x11
//-DDEFAULT_CHANLIST = 0x00010000  // 16 - 0x10
//-DDEFAULT_CHANLIST = 0x00008000  // 15 - 0x0F
//-DDEFAULT_CHANLIST = 0x00004000  // 14 - 0x0E
//-DDEFAULT_CHANLIST = 0x00002000  // 13 - 0x0D
```

```
//-DDEFAULT_CHANLIST=0x00001000  // 12 - 0x0C
-DDEFAULT_CHANLIST=0x00000800  // 11 - 0x0B
```

上述代码中第四行开始是协议栈给出的 2.4 GHz 通信频段上的 16 个信道，信道号为 11～26。同时在其上部也给出了 868 MHz 通信频段的 0 信道和 915 MHz 通信频段的 1～10 信道。实验中仅使用 2.4 GHz 通信频段上的 16 个信道。一般情况 2.4GHz 通信频段的默认值为 11，如果决定选用默认值 11 则不需改变。若希望改变信道，只需要将"－DDEFAULT_CHANLIST＝0x00000800 //11－0x0B"前加"//"即可屏蔽掉该信道，而将所选择的信道前的"//"删掉即可。

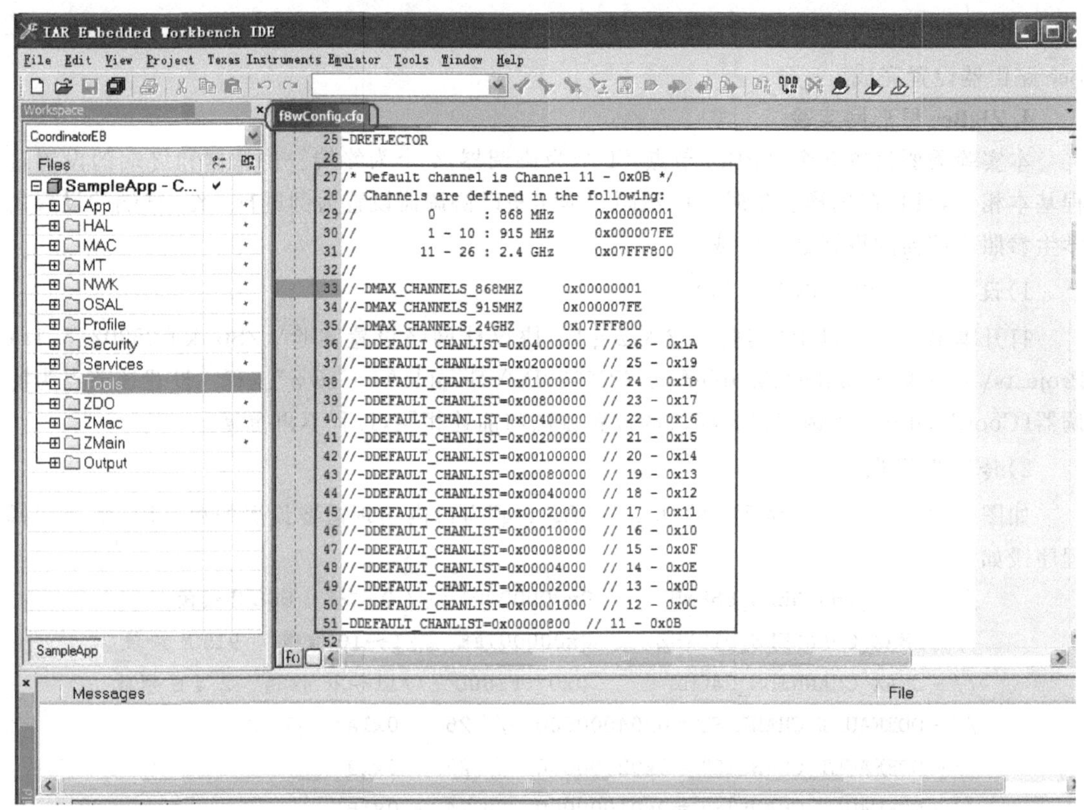

图 4－2－26　f8wConfig.cfg 信道设置代码段

3）设置网络号

网络号的设置同样在工程"Tools"目录中的 f8wConfig.cfg 文件中。网络号在协议栈中默认的值为 0xFFFF，表示为不确定。协调器开始工作时，会随机选一个网络号建立网络。如果设定为一个非 0xFFFF，则按照设定的网络号建立网络；路由器或终端的网络号在协议栈中默认值也同样为 0xFFFF，并会自动加入附近现有的任意网络。如果设定为一个非 0xFFFF 的值，则会加入具有相同网络号（及信道号）的网络，设置界面如图 4－2－27 所示。本实验的星形网设置网络号为 0x＊＊＊＊，则在该星形网络中的协调器和 4 个终端的网络号均设置为 0x0001。以 1 号为例："－DZDAPP_CONFIG_PAN_ID＝0x0001"。

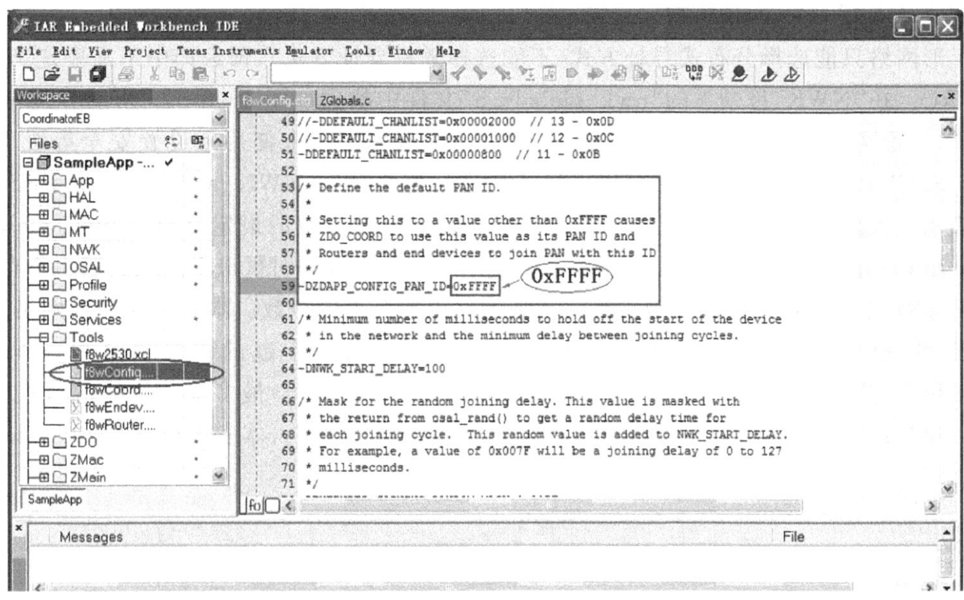

图 4-2-27　在 f8wConfig. cfg 中设置网络号

4)设置网内地址的分配方式

星形网络实验和树形网络实验均采用分布式地址分配机制,可不做处理。若设置网形网络应采用随机分配机制,需要在预编译选项中添加 ZIGBEEPRO 编译项即可,如图 4-2-28 所示界面。

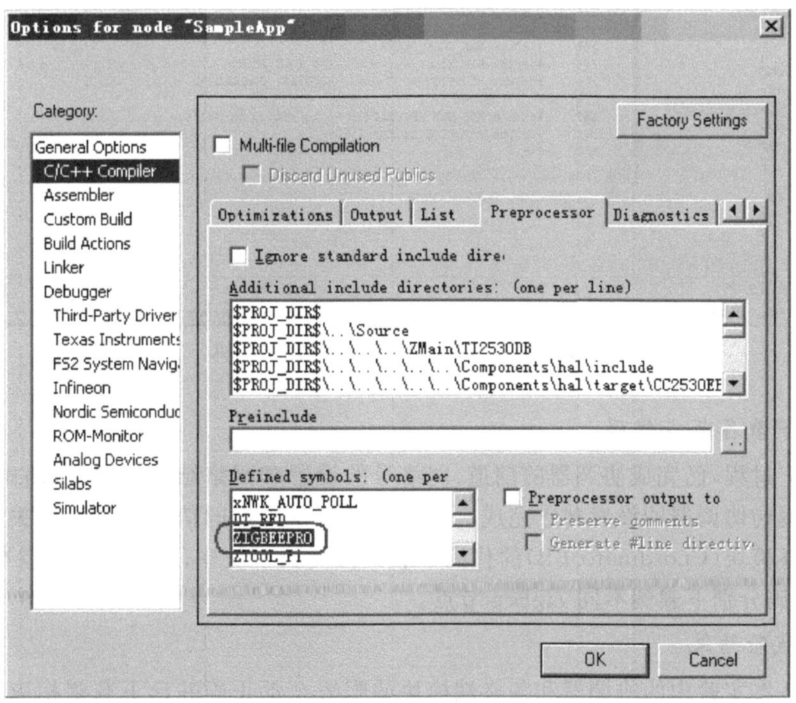

图 4-2-28　设置随机地址分配机制

5)设置星形网络拓扑结构

星形网络只能选择分布式寻址方式(不能选择随机寻址方式),预编译中不需要定义 ZIGBEEPRO。在"NWK"目录下的"nwk_globals. h"文件中找到如图 4-2-29 所示界面中所示的代码,设置网络最大深度 MAX_NODE_DEPTH 值为"5",未使用和设置安全等级 USE_NWK_SECURITY 值为"0",SECURITY_LEVEL 值为"0", NWK_MAX_ROUTERS 值为"6",表示最大路由数为"6"个。路由器的个数和终端节点个数的设定是通过 nwk_globals. c 中的数组 CskipRtrs 来定义的,CskipRtrs[0]表示在路由 0 级的时候最多挂载的路由节点的个数,CskipRtrs[1]表示在路由 1 级中最多挂载的路由器节点的个数。本实验为星形网络,不包含路由器,所以 CskipRtrs 数组赋值均为 0。终端节点的个数的设置也是由一个数组 CskipChldrn 进行定义。CskipChldrn[0]表示 0 级路由(协调器)最多挂载的终端节点个数,CskipChldrn[1]表示在路由为 1 级时最多可挂载的终端节点数。本实验设置 CskipChldrn 元素的值均为"20",表示各级路由最多可挂载 20 个子节点。

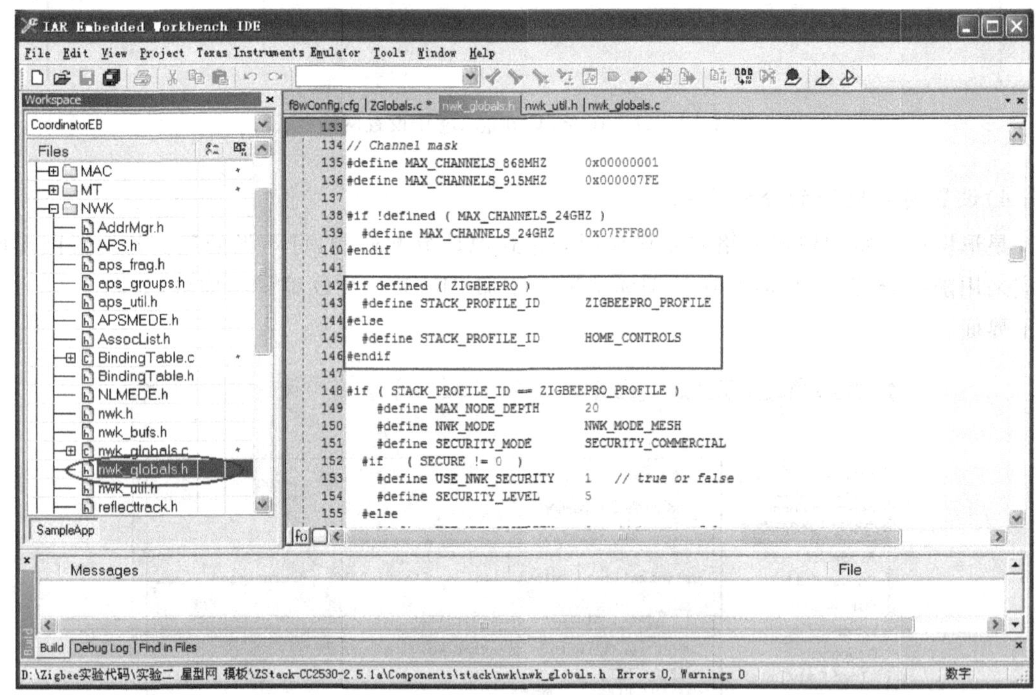

图 4-2-29 ZIGBEEPRO 相关代码

6)编译下载各节点代码

通过以上过程,已完成协调器的信道、网络号的设置和网络结构的设置,路由器和终端的设置由学生模仿协调器的设置独立完成。最后需要将设置好的信息下载到相关设备中,即选择协调器设备模块(CoordinatorEB)的代码下载到协调器模块中;选择终端设备模块(EndDeviceEB)的代码分别下载到不同 ZigBee 节点。

7)验证试验结果

如果确认本实验中的协调器和各终端模块的配置全部正确并已下载到相应的节点模块,协调器插入电脑的 USB 口,给 ZigBee 模块供电后即可组成一个星形 ZigBee 网络。打开串口调试软件，在串口调试软件上即可看到信息："传感器终端节点 1 加入星形网络，传感器终端节点 2 加入星形网络，传感器终端节点 3 加入星形网络，传感器终端节点 4 加入星形网络"，表明组网成功。

4.3　网络通信实验

4.3.1　实验目的

(1)掌握 TCP、UDP、HTTP、MQTT 的基本概念及原理；
(2)掌握 Arduino for ESP8266 开发环境使用；
(3)掌握 Arduino 编写网络程序方法。

4.3.2　实验设备

(1)NodeMCU 1 块；
(2)安卓手机 1 部。

4.3.3　实验原理

1. TCP、UDP 通信

1)TCP 与 UDP 简介

TCP(transmission control protocol，传输控制协议)和 UDP(user datagram protocol，用户数据报协议)属于传输层协议。

如图 4-3-1 所示，TCP 提供 IP 环境下的数据可靠传输，它提供的服务包括数据流传送、可靠性、有效流控、全双工操作和多路复用。通过面向连接、端到端和可靠的数据包发送。通俗地说，它是事先为所发送的数据开辟出连接好的通道，然后再进行数据发送。

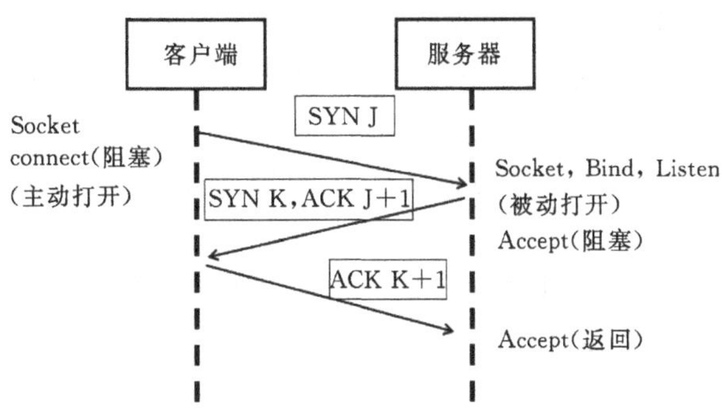

图 4-3-1　TCP 经典三次握手过程

UDP 则不为 IP 提供可靠性、流控或差错恢复功能。一般来说，TCP 对应的是可靠性要求高的应用，而 UDP 对应的则是可靠性要求低、传输经济的应用。TCP 支持的应用协议主要有：Telnet、FTP、SMTP 等；UDP 支持的应用层协议主要有：NFS(网络文件系统)、SNMP(简单网络管理协议)、DNS(主域名称系统)、TFTP(通用文件传输协议)等。经典 UDP 通信流程如图 4-3-2 所示。

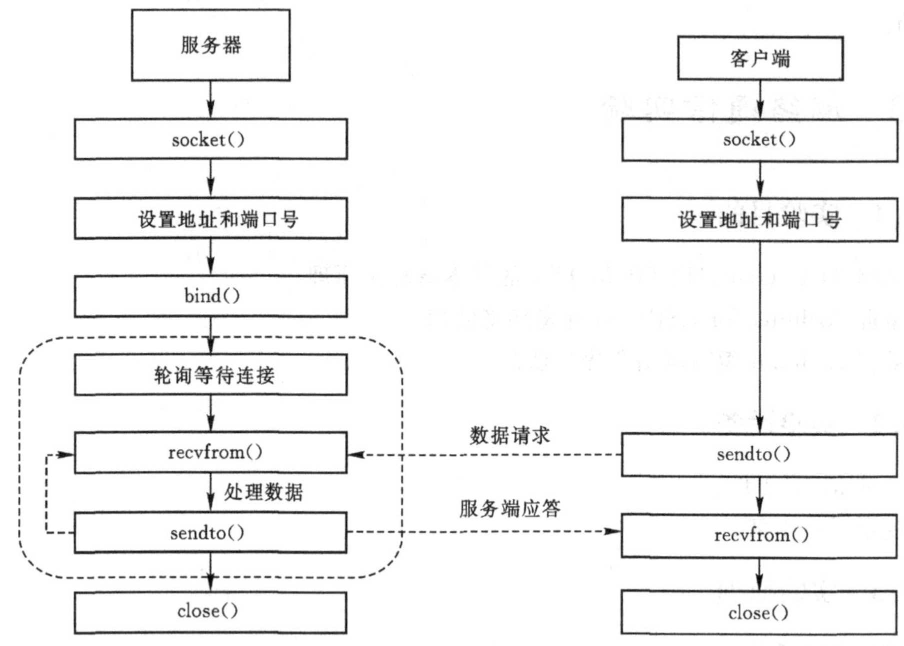

图 4-3-2 经典 UDP 通信流程

2)TCP 与 UDP 区别

(1)TCP 面向连接(如打电话要先拨号建立连接);UDP 是无连接的,即发送数据之前不需要建立连接。

(2)TCP 提供可靠的服务,也就是说,通过 TCP 连接传送的数据,无差错,不丢失,不重复,且按序到达;UDP 尽最大努力交付,即不保证可靠交付。

(3)TCP 面向字节流,实际上是 TCP 把数据看成一连串无结构的字节流;UDP 是面向报文的。

(4)UDP 没有拥塞控制,因此网络出现拥塞不会使源主机的发送速率降低(对实时应用很有用,如 IP 电话,实时视频会议等)。

(5)每一条 TCP 连接只能是点到点的。UDP 支持一对一、一对多、多对一和多对多的交互通信。

(6)TCP 首部开销 20 字节;UDP 的首部开销小,只有 8 个字节。

(7)TCP 的逻辑通信信道是全双工的可靠信道;UDP 则是不可靠信道。

2. HTTP 通信

HTTP 是 hyper text transfer protocol(超文本传输协议)的缩写,是用于从万维网(WWW:world wide web)服务器传输超文本到本地浏览器的传送协议。HTTP 是基于 TCP/IP 通信协议来传递数据(HTML 文件、图片文件、查询结果等)的。

HTTP 协议工作于客户端-服务端架构上。浏览器作为 HTTP 客户端通过 URL 向 HTTP 服务端即 Web 服务器发送所有请求。Web 服务器有 Apache 服务器、IIS 服务器(Internet information services)等;Web 服务器根据接收到的请求,向客户端发送响应信息。

HTTP 协议的几种请求类型见表 4-3-1。

表 4-3-1　HTTP 协议的几种请求类型

方法	描述
GET	请求指定的页面信息，并返回实体主体
HEAD	类似于 GET 请求，只不过返回的响应中没有具体的内容，用于获取报头
POST	向指定资源提交数据进行处理请求(例如提交表单或者上传文件)。数据被包含在请求体中。POST 请求可能会导致新的资源的建立和/或已有资源的修改
PUT	从客户端向服务器传送的数据取代指定的文档的内容
DELETE	请求服务器删除指定的页面
CONNECT	HTTP/1.1 协议中预留给能够将连接改为管道方式的代理服务器
OPTIONS	允许客户端查看服务器的性能
TRACE	回显服务器收到的请求，主要用于测试或诊断

HTTP 默认端口号为 80，但是你也可以改为 8080 或者其他端口。HTTP 协议使用中有三点注意事项：

(1)HTTP 是无连接的。无连接的含义是限制每次连接只处理一个请求。服务器处理完客户的请求，并收到客户的应答后，即断开连接。采用这种方式可以节省传输时间。

(2)HTTP 是媒体独立的。这意味着，只要客户端和服务器知道如何处理数据内容，任何类型的数据都可以通过 HTTP 发送。客户端以及服务器指定使用适合的 MIME-Type 内容类型。

(3)HTTP 是无状态的。HTTP 协议是无状态协议。无状态是指协议对于事务处理没有记忆能力。缺少状态意味着如果后续处理需要前面的信息，则它必须重传，这样可能导致每次连接传送的数据量增大。另一方面，在服务器不需要先前信息时它的应答就较快。

3. MQTT

MQTT(message queuing telemetry transport，消息队列遥测传输协议)是一种基于发布/订阅(publish/subscribe)模式的“轻量级”通信协议(其拓扑图见图 4-3-3)，该协议构建于 TCP/IP 协议上，由 IBM 在 1999 年发布。MQTT 最大的优点在于，它可以以极少的代码和有限的带宽，为连接远程设备提供实时可靠的消息服务。作为一种低开销、低带宽占用的即时通信协议，它在物联网、小型设备、移动应用等方面有较广泛的应用。

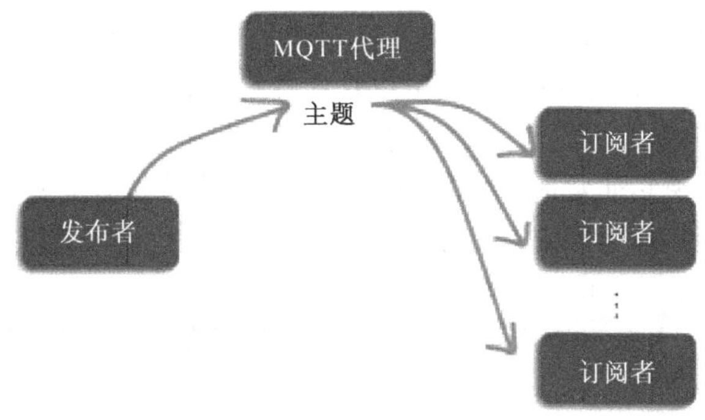

图 4-3-3　MQTT 拓扑图

1)MQTT 遵循的设计原则

MQTT 是一个基于客户端-服务器的消息发布/订阅传输协议。MQTT 协议是轻量、简单、开放和易于实现的，这些特点使它适用范围非常广泛。它在通过卫星链路通信传感器、偶尔拨号的医疗设备、智能家居及一些小型化设备中已广泛使用。由于物联网的环境是非常特别的，所以 MQTT 遵循以下设计原则：

(1)精简，不添加可有可无的功能；

(2)发布/订阅模式，方便消息在传感器之间传递；

(3)允许用户动态创建主题，零运维成本；

(4)把传输量降到最低以提高传输效率；

(5)把低带宽、高延迟、不稳定的网络等因素考虑在内；

(6)支持连续的会话控制；

(7)理解客户端计算能力可能很低；

(8)提供服务质量管理；

(9)假设数据不可知，不强求传输数据的类型与格式，保持灵活性。

2)MQTT 的主要特性

MQTT 协议是为大量计算能力有限且工作在低带宽、不可靠的网络的远程传感器和控制设备通信而设计的协议，它具有以下几项主要的特性：

(1)使用发布/订阅消息模式，提供一对多的消息发布，解除应用程序耦合。这一点很类似于 XMPP，但是 MQTT 的信息冗余远小于 XMPP，因为 XMPP 使用 XML 格式文本来传递数据。

(2)对负载内容屏蔽的消息传输。

(3)使用 TCP/IP 提供网络连接。主流的 MQTT 是基于 TCP 连接进行数据推送的，但是同样有基于 UDP 的版本，叫作 MQTT-SN。这两种版本由于基于不同的连接方式，优缺点自然也就各有不同了。

(4)有三种消息发布服务质量："至多一次"，消息发布完全依赖底层 TCP/IP 网络，会发生消息丢失或重复。这一级别可用于环境传感器数据，丢失一次读记录无所谓，因为不久后还会有第二次发送。这一种方式主要用于普通 App 的推送，倘若你的智能设备在消息推送时未联网，推送过去没收到，再次联网也就收不到了。"至少一次"，确保消息到达，但消息重复可能会发生。"只有一次"，确保消息到达一次。在一些要求比较严格的计费系统中，可以使用此级别。在计费系统中，消息重复或丢失会导致不正确的结果。这种最高质量的消息发布服务还可以用于即时通信类的 App 的推送，确保用户收到且只会收到一次。

(5)小型传输，开销很小(固定长度的头部是 2 字节)，协议交换最小化，以降低网络流量。这就是为什么在介绍里说它非常适合"在物联网领域，传感器与服务器的通信，信息的收集"。要知道嵌入式设备的运算能力和带宽都相对薄弱，使用这种协议来传递消息再适合不过了。

(6)使用 Last Will 和 Testament 特性通知有关各方客户端异常中断的机制。Last Will：遗言机制，用于通知同一主题下的其他设备发送遗言的设备已经断开了连接。Testament：遗嘱机制，功能类似于 Last Will。

4. ESP8266

ESP8266(见图 4-3-4)是一款低功耗、高集成度的 Wi-Fi 芯片，仅需 7 个外围元器件便能使其正常工作，具有超宽工作温度范围：－40°C～＋125°C。其内置的超低功耗 Tensilica L106 32 位 RISC 处理器，CPU 时钟速度最高可达 160 MHz，支持实时操作系统（RTOS）和 Wi-Fi 协议栈，可将高达 80％的处理能力留给应用编程和开发。

图 4－3－4 ESP8266 芯片

ESP8266 专为移动设备、可穿戴电子产品和物联网应用而设计，通过多项专有技术实现了超低功耗。ESP8266EX 具有的省电模式适用于各种低功耗应用场景。它还集成了 32 位 Tensilica 处理器、标准数字外设接口、天线开关、射频 balun、功率放大器、低噪放大器、过滤器和电源管理模块等，仅需很少的外围电路，可将所占 PCB 空间降到最低。

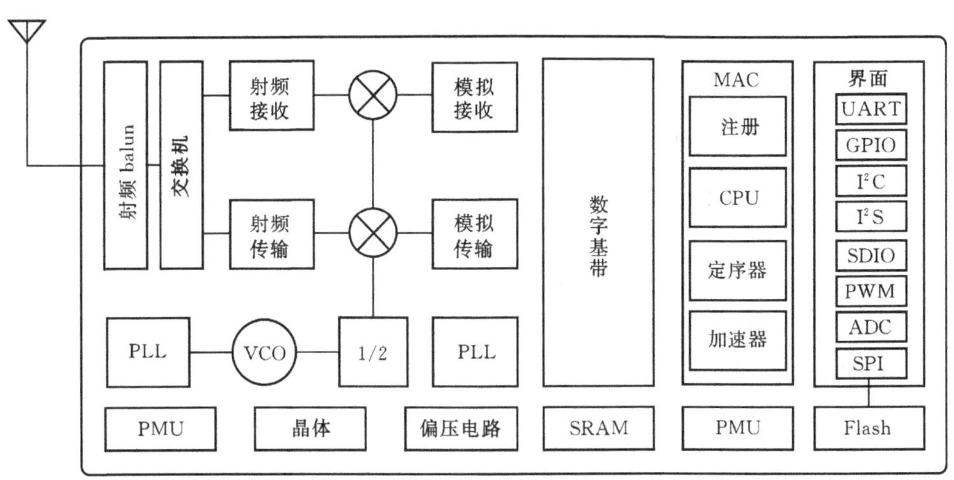

图 4－3－5 ESP8266 功能原理图

因为具有上述的高性能、低功耗、直连 Wi-Fi、设计简单等特性，所以 ESP8266 很适合物联网应用。但是一般情况下，直接使用 Wi-Fi 芯片设计电路是很有难度的，往往会产生诸多问题，所以我们通常会使用设计好的模块，比较典型的有透传式模块——ESP01、开发板式模块——NodeMCU。

ESP01 一共 8 个接口，如图 4－3－6 所示，除了常规的 VCC、GND、RXD、TXD 接口外，又加入了 CH_PD（算是一个使能端）、GPIO16（相当于 RST 复位端）、GPIO0（烧录程序用）和 GPIO2 接口。其中一个可扩展的 IO2 口，可以接入 5 V 左右的负载来进行遥控。该模块一般搭配其它单片机进行开发，只作为网络通信模块，使用方法与 NRF24L01 相似。

图 4-3-6　ESP01 Wi-Fi 透传模块

NodeMCU 则将 ESP8266 的大部分引脚都引出，如图 4-3-7 所示，方便与外置模块的连接。可以使用官方的 lua 脚本语言编程，也可以使用 Arduino for Esp 8266 开发。两者相比，lua 更简洁，Arduino 生态更丰富，所以本实验选择 Arduino 环境。

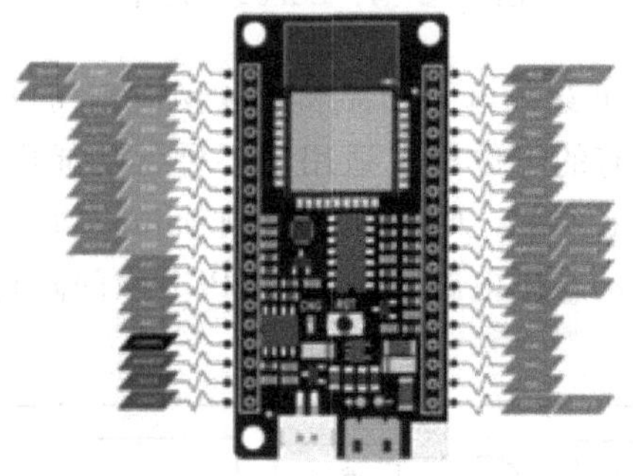

图 4-3-7　一种基于 ESP8266 的 Wi-Fi 开发板——NodeMCU

4.3.4　实验步骤

1. Arduino For ESP8266 开发环境搭建

(1)打开 Arduino，选择“首选项”，在“附加开发板管理器网址”中填入“http://arduino.esp8266.com/stable/package_esp8266com_index.json”，然后点击：“确定”保存这个地址，如图 4-3-8 所示。

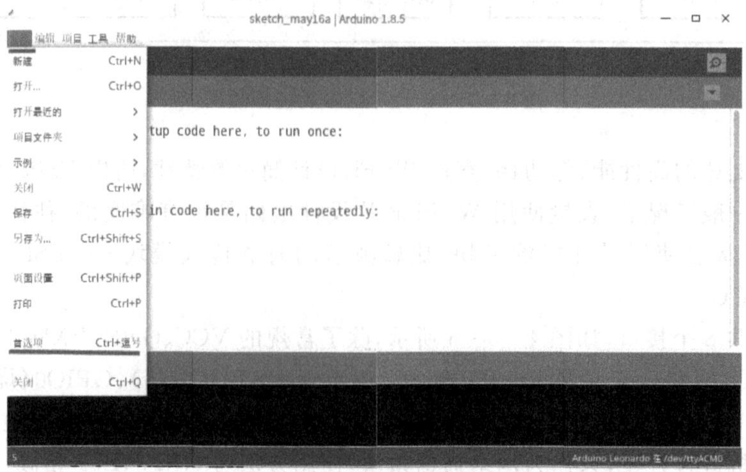

图 4-3-8　地址添加

(2)点击“工具”菜单，选择“开发板管理器”，找到 ESP8266 驱动并安装，见图 4-3-9。

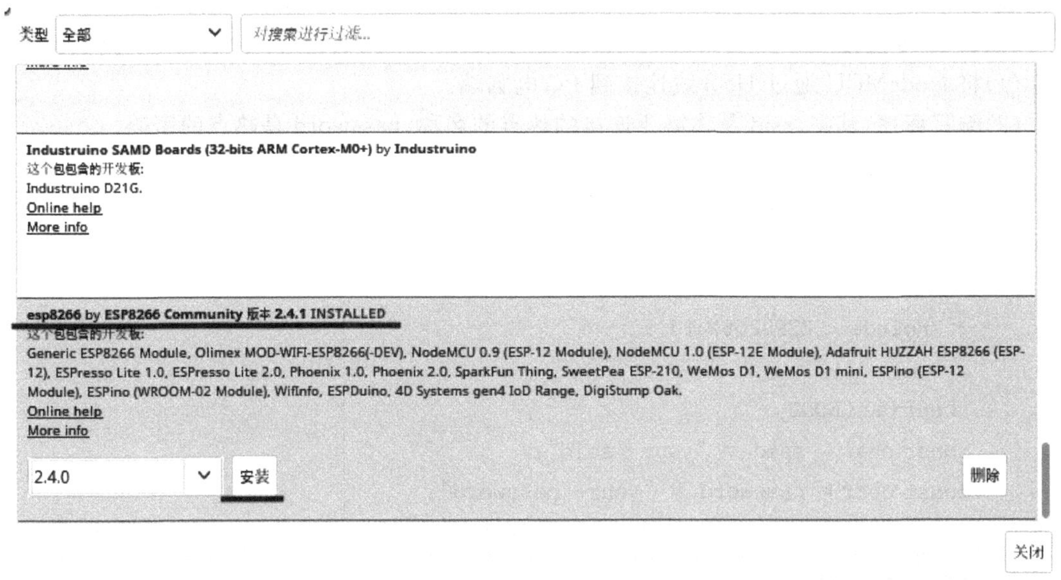

图 4-3-9　ESP8266 驱动安装

(3)点击“工具”菜单，选择开发板“NodeMCU 1.0”，见图 4-3-10 所示界面。

图 4-3-10　Node MCU 1.0 选择

(4)点击“文件”菜单，在“示例”中选择 ESP8266 的示例程序“Blink”，将其导入 Arduino 开发板。

(5)编译 Blink 程序,并下载到 NodeMCU,如果开发板上的蓝色 LED 闪烁,说明开发环境搭建成功。

2. ESP8266 连接 Wi-Fi

(1)将 NodeMCU 通过 USB 线连接到 PC 电脑端。

(2)编写程序,其中,ssid 是你需要连接的热点的名称,password 是热点的密码。

```
/* *
 * ESP8266 连接 Wi-Fi
 */

#include <ESP8266WiFi.h>

#define LEDD1
const char * ssid = "your - ssid";
const char * password = "your - password";

void setup() {
    Serial.begin(115200);
    delay(10);
    pinMode(LED_BUILTIN, OUTPUT);

    Serial.println();
    Serial.println();
    Serial.print("Connecting to ");
    Serial.println(ssid);
    WiFi.mode(WIFI_STA);
    WiFi.begin(ssid, password);
    while (WiFi.status() ! = WL_CONNECTED) {
        delay(500);
        Serial.print(".");
}

    digitalWrite(LED_BUILTIN, 1); // 点亮 LED
    Serial.println("");
    Serial.println("WiFi connected");
    Serial.println("IP address: ");
    Serial.println(WiFi.localIP());
}

void loop() {
}
```

(3)同之前的 Arduino 程序一样,给 NodeMCU 下载程序也是只需要点击"下载"便可以上传程序到开发板。

(4)打开串口监视器,可以看到图 4-3-11 输出,其中有下划线的为 IP 地址,表明 Wi-Fi 热点连接成功。

图 4-3-11　Wi-Fi 连接成功

3. UDP 通信实验

(1)本教材配套的"网络测试工具(Android)"(读者可从网上自行下载)具有 TCP 客户端、UDP 客户端、TCP 服务端、UDP 服务端、Ping 等工具(见图 4-3-12),可以用于多种调试场合。

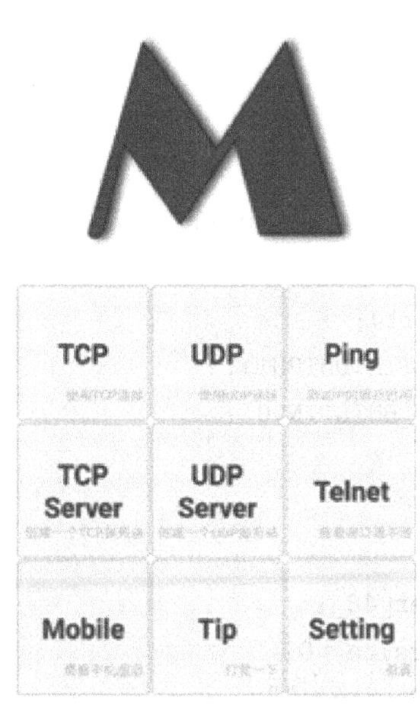

图 4-3-12　安卓网络测试工具

(2)编写如下程序。其中 NodeMCU 作为 UDP 服务器,设置打开 8266 端口等待数据。

```
/**
 * ESP8266 连接 UDP 接收程序
 */

#include <ESP8266WiFi.h>
#include <WiFiClient.h>
const char *ssid = "your-ssid";
const char *password = "your-password";

#include <WiFiUdp.h>
unsigned int commPort = 8266;//通信端口
WiFiUDP udp;

//系统初始化
void setup(){
    Serial.begin(115200);
    WiFi.begin(ssid,password);
    delay(1000);

    Serial.println();
    Serial.println("connect");

    while(WiFi.status()! =WL_CONNECTED) {
        delay(500);
        Serial.print(".");
    }

    Serial.println();
    Serial.println(WiFi.localIP());

    udp.begin(commPort);
    pinMode(LED_BUILTIN,OUTPUT);
    digitalWrite(LED_BUILTIN,0);
}

void loop(){
    static byte buffer[48];
    static int buffersize=0;
    static String inString="";
```

```
        buffersize = udp.parsePacket();
        if(buffersize){
            inString = "";
            udp.read(buffer,buffersize);
            for(int i = 0;i<buffersize;i++)//全部读取出来
                inString += (char)buffer[i];
            Serial.println(inString);
        }
    }
```

(3)下载到 NodeMCU,并打开串口监视器,记录显示的 IP 地址,如图 4-3-13 所示,作者的 NodeMCU 地址为"192.168.43.162"。

图 4-3-13　NodeMCU 的 IP 地址

(4)测试。将手机连接到 NodeMCU 同一个 Wi-Fi 下,打开网络调试助手→UDP,地址栏输入"192.168.43.162:8266",发送区输入"hello",如图 4-3-14 所示,点击发送。

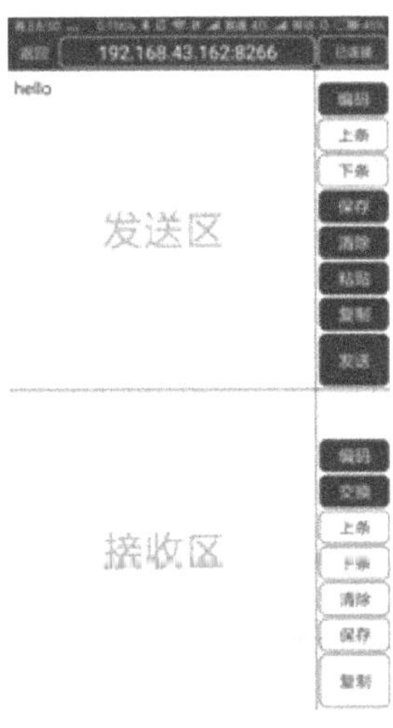

图 4-3-14　网络调试助手 UDP 客户端

(5)在串口监视器中可以看到收到的“hello”消息，说明实验成功。

4. TCP 通信实验

(1)打开“网络测试工具(Android)”软件中的 TCP 服务器。如图 4－3－15 所示，本例中，使用了安卓手机的 8266 端口，因为笔者手机 IP 为“192.168.43.1”，所以相当于在局域网中启动了“192.168.43.1:8266”这个 TCP 服务器。

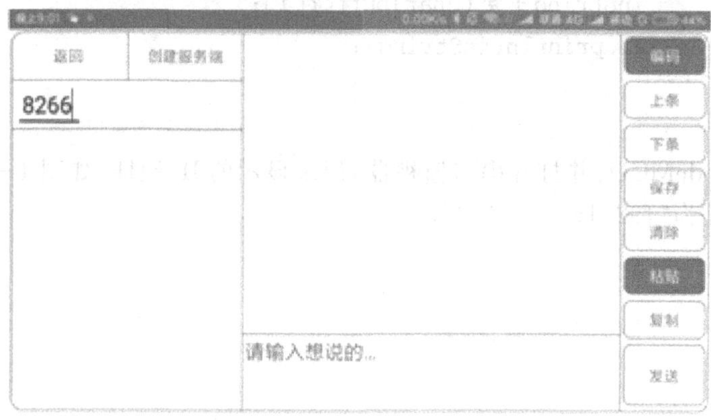

图 4－3－15　网络调试助手打开 TCP 服务器

(2)编写程序。ESP8266 作为 TCP 客户端，连接手机上打开的服务器，然后等待手机发送消息，如果收到“a”，则打开 LED，否则关闭 LED。

```
/**
 * TCP client 控制 LED 程序
 */

#include <ESP8266WiFi.h>
#include <WiFiClient.h>
const char *ssid = "your-ssid";
const char *password = "your-password";

const char *host = "192.168.43.1";  // 手机 IP 地址
unsigned int commPort = 8266;//通信端口

WiFiClient tcp;

//系统初始化
void setup(){
    Serial.begin(115200);
    WiFi.begin(ssid,password);
    delay(1000);
```

```
    Serial.println();
    Serial.println("connect");

    while(WiFi.status()! =WL_CONNECTED) {
      delay(500);
      Serial.print(".");
    }

    Serial.println();
    Serial.println(WiFi.localIP());

    pinMode(LED_BUILTIN,OUTPUT);
    digitalWrite(LED_BUILTIN,0);
}

void loop(){
    while (! tcp.connected())//几个非连接的异常处理
    {
        if (! tcp.connect(host, commPort))
        {
            Serial.println("connection….");
            delay(500);

        }
    }

    while (tcp.available())
    {
        char val = tcp.read();
        if(val = ='a'){ //收到“a”
          digitalWrite(LED_BUILTIN, LOW);
          Serial.println("led on");
        }
        if(val = ='b')
        {
            digitalWrite(LED_BUILTIN, HIGH);
            Serial.println("led off");
        }
    }
}
```

(3)上传程序,如果成功,可以看到如图 4-3-16 所示信息,表明 TCP 服务器连接成功。

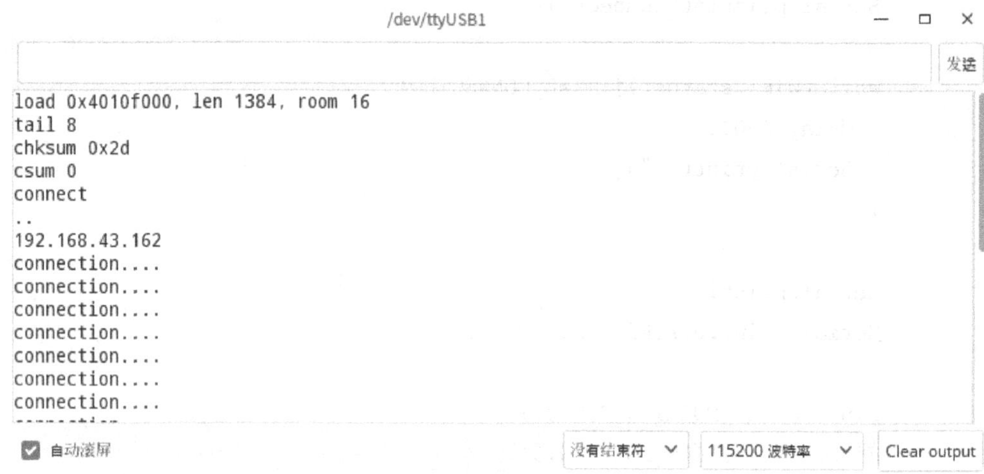

图 4-3-16　连接 TCP Server 中

(4)如图 4-3-17 所示,在手机端发送“a”和“b”进行测试。如果 NodeMCU 成功收到“a”,则 LED 灯亮;如果收到“b”,则 LED 关闭。

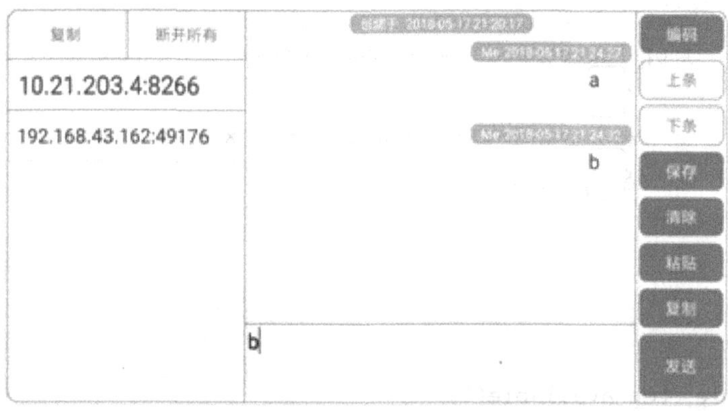

图 4-3-17　手机端发送界面

5. HTTP 传输实验

(1)编写代码。在本示例程序中,ESP8266 采用 TCP 方式打开 baidu.com 的 80 端口,然后发送封装的 HTTP 请求。

```
/**
 * HTTP 打开百度首页
 */

#include <ESP8266WiFi.h>
#include <WiFiClient.h>
const char *ssid = "your-ssid";
const char *password = "your-password";
```

```
const char * host = "www.baidu.com";
unsigned int httpsPort = 80;//通信端口

WiFiClient client;

//系统初始化
void setup(){
    Serial.begin(115200);
    WiFi.begin(ssid,password);
    delay(1000);

    Serial.println();
    Serial.println("connect");

    while(WiFi.status()! =WL_CONNECTED) {
      delay(500);
      Serial.print(".");
    }

    Serial.println();
    Serial.println(WiFi.localIP());

    pinMode(LED_BUILTIN,OUTPUT);
    digitalWrite(LED_BUILTIN,0);
}

void loop(){
  Serial.print("connecting to ");
  Serial.println(host);


  /**
   * 测试是否正常连接
   */
  if (! client.connect(host, httpsPort)) {
    Serial.println("connection failed");
    return;
  }
```

```
    delay(10);

    String postRequest = (String)("GET ") + "/ HTTP/1.1\r\n" +
      "Content-Type: text/html;charset=utf-8\r\n" +
      "Host: " + host + "\r\n" +
      "User-Agent: BuildFailureDetectorESP8266\r\n" +
      "Connection: Keep Alive\r\n\r\n";
    Serial.println(postRequest);
    client.print(postRequest);  // 发送 HTTP 请求

    /**
     * 展示返回的所有信息
     */
    String line = client.readStringUntil('\r');
    while(line.length() != 0){
      Serial.println(line);
      line = client.readStringUntil('\r');
    }
    Serial.println(line);
    client.stop();
    delay(3000);
  }
```

(2)下载程序到 NodeMCU,通过串口监视器观察实验现象。ESP8266 发送请求后,便收到 baidu.com 返回的数据,说明实验成功,如图 4-3-18 所示。

图 4-3-18　HTTP 结果返回

6. MQTT 通信实验

(1)编写程序。在本程序中，NodeMCU 连接到了 broker. mqtt－dashboard. com 这个公共的 MQTT 服务器，收到消息后会打印出来，另外每隔一段时间会发送消息到服务器。

```
/**
 * NodeMCU 测试 MQTT
 */

#include <ESP8266WiFi.h>
#include <PubSubClient.h>

const char* ssid = "your-ssid";
const char* password = "your-password";
const char* mqtt_server = "broker.mqtt-dashboard.com";

WiFiClient espClient;
PubSubClient client(espClient);
long lastMsg = 0;
char msg[50];
int value = 0;

void setup() {
  pinMode(BUILTIN_LED, OUTPUT);
  Serial.begin(115200);
  setup_wifi();
  client.setServer(mqtt_server, 1883);
  client.setCallback(callback);
}

/**
 * 设置 Wi-Fi
 */
void setup_wifi() {
  delay(10);
  Serial.println();
  Serial.print("Connecting to ");
  Serial.println(ssid);

  WiFi.begin(ssid, password);
```

```
  while (WiFi.status() != WL_CONNECTED) {
    delay(500);
    Serial.print(".");
  }

  Serial.println("");
  Serial.println("WiFi connected");
  Serial.println("IP address: ");
  Serial.println(WiFi.localIP());
}

void callback(char* topic, byte* payload, unsigned int length) {
  Serial.print("Message arrived [");
  Serial.print(topic);
  Serial.print("] ");
  for (int i = 0; i < length; i++) {
    Serial.print((char)payload[i]);
  }
  Serial.println();

  if ((char)payload[0] == '1') {
    digitalWrite(BUILTIN_LED, LOW);
  } else {
    digitalWrite(BUILTIN_LED, HIGH);
  }

}

void reconnect() {
  while (!client.connected()) {
    Serial.print("Attempting MQTT connection…");
    if (client.connect("ESP8266Client")) {
      Serial.println("connected");
      client.publish("outTopic", "hello world");
      client.subscribe("inTopic");
    } else {
      Serial.print("failed, rc=");
      Serial.print(client.state());
      Serial.println(" try again in 5 seconds");
```

```
            delay(5000);
          }
        }
      }
      void loop() {
        if (! client.connected()) {
          reconnect();
        }
        client.loop();
        long now = millis();
        if (now - lastMsg > 2000) {
          lastMsg = now;
          ++value;
          snprintf (msg, 75, "hello world #%ld", value);
          Serial.print("Publish message: ");
          Serial.println(msg);
          client.publish("outTopic", msg);
        }
      }
```

(2)安装 MQTT 库文件,到 https://github.com/knolleary/pubsubclient 上下载库文件,然后在 Arduino IDE 中加载。

(3)下载程序到 NodeMCU,打开串口监视器,如图 4-3-19 所示,观察实验现象。

图 4-3-19　MQTT 连接服务器

第 5 章　物联网综合应用技术

物联网的目的是实现对各种物品(包括人)进行智能化识别、定位、跟踪、监控和管理等功能。物联网的应用技术主要实现对已获取的含量信息的处理,信息的智能处理主要涉及高性能计算、人工智能、数据库、模糊计算等技术,信息的通用处理重点涉及数据存储、数据挖掘、平台服务、数据安全等。针对不同的应用需求,对物品实施智能化的控制。本章将通过智能家居、人脸识别、位置隐私保护等三个综合应用实验,让学生对物联网的综合应用有一定的了解,并实现面向各种行业领域的系统部署与实现。

5.1　人脸追踪系统

5.1.1　实验目的

(1)掌握树莓派以及 Raspbian 系统的使用方法;
(2)了解 OpenCV 进行人脸检测的方法;
(3)学会使用 Python 编写树莓派的 OpenCV 程序以及串口通信程序;
(4)学会使用树莓派与 Arduino 进行通信。

5.1.2　实验器材

(1)树莓派 3B 1 块;
(2)Arduino nano 或者 UNO 1 块,对应传感器扩展板 1 个;
(3)TF 内存卡 1 张(8GB),USB 摄像头 1 个;
(4)路由器 1 个,网线若干条;
(5)舵机 1 个,热熔胶枪 1 个。

5.1.3　原理介绍

1. 舵机

伺服系统(servo mechanism)是使物体的位置、方位、状态等输出被控量能够跟随输入目标(或给定值)的任意变化的自动控制系统,舵机(servo motor)便是一种伺服系统,如图 5-1-1 所示。

图 5-1-1　一种常用的舵机

伺服主要靠脉冲来定位，基本上可以这样理解，舵机接收到 1 个脉冲，就会旋转 1 个脉冲对应的角度，从而实现位移。因为舵机本身具备发出脉冲的功能，所以舵机每旋转一个角度，都会发出对应数量的脉冲，这样，和舵机接受的脉冲形成了呼应，或者叫闭环，如此一来，系统就会知道发了多少脉冲给舵机，同时又收了多少脉冲回来，这样，就能够很精确地控制电机的转动，从而实现精确定位，误差可以小于 0.001 mm。直流舵机分为有刷和无刷电机。有刷电机成本低，结构简单，启动转矩大，调速范围宽，控制容易，需要维护，但维护不方便(换碳刷)，产生电磁干扰，对环境有要求高。因此它可以用于对成本敏感的普通工业和民用场合。

舵机内部构造如图 5-1-2 所示。

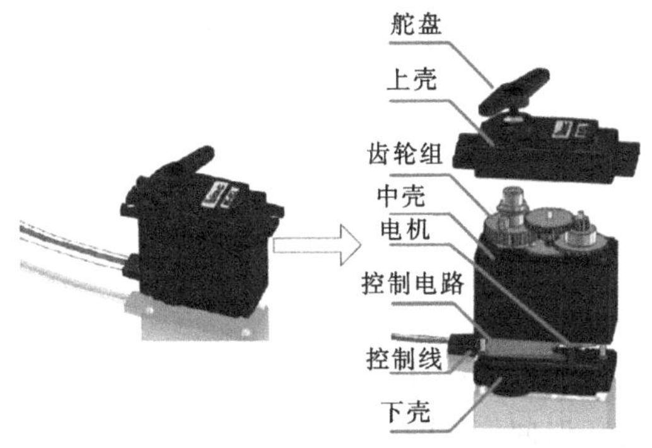

图 5-1-2　舵机内部构造

控制信号由接收机的通道进入信号调制芯片，获得直流偏置电压。它内部有一个基准电路，产生周期为 20 ms、宽度为 1.5 ms 的基准信号，将获得的直流偏置电压与电位器的电压比较，获得电压差输出。最后，电压差的正负输出到电机驱动芯片决定电机的正转还是反转。当电机转速一定时，通过级联减速齿轮带动电位器旋转，使得电压差为 0，电机停止转动。舵机的控制一般需要一个 20 ms 左右的时基脉冲，该脉冲的高电平部分一般为 0.5～2.5 ms 范围内的角度控制脉冲部分，总间隔为 2 ms。

以 180°角度伺服为例，那么对应的控制关系是这样的：

0.5 ms——0°；

1.0 ms——45°；

1.5 ms——90°；

2.0 ms——135°；

2.5 ms——180°；

舵机的追随特性：假设现在舵机稳定在 A 点，这时候 MCU 发出一个 PWM 信号，舵机全速由 A 点转向 B 点，在这个过程中需要一段时间，舵机才能运动到 B 点，保持时间为 T_w。当 $T_w \geqslant \Delta T$ 时，舵机能够到达目标，并有剩余时间；当 $T_w \leqslant \Delta T$ 时，舵机不能到达目标；理论上：当 $T_w = \Delta T$ 时，系统最连贯，而且舵机运动的最快。实际过程中 T_w 不尽相同，连贯运动时的极限 ΔT 比较难以计算出来。

假如我们的舵机 1 DIV ＝8 μs，当 PWM 信号以最小变化量(即 1 DIV＝8 μs)依次变化时，舵机的分辨率最高，但是速度会减慢。

2. PWM

PWM(脉冲宽度调制)是用于改变脉冲串中的脉冲宽度的常用技术。PWM 有许多应用，如控制伺服和速度控制器，限制电机和LED的有效功率等等。

脉冲宽度调制基本上是一个随时间变化而变化的方波。基本的PWM信号如图5-1-3所示。

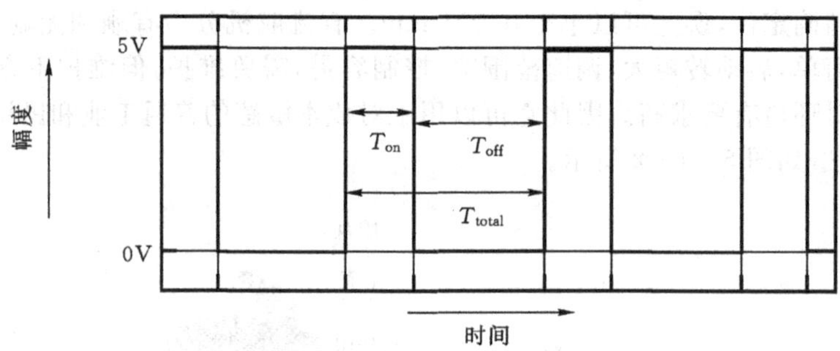

图5-1-3　PWM时序图

1)与PWM相关的一些术语

On-Time(导通时间)——时间信号的持续时间较长。

Off-Time(关断时间)——时间信号的持续时间较短。

Period(周期)——PWM信号的导通时间和关断时间的总和。

Duty Cycle(占空比)——在PWM信号周期内保持导通的时间信号的百分比。

(1)周期。如图5-1-3所示，T_{on}表示导通时间，T_{off}表示信号的关断时间。周期是导通和关断时间的总和，并按照以下公式计算：

$$T_{total} = T_{on} + T_{off}$$

(2)占空比。占空比用于计算一段时间内导通时间占的比例。使用上面计算周期的公式，占空比为

$$D = \frac{T_{on}}{T_{on} + T_{off}} = \frac{T_{on}}{T_{total}}$$

如果一个周期T内的均值电压等于3.7 V，那么，整体的输出就是3.7 V，因为整体只不过是n个周期不断地重复而已。那么我们的主要问题就是如何让一个调制周期T时间内的均值电压等于3.7 V。下面就开始计算。

设脉冲信号的值随时间变化的函数为

$$V = f(t)$$

因为这里是数字电路的背景下的，所以V的值只能取0 V或者5 V。

又设在一个周期T内，高电平持续时间占T的百分比为D，则低电平持续时间在周期T中占的百分比为$1-D$。

我们对一个调制周期T内的电压值对时间积分，然后除以周期T，就得到了这个周期的输出电压均值：

$$\overline{V} = \frac{1}{T}\int_{0}^{T} f(t)\mathrm{d}t$$

由于这个积分图形是方波，所以很好计算(就是面积除以T)：

$$\begin{aligned}\overline{V} &= \frac{1}{T}\left(\int_0^{DT} 5 \cdot \mathrm{d}t + \int_{DT}^{T} \theta \cdot \mathrm{d}t\right) \\ &= \frac{1}{T}\ \frac{(DT \cdot 5 + (1-D)T * \theta)}{1} \qquad \text{（面积法）} \\ &= D * 5\end{aligned}$$

可以看出，1 个调制周期内，输出的电压均值只和 D 有关。也就是高电平信号占持续时间占这个周期的百分比决定这个周期内的输出电压。

上面说了，要让这个均值等于 3.7 V，则求出 D 为 0.74。

那也就是说：如果在一个调制周期中，高电平持续时间占周期的百分比为 74%，则整体输出的信号就是 3.7 V。这个百分比就是占空比。

简而言之，占空比就是在一段调制周期时间内，某个信号持续的时间占这个时间段的百分比。

下面给出占空比的公式：

$$D = \frac{PW}{T} \times 100\ \%$$

其中，D 为占空比；PW 为脉冲宽度（调制周期中脉冲持续时间）；T 为一个调制周期。所以我们可以很自然地得出如下结论：

低占空比意味着输出的能量低，因为在一个周期内大部分时间信号处于关闭状态，如果 PWM 控制的负载为 LED，则具体表现为 LED 灯很暗。

高占空比意味着输出的能量高，在一个周期内，大部分时间信号处于“on”状态，具体表现为 LED 比较亮。

当占空比为 100%时，表示 fully on，也就是在一个周期内，信号都处于“on”状态，具体表现为 LED 亮度到达 100%。

当占空比为 0%时，表示 totally off（完全关断），在一个周期内，一直处于 off 状态，具体表现为 LED 熄灭。

2）如何让 Arduino 输出 PWM 信号？

首先要确定你的 Arduino 的哪些引脚支持 PWM 输出。数字引脚上标记～符号的就是支持 PWM 信号的。Arduino 主控芯片为 ATmega168 或者 ATmega328 的 3、5、6、9、10 和 11 引脚支持 PWM 信号，Arduino Mega 的 2～13、44～46 引脚支持 PWM 信号，老板子 ATmega 8 的 9、10、11 脚支持 PWM。

Arduino 的库中通过 AnalogWrite 函数来完成 PWM 输出。

AnalogWrite(pin,value)

作用：让一个支持 PWM 输出的引脚持续输出指定脉冲宽度的方波。

参数：

pin：PWM 输出的引脚编号。

value：用于控制占空比，范围为 0～255。值为 0 表示占空比为 0，值为 255 表示占空比为 100%，值为 127 表示占空比为 50%。

当调用一次此函数后，引脚就会持续稳定地输出指定占空比的 PWM 方波，直到下一次对同一个引脚的新的调用来修改脉冲宽度的值，就会再持续输出新的脉冲宽度的 PWM 波。

3. 树莓派

树莓派由注册于英国的慈善组织“Raspberry Pi 基金会”开发，埃本·阿普顿(Eben Upton)为项目带头人。2012 年 3 月，英国剑桥大学的埃本·阿普顿开发出世界上最小的台式机，又称卡片式电脑，外形只有信用卡大小，却具有电脑的所有基本功能，这就是 Raspberry Pi 电脑板，中文译名“树莓派”。树莓派早期概念是基于 Atmel 的 ATmega 644 单片机，首批上市的 10000“台”树莓派的“板子”，由中国台湾和大陆厂家制造。

树莓派 B 款只提供电脑主板，无内存、电源、键盘、机箱或连线。图 5-1-4 是一款树莓派 2B 的实物图。它是一款基于 ARM 的微型电脑主板，以 SD/MicroSD 卡为内存硬盘，卡片主板周围有 1/2/4 个 USB 接口和一个 10 M/100 M 以太网接口(A 型没有网口)，可连接键盘、鼠标和网线，同时拥有视频模拟信号的电视输出接口和 HDMI 高清视频输出接口，以上部件全部整合在一张仅比信用卡稍大的主板上，具备所有 PC 的基本功能只需接通电视机和键盘，就能执行如电子表格、文字处理、玩游戏、播放高清视频等诸多功能。树莓派的 IO 扩展示意图如图5-1-5所示。

图 5-1-4　树莓派 2B

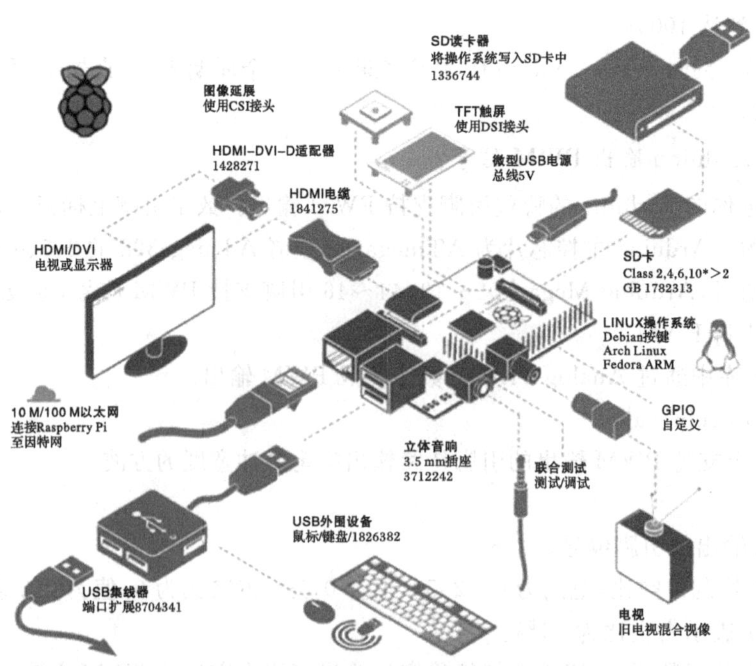

图 5-1-5　树莓派 IO 扩展

树莓派支持多种语言进行应用开发，包括 C 语言和 Python 脚本等。树莓派预装了 Python运行环境，由于 Python 语言的简单易用，使得 Python 开发在树莓派上非常流行。Python是一门解释型语言，这意味着代码运行前不需要编译，即程序直接执行而不需要编译为机器语言，Python 用在树莓派上进行编程开发就非常方便。Python 语言已发展多年，有着成熟而广泛的开发者社区，使得树莓派上的 Python 开发者具备了强大的社区支持。

4. OpenCV

OpenCV 是一个基于 BSD 许可（开源）发行的跨平台计算机视觉库，可以运行在 Linux、Windows、Android 和 Mac OS 操作系统上。它轻量级而且高效——由一系列 C 函数和少量 C＋＋类构成，同时提供了 Python、Ruby、MATLAB 等语言的接口，实现了图像处理和计算机视觉方面的很多通用算法。它的标志见图 5－1－6。

图 5－1－6　OpenCV 标志

OpenCV 用 C＋＋语言编写，它的主要接口也是 C＋＋语言，但是依然保留了大量的 C 语言接口。该库也有大量的 Python、Java 和 MATLAB/OCTAVE（版本 2.5）的接口。这些语言的 API 接口函数可以通过在线文档获得。如今 OpenCV 也提供对于 C＃、Ruby 的支持。

所有新的开发和算法都是用 C＋＋接口。一个使用 CUDA 的 GPU 接口也于 2010 年 9 月开始实现。

OpenCV 中已经包含如下应用领域功能：

二维和三维特征工具箱、运动估算、人脸识别系统、姿势识别、人机交互、移动机器人、运动理解、对象鉴别、分割与识别、立体视觉、运动跟踪、增强现实（AR 技术）

基于实现上述功能的需要，OpenCV 中还包括以下基于统计学机器学习库：Boosting 算法、Decision Tree（决策树）学习、Gradient Boosting 算法、EM 算法（期望最大化）、KNN 算法、朴素贝叶斯分类、人工神经网络、随机森林、支持向量机。

5. OpenCV 人脸检测

OpenCV 的人脸识别主要通过 Haar 分类器实现，当然，这是在已有训练数据的基础上。OpenCV 安装在 opencv/sources/data/haarcascades_cuda（或 haarcascades）中存在预先训练好的物体检测器（XML 格式），包括正脸、侧脸、眼睛、微笑、上半身、下半身、全身等。

OpenCV 的 Haar 分类器是一个监督分类器，工作流程如图 5－1－7 所示：首先对图像进行直方图均衡化并归一化到同样大小，然后标记里面是否包含要监测的物体。它最先由 Paul Viola 和 Michael Jones 设计，称为 Viola Jones 检测器。Viola Jones 分类器在级联的每个节点中使用 AdaBoost 来学习一个高检测率低拒绝率的多层树分类器。它使用了以下一些新的特征：

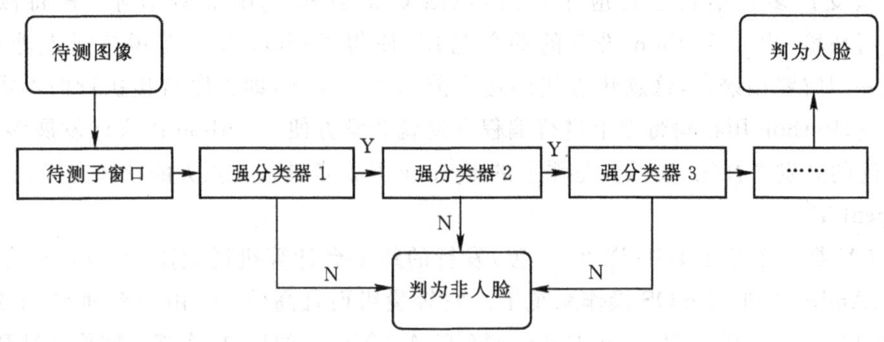

图 5-1-7 Haar 级联分类器检测人脸原理

(1)使用类 Haar 输入特征:对矩形图像区域的和或者差进行阈值化。

(2)积分图像技术加速了矩形区域的 45°旋转的值的计算,用来加速类 Haar 输入特征的计算。

(3)使用统计 Boosting 来创建两类问题(人脸和非人脸)的分类器节点(高通过率,低拒绝率)

(4)把弱分类器节点组成筛选式级联,即:第一组分类器最优,能通过包含物体的图像区域,同时允许一些不包含物体通过的图像通过;第二组分类器次优分类器,也是有较低的拒绝率;依次类推。也就是说,对于每个 Boosting 分类器,只要有人脸都能检测到,同时拒绝一小部分非人脸,并将其传给下一个分类器,是为低拒绝率。依次类推,最后一个分类器将几乎所有的非人脸都拒绝掉,只剩下人脸区域。只要图像区域通过了整个级联,则认为里面有物体。

此技术虽然适用于人脸检测,但不限于人脸检测,还可用于其他物体的检测,如汽车、飞机等的正面、侧面、后面检测。

5.1.4 系统架构设计

根据系统的设计目标,我们采用上位机+下位机的方案实现本系统,系统架构如图 5-1-8 所示。由 Arduino 实现对旋转平台的控制,由树莓派实现实时图像信号的采集以及人脸的检测,并通过 UART 与 Arduino 通信,实现反馈控制。

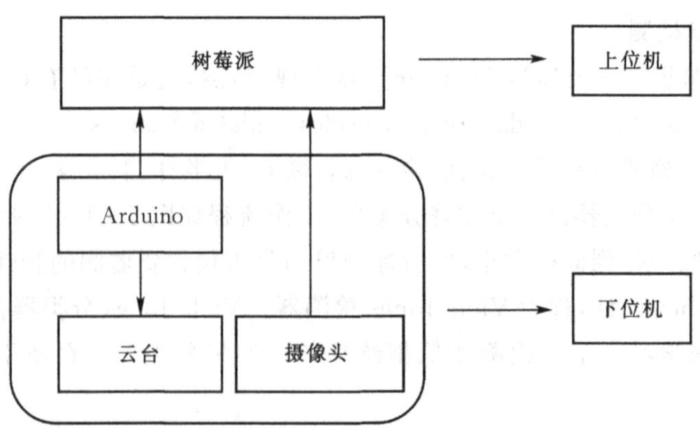

图 5-1-8 系统架构

5.1.5　实验步骤

1. 树莓派系统安装

1)硬件及软件准备

准备好以下硬件：Raspberry Pi 3 主板 *（已经内置了 Wi-Fi 和蓝牙）、TF 卡（8GB 以上）、Micro-USB 连接线和电源、网线。

同时安装好以下软件：本文采用的是官网的 RASPBIAN 操作系统，下载地址：https://www.raspberrypi.org/downloads/raspbian/；Windows 下烧写工具 Win32DiskImager，下载地址：https://sourceforge.net/projects/win32diskimager/；Putty 远程访问工具：https://www.chiark.greenend.org.uk/～sgtatham/putty/latest.html。

2)将镜像写入 TF 卡

把读卡器和 TF 卡插入计算机，运行 Win32 Disk Imager，如图 5-1-9 所示，选择镜像文件和合适的盘符，如果原来机器上插有其他的 USB 硬盘或者 TF 卡，建议在做这件事之前把它们全部拔掉，避免发生选错盘符，把整个 USB 硬盘资料全部抹掉的情况。

图 5-1-9　镜像烧写界面

3)树莓派联网

图 5-1-10 为树莓派连接外设实物图。

图 5-1-10　树莓派连接外设

把烧写好系统的 TF 卡插入树莓派，并给树莓派通电。接下来把网线一端插入树莓派，另一端插入路由器，使得树莓派与电脑在同一个局域网，并在路由器管理界面（通常为 192.168.1.1）上面获取。

4）远程访问树莓派

安装好 Putty 后，在 Putty 界面中输入树莓派 IP 地址（树莓派与电脑处于同一路由器下，图 5-1-11 中画线部分为树莓派 IP 地址），点击打开，之后输入用户名：pi 以及密码：raspberry，便可通过 ssh 访问树莓派。如图 5-1-12 所示。

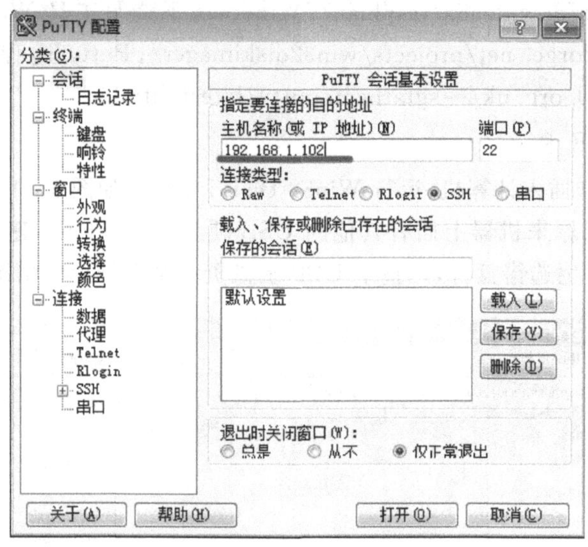

图 5-1-11　Putty 访问树莓派

图 5-1-12　Putty 远程访问树莓派

2. 树莓派 OpenCV 环境搭建

上一步中，我们已经可以通过 SSH 访问树莓派，在 Putty 的界面中输入 Linux 指令便可以操作树莓派了。接下来的操作在 Putty 中进行。

1)安装 Python-OpenCV

在终端中依次输入以下命令：

```
sudo apt-get update
sudo apt-get install libopencv-dev
sudo apt-get install python-opencv
```

三条命令的意思是，首先更新软件源，然后安装 OpenCV 开发库，最后安装 Python 的 OpenCV 支持库。等待安装完成之后，便可以开始运行 Python-OpenCV 程序。

2)Python-OpenCV 测试

在终端中输入“python”，进入 Python 解释器，然后输入“import cv2”，不会出现错误，如图 5-1-13 所示。

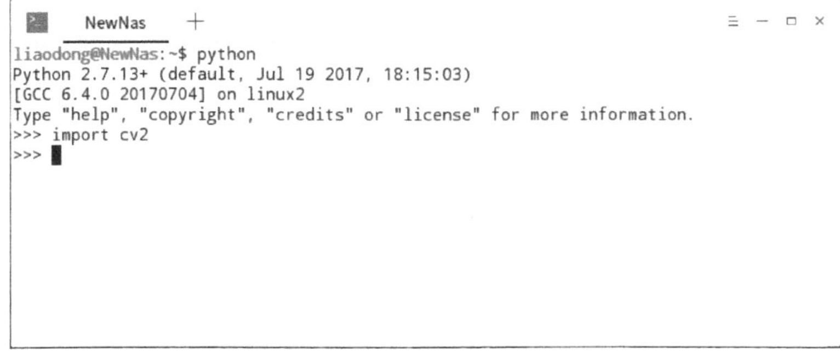

图 5-1-13　验证 Python-OpenCV 是否安装成功

3. 人脸追踪摄像头——人脸检测部分

1)连接 USB 摄像头

将 USB 摄像头连在树莓派的一个 USB 接口上(4 个接口均可，注意保持网线、电源线的连接)，如图 5-1-14 所示。

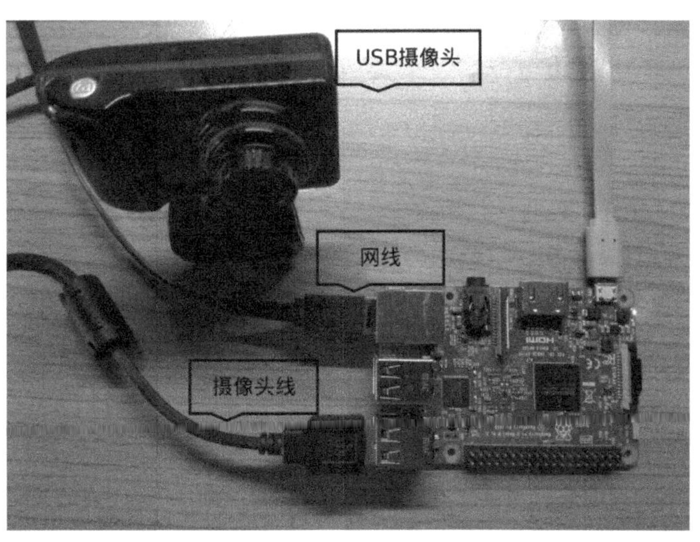

图 5-1-14　树莓派连接 USB 摄像头

2)下载分类器文件

首先新建工程目录：faceTracking,并进入该目录,如图 5-1-15 所示。Putty 终端输入命令：

```
mkdir faceTracking
cd faceTracking
```

然后使用 wget 下载工具下载人脸检测分类器文件：

wget https://raw. githubusercontent. com/opencv/opencv/master/data/haarcascades/haarcascade_frontalface_alt. xml

注意：wget 和后面的网址之间以空格分隔开,不换行。

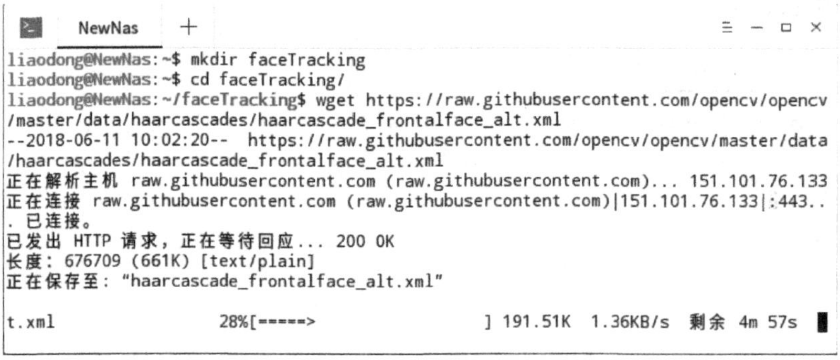

```
NewNas  +
liaodong@NewNas:~$ mkdir faceTracking
liaodong@NewNas:~$ cd faceTracking/
liaodong@NewNas:~/faceTracking$ wget https://raw.githubusercontent.com/opencv/opencv
/master/data/haarcascades/haarcascade_frontalface_alt.xml
--2018-06-11 10:02:20--  https://raw.githubusercontent.com/opencv/opencv/master/data
/haarcascades/haarcascade_frontalface_alt.xml
正在解析主机 raw.githubusercontent.com (raw.githubusercontent.com)... 151.101.76.133
正在连接 raw.githubusercontent.com (raw.githubusercontent.com)|151.101.76.133|:443..
. 已连接。
已发出 HTTP 请求，正在等待回应... 200 OK
长度: 676709 (661K) [text/plain]
正在保存至: "haarcascade_frontalface_alt.xml"

t.xml                 28%[=====>                    ] 191.51K  1.36KB/s  剩余 4m 57s
```

图 5-1-15　下载人脸检测分类器源文件

3)编写程序

终端输入：

```
nano facedetect.py
```

输入以下代码并使用 Ctrl + X 保存：

```
# coding = utf - 8
import numpy as np
import cv2


class FindFace(object):
    def __init__(self,):
        self.color = (0,0,0)#设置人脸框的颜色
        self.face_classfier = cv2.CascadeClassifier("./haarcascade_frontalface_alt.xml")#定义分类器
        self.divisor = 8


    def detect_face(self,frame):
        size = frame.shape[:2]#获得当前帧彩色图像的大小
        image = np.zeros(size,dtype = np.float16)#定义一个与当前帧图
```

```
#像大小相同的的灰度图像矩阵
        image = cv2.cvtColor(frame, cv2.cv.CV_BGR2GRAY)#将当前帧图
#像转换成灰度图像
        cv2.equalizeHist(image, image)#灰度图像进行直方图等距化
        #如下三行是设定最小图像的大小
        h, w = size
        minSize = (w/self.divisor, h/self.divisor)
        faceRects = self.face_classfier.detectMultiScale(image, 1.2,
2, cv2.CASCADE_SCALE_IMAGE,minSize)#人脸检测

    return size,faceRects
```

在该程序中，定义了 FindFace 类，构造函数中载入了分类器，并设置好了相应参数；detect_face 函数的参数是一个图像帧，经过一系列处理，找出人脸位置，并返回结果。

终端输入：

```
nano faceTracking.py
```

输入以下代码并使用 Ctrl + X 保存：

```
#coding = utf - 8
import cv2
import numpy as np
import time
import serial
from facedetect import FindFace

cap = cv2.VideoCapture(0)#打开 1 号摄像头
findface = FindFace()
cv2.namedWindow("face")

def main():
    myserial = serial.Serial('/dev/ttyUSB0',9600)
    success,frame = cap.read()
    size,faces = findface.detect_face(frame)

    while success :
        success,frame = cap.read()
        size,faces = findface.detect_face(frame)

        if len(faces) = = 1:
            x,y,z,w = faces[0]
```

```
                    cv2.rectangle(frame,(x,y),(x+z,y+w),(255,0,255),2)
                    print faces
                    x=x+z/2
                    y=y+w/2
                    dir=size[0]/2-x+80

                    if dir<-30:
                        myserial.write('l')
                    if dir>30:
                        myserial.write('r')

                    cv2.imshow('face',frame)

                key=cv2.waitKey(10)
                c = chr(key & 255)
                if c in [q, Q, chr(27)]:
                    break
                # time.sleep(1)
            cv2.destroyAllWindows()
        if __name__ = = '__main__':
            main()
```

4. 人脸追踪摄像头——摄像头移动控制部分

1)按照电路图连接电路

电路中,舵机的GND、VCC、信号线分别连接到Arduino的GND、5V、3号引脚,如图5-1-16所示。

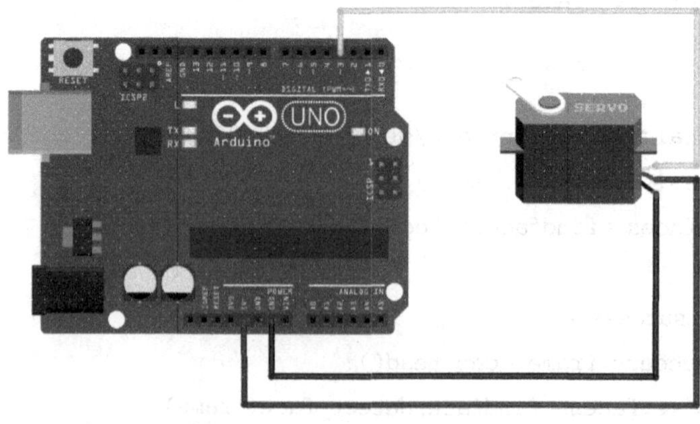

图5-1-16　Arduino连接舵机

2)编写程序

```
/**
 * Arduino 云台程序
 */
#include <Servo.h>
#include <EEPROM.h>

#define Mortor 3
#define Addr 0
unsigned char angle = 0;
Servo myservo;

void setup(){
  EEPROM.write(Addr,70);
  Serial.begin(9600);
  angle = EEPROM.read(Addr);
  myservo.attach(Mortor);
  myservo.write(angle);
}
void loop(){
  if(Serial.available()){
    char ch = Serial.read();
    switch(ch){
      case 'l':turn(-1);Serial.println('l');break;
      case 'r':turn(1);Serial.println('r');break;
      default:break;
    }
  }
}

void turn(int dir){
  if(angle>130||angle<10)
    return;
  angle += dir;
  myservo.write(angle);
  EEPROM.write(Addr,angle);
}
```

程序中调用了 EEPROM 读写程序,用于防止舵机突然转动。

5. 树莓派与 Arduino 连接

1)连接好树莓派、Arduino、传感器扩展板、舵机等

其中,Arduino 通过 USB 与树莓派连接,舵机通过传感器扩展板与 Arduino 3 号引脚连接,如图 5-1-17 所示。

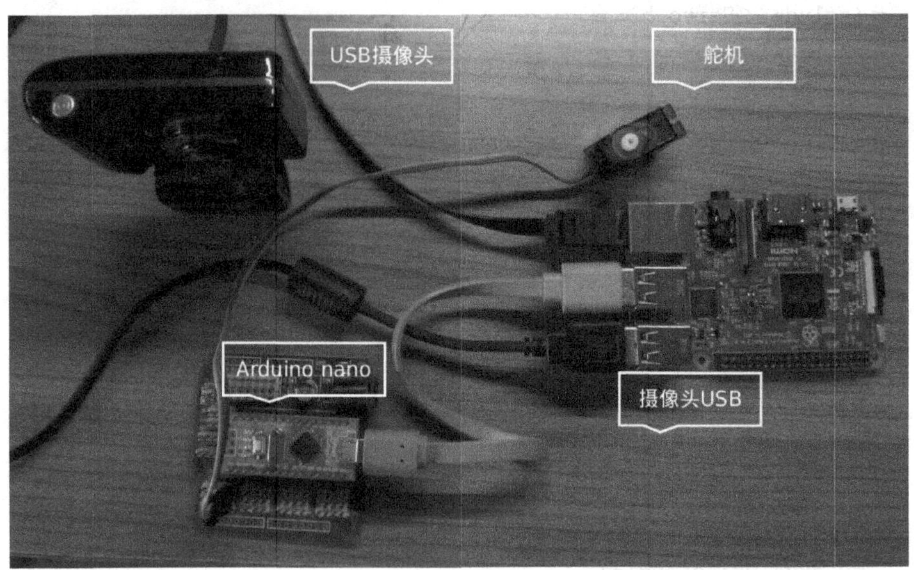

图 5-1-17　树莓派与 Arduino 等连接

2)固定舵机与摄像头(如图 5-1-18 所示)

图 5-1-18　摄像头与舵机固定

3)测试

树莓派运行人脸追踪程序,会要求输入密码,密码是“raspberry”。手持舵机,将摄像头对准脸部,即可实现摄像头实时追踪人脸。

5.2 简易智能家居系统

物联网的一个典型应用便是智能家居,相信读者在做完前面的实验之后,已经具备了使用传感器构建网络的能力。5.1 节中我们构建了一个小型的系统,但是还没有将设备联网,也就不算是一个完整的物联网系统,所以本章我们将以一个智能家居系统为例,详细分析如何构建一个物联网系统。

5.2.1 实验目的

(1)掌握 Android Things 的使用方法以及 Android 程序编写;

(2)掌握 Arduino 使用 Protothreads 协程库编写多任务的方法;

(3)学会搭建 MQTT 服务器。

5.2.2 实验器材

(1)树莓派 3B 开发板 1 块,Arduino UNO 2 块,Wemos ESP8266 2 块,面包板 1 块;

(2)HDMI 显示器 1 个;

(3)网线、杜邦线若干;

(4)光敏电阻 1 个,1 kΩ 电阻若干;

(5)凌承芯无线串口模块 3 块;

(6)人体红外传感器 1 个,MQ-5 烟雾传感器 1 个,DHT11 温湿度传感器 1 个;

(7)有源蜂鸣器 1 个;

(8)5V LED 灯板 1 块;

(9)NRF520 MOS 管 1 个;

(10)弹簧机械按钮 1 个。

5.2.3 智能家居系统概述

智能家居系统是利用先进的计算机技术、网络通信技术、智能云端控制技术、综合布线技术、医疗电子技术依照人体工程学原理,融合个性需求,将与家居生活有关的各个子系统如灯光控制、窗帘控制、煤气阀控制、信息家电、场景联动、地板采暖、健康保健、卫生防疫、安防保安等有机地结合在一起,通过网络化综合智能控制和管理,实现“以人为本”的全新家居生活体验。

智能家居系统在设计过程中通常要遵循以下原则。

1. 实用性、便利性

智能家居最基本的目标是为人们提供一个舒适、安全、方便和高效的生活环境。对智能家居产品来说,最重要的是以实用为核心,摒弃掉那些华而不实,只能充作摆设的功能,产品以实用性、易用性和人性化为主。

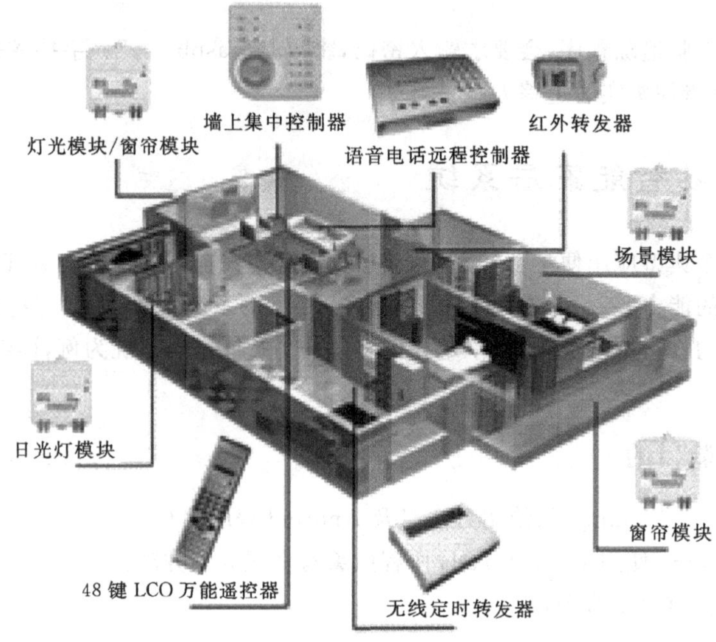

图 5-2-1　一种智能家居架构设计

我们认为在设计智能家居系统时,应根据用户对智能家居功能的需求,整合以下最实用、最基本的家居控制功能:智能家电控制、智能灯光控制、电动窗帘控制、防盗报警、门禁对讲、天然气泄露报警等。同时还可以拓展诸如三表抄送、视频点播等服务增值功能。很多个性化智能家居的控制方式很丰富多样,比如:本地控制、遥控控制、集中控制、手机远程控制、感应控制、网络控制、定时控制等等,其本意是让人们摆脱繁琐的事务,提高效率,如果操作过程和程序设置过于繁琐,容易让用户产生排斥心理。所以在对智能家居的设计时一定要充分考虑到用户体验,注重操作的便利化和直观性,最好能采用图形图像化的控制界面,让操作所见即所得。

2. 可靠性

整个建筑的各个智能化子系统应能 24 小时运转,系统的安全性、可靠性和容错能力必须予以高度重视。对各个子系统,如电源、系统备份等方面采取相应的容错措施,保证系统正常安全使用,质量、性能良好,具备应付各种复杂环境的能力。

3. 标准性

智能家居系统方案的设计应依照国家和地区的有关标准进行,确保系统的扩充性和扩展性,在系统传输上采用标准的 TCP/IP 协议网络技术,保证不同产商之间系统可以兼容与互联。系统的前端设备是多功能的、开放的、可以扩展的设备。如系统主机、终端与模块采用标准化接口设计,为家居智能系统外部厂商提供集成的平台,而且其功能可以扩展,当需要增加功能时,不必再开挖管网,简单可靠,方便节约。设计选用的系统和产品能够使本系统与未来不断发展的第三方受控设备进行互通互连。

4. 方便性

布线安装是否简单直接关系到成本以及可扩展性、可维护性的问题。一定要选择布线简单的系统,施工时可与小区宽带一起布线。设备方面的要求是容易学习掌握、操作和维护简便。

5.2.4 需求分析

本实验将实现一个具有环境检测、安防、远程控制这三种功能的智能家居系统，具体功能包括：

(1)环境检测模块 1 个，用于采集温湿度、光照强度，并能上传到网络。

(2)安防模块 1 个，用于监测人体移动、烟雾、能发出警报，并上传到网络。

(3)网关 1 个，用于汇集数据并上传。

(4)智能灯、开关 1 套，用于灯光的智能控制。

(5)手机 App 1 个，用于远程查看家中的情况，并远程控制家中的灯。

5.2.5 系统架构设计

考虑到需要远程控制，并且在断网的时候，系统也能在局域网内部进行通信，所以设计了局域网网关，采用 Android Things 开发。

网关和手机 App 之间要通过公网进行通信，所以采用相对更方便的 MQTT 协议。

系统的架构如图 5－2－2 所示。

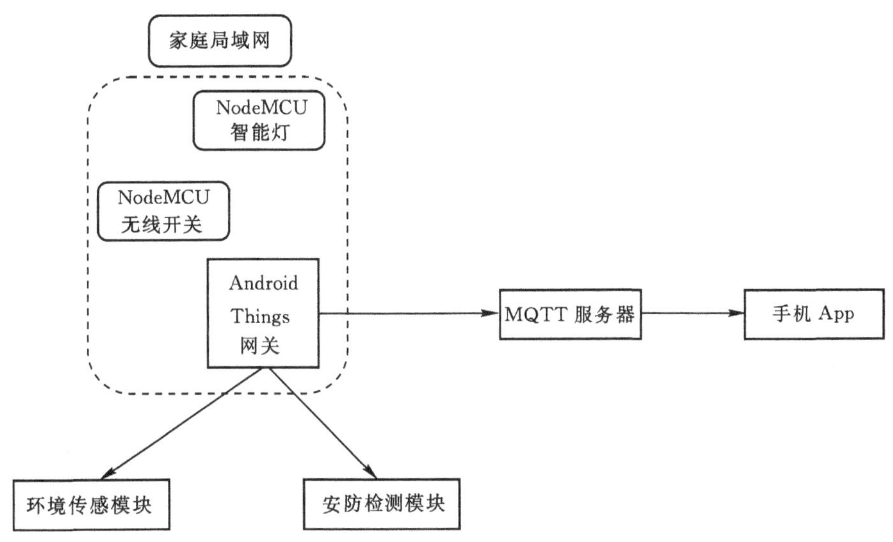

图 5－2－2　智能家居系统架构图

其中：

环境传感模块采用 Arduino 作为主控，连接光敏电阻、温湿度传感器，并通过无线串口模块发送到 Android Things 网关。

安防检测模块采用 Arduino 作为主控，连接人体红外传感器、烟雾传感器，异常情况下蜂鸣器报警，并通过无线串口模块发送到网关。

NodeMCU 无线开关和智能灯布置在网关同一局域网下，通过 UDP 通信。无线开关连接机械弹簧开关，智能灯通过引脚扩流接 5V LED。

Android Things 网关安装到树莓派 3 上，接收传感器以及开关的信息，并存储到本地以及作出反应，通过 MQTT 与手机 App 进行连接。

手机 App 采用 Android 开发，用于展示家里的传感器信息，并控制智能灯，通过 MQTT 与家中网关联接，进行信息交互。

5.2.6 原理介绍

1. IO 引脚扩流

不论是 Arduino 还是树莓派，其 IO 口都没法直接驱动大电流、高电压的设备，所以要进行 IO 引脚扩流，这里将介绍 5 种扩流方法。下述电路图的负载均用电阻符号代替，符号标志是电子学的负载符号 R_L，就是 R_{load} 的意思。

1)三极管扩流

这种扩流方法是将输出引脚直接与电阻相连来驱动三极管基极，如图 5－2－3 所示。它适用于扩展后负载电压 5 V 以下，负载电流建议小于 1 A。

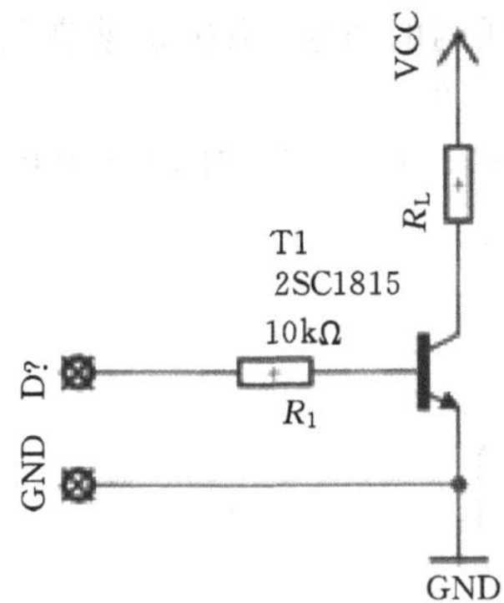

图 5－2－3 三极管驱动电路

优点：简单方便，成本低。开关频率上限直接由三极管决定，可以做得很高。

缺点：受控大电流和 IO 直接连通，所以外置驱动电源不建议超过 5 V，以免外置电源的电压通过 Q_1 倒灌到 IO 引脚引起 IO 烧坏。

选材：三极管 Q_1 可以选用小功率的 NPN 三极管。推荐型号有 2SC1815、2N2222、8050、2SD882 等；基极电阻 R_1 必不可少，否则会导致 IO 引脚负载过大而发热甚至烧毁。R_1 阻值在 100Ω～10kΩ 之间均可，推荐值为 1 kΩ。

2)固态继电器扩流

该扩流方法电路图见图 5－2－4。它适用于 220 V 交流直接控制，或者大功率直流控制，建议用于负载电流 0.2～40 A 间。

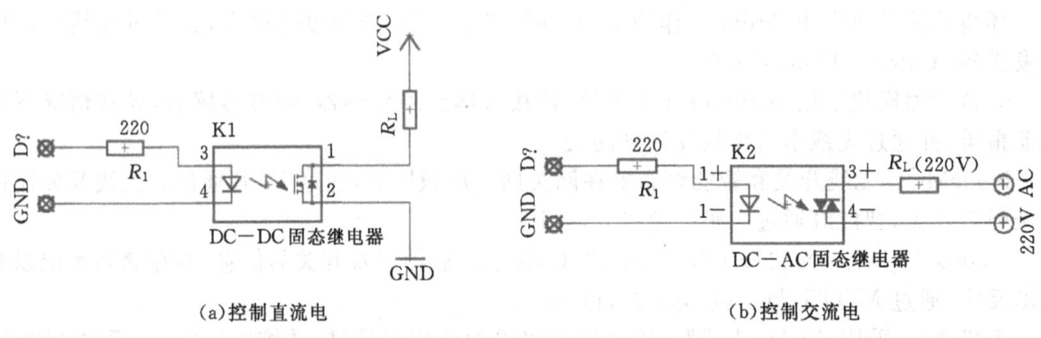

图 5－2－4 固态继电器驱动电路

优点:使用最简单,抗干扰能力最强,无电磁干扰。可以控制交流电/直流电,并且可以控制很大电流的负载。

缺点:成本很高。

选材:需要注意的是,固态继电器有两种——直流控制交流固态继电器和直流控制直流固态继电器。它们的受控端有本质的区别,不能混用。直流控制交流的交流电是用可控硅进行开关的,而直流控直流是用三极管或者场效应管进行开关。

3)继电器扩流

该扩流方法是用一个小功率三极管扩流,然后控制一个 5 V 的继电器,如图 5-2-5 所示。它适用于低速、对受控端开关电阻有要求的场合,建议用于负载电流 0～3 A 间。

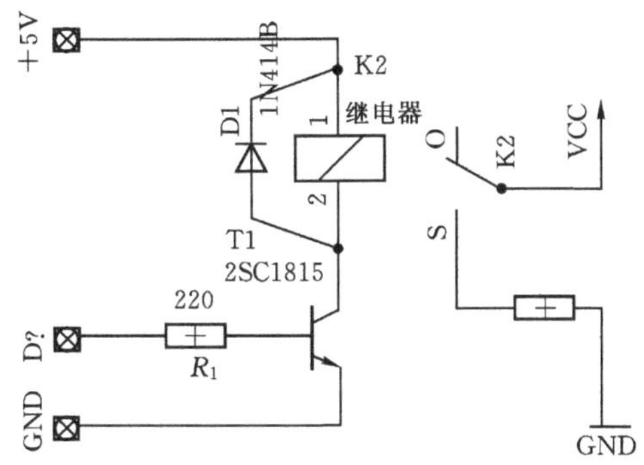

图 5-2-5　继电器扩流电路

优点:扩流电流大,并且由于继电器是机械闭合触点,闭合电阻基本为零,不像固态继电器或者三极管,有正向压降;适用于对闭合电阻要求高的场合,比如受控端是开关 0～0.7 V 的信号,使用三极管或者固态继电器就不能工作了,只能使用继电器。

缺点:低速,每秒最快只能开关几次;机械开关使用寿命短,开关频率高的话,很快就会坏掉;成本高,电路也不简单;开关电流大,需要充足的电源供给继电器吸合;有较强的空间电磁干扰(EMI),会对高速数字电路(USB、串口、视频等)或者小信号模拟电路(音频信号线、仪器测量输入线)造成干扰。

选材:电压选择 5 V 左右的,继电器吸合电流必须小于 200 mA,不能影响电路板使其工作电压不稳。如果不能满足的话,可以尝试继电器级联,即小继电器拖动大继电器。

4)场效应管扩流

该扩流方法是用场效应管代替三极管扩流,如图 5-2-6 所示。它适用于大负载直流电流的情况下,建议用于负载电流在 5～100 A 间的情况下。由于场效应管属于电压控制型器件,输入电流极小。与三极管扩流相比,该扩流方法可以获得更快的开关速度和更小的输入电流,并且可以控制很大的直流电流(比如 10～50 A)。

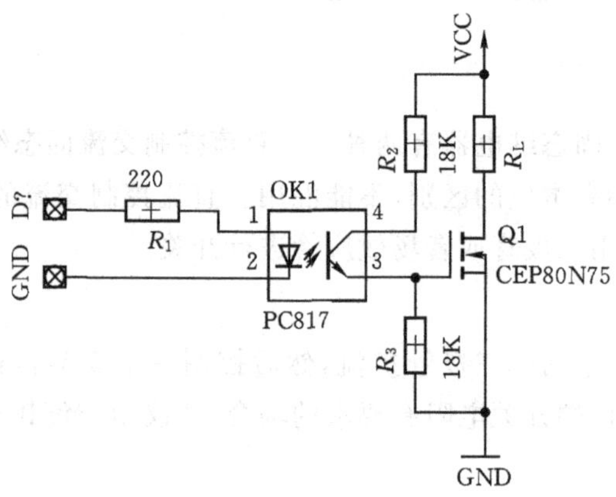

图 5-2-6　场效应管扩流电路

优点：控制电流小，等效于驱动一只 LED。受控大电流和 Arduino 控制板完全电气隔离，即使受控部分发生事故烧毁了，也不会影响到 Arduino 主板。有最高的控制速度，并且电流也可以非常大。

缺点：电路比较复杂，场效应管成本比三极管更高。

选材：场效应管可以使用普通的 N 沟道增强型场效应管。

2. Arduino 多线程

Arduino 只有一个核心，也就是说，同一时间内，它只能执行一个任务。这就给我们编程造成了一定的困扰，比如说，读取一个传感器的同时，需要监听串口是否有消息，按照传统的方法，则需要一定的编程技巧来实现多个任务的“伪并行化”。例如，需要写出类似这样的代码：

```
void setup() {

}
int taskID = 0; //当前任务 ID
void task0() {  // 0 号任务
  // do something
}

void task1() {
  // do something
}
void loop() {
  taskID = (taskID + 1) % 2; // 得到当前运行任务 ID
  switch(taskID) {
    case 0 : task0(); break;
    case 1 : task1(); break;
```

```
    }
}
```

上述代码中，我们通过时间片切分的方法，使 task0 和 task1 分别执行一个时间片，并不断循环，使得宏观上造成两个任务并行执行的假象。这样的方法也就是操作系统中“时间片轮转”的核心思想。

但是这样的代码也有很多问题，比如说不能对每个任务的状态进行保存、无法在任务里执行长时间延迟……为了解决这些问题，并且不引入过于重量级的操作系统。ProtoThreads 协程库便应运而生。

1)ProtoThreads 简介

ProtoThreads 是一个通过宏(#define)写出来的模拟多线程的库，里面全是头文件，找不到.cpp 等程序文件。它的核心利用了 C 语言 switch 语句的特性。主要完成了任务调度的功能，所以，并不能说它是一个完整的操作系统。

该操作系统最核心的功能是：在等待某个事件发生的时候，比如说定时一段时间、有无按键、串口上有无数据等等，操作系统将单片机从当前的任务中临时切换到另一个任务运行，直到指定事件发生了再回来接着运行，这样就是变相实现了多任务处理，节省了 CPU 时间，还极大地减少了开发难度。

ProtoThreads 在较大程度上实现出操作系统的核心功能，而且，每新建一个任务，只需额外增加 16 bit 即 2 字节的空间。除了核心功能外，还增加了信号量、延时这两个功能。

但是，因为它利用了 switch 语句的特性，所以，不建议在任务中使用 switch 这个语句，除非能保证在 switch 语句内不会切换任务。其次，请慎用内部变量，尤其是循环变量，在切换任务时有一定的可能性发生不可预料的错误，要用，请一定加上 static 修饰。

2)ProtoThreads 用法

(1)每个任务都必须要有一个记录变量、记录任务的状态，便于返回。语句：

```
static struct pt xxx;
```

(2)然后要初始化一个任务。在 setup()函数里面用这个语句：

```
PT_INIT(&xxx);
```

(3)编写任务。每个任务在程序里面，就算是一个独立函数。函数格式如下：

```
static int 任务名(struct pt *pt) {
    PT_BEGIN(pt);
    //处理过程
    PT_END(pt);
}
```

(4)启动任务。其语句如下：

```
void loop() {
任务名(xxx);
}
```

在 loop 函数中，使用 任务名(xxx)；来进行调度。其中：任务名就是第 3 步中的任务名；

xxx 是第一步定义的记录变量。

3. Android Things

1)什么是 Android Things?

Android Things 是 Google 最近推出的全新物联网操作系统,前身是 2015 年发布的物联网平台 Brillo,除了继承 Brillo 的功能,还加入了 Android Studio、Android SDK、Google Play 服务以及 Google 云平台等 Android 开发者熟悉的工具和服务。任何一位 Android 开发者现在都可以利用 Android API 和 Google 服务轻松构建智能联网设备了,正如 Google 所说:

If you can build an App, you can build a device.

(如果你可以创建一个 App,你就可以建造一个设备。)

自 2016 年 12 月 Google 推出 Android Things 的 Develop Preview 1 以来,至今短短的一年多时间,其版本已经迭代到 2017 年 12 月发布的 Develop Preview 6.1 版。Android 的版本更新非常活跃,每 6~8 周就会有新的 Release 放出,是个充满活力的技术方向。

事实上,Android 应用于设备已经不是一个新鲜的命题,我们自 2014 年已经开始将 Android 应用于智能工业控制、智能消费终端中。目前市面上常见的广告机、智能门禁,以及很多餐厅、便利店的收银设备,都是基于 Android 系统开发的。如图 5-2-7 所示,Android 已在智能设备中被广泛使用。

图 5-2-7 使用 Android 系统的广告机、自动售货机、收银机、智能门禁

Android Things 的推出,扫清了将 Android Phone/Tablet 系统用在智能设备中的各种弊端(通常需要嵌入很多 NDK 开发的接口,很多功能需要 root 后通过 Linux 命令实现),提供了更统一的接口。Android 开发者也可以使用自己熟悉的开发工具,进行智能硬件的开发。

Android Things 的平台架构如图 5-2-8 所示,Android Things 扩展了 core Android Framework,通过 Things Support Library 提供了附加的 API,使得开发者可以集成通常在手机等移动设备中没有的硬件。

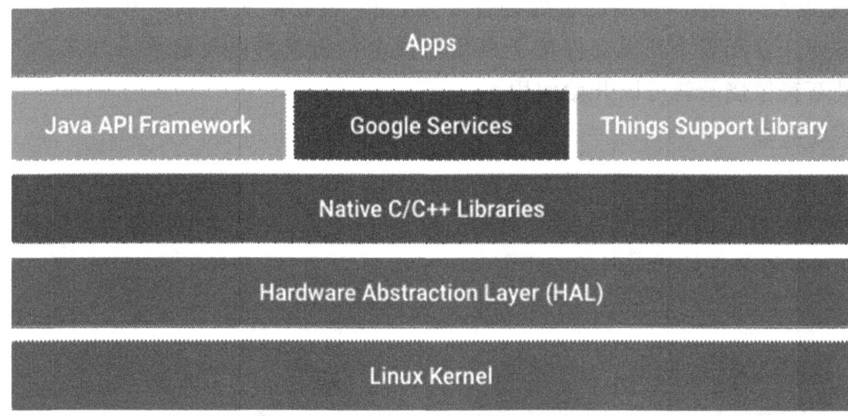

图 5-2-8　Android Things 平台架构

2)Android Things 的优点

(1)更统一的开发框架和接口。传统的单片机开发智能硬件的方式、开发工具、开发接口多而杂,不同的单片机厂商甚至型号,都有特定的开发工具,学习成本高,不统一,程序的可移植性、可管理性差。Android Things 提供了更完善的开发框架和更方便好用的开发工具(而且是免费的)。

(2)更适合 Android 开发者进行智能设备的创新。智能硬件通常都要实现与服务器交互、与手机交互,这些领域都是 Android 开发者熟悉的领域,通过 Android Things 开发智能设备,可以将 Android 开发者在移动开发方面的经验更深入块体现在智能设备开发中。传统的硬件、单片机开发者,对移动开发不熟悉,自然会在智能设备创新中落后于对移动开发了如指掌的 Android 开发者。

(3)更先进的基础框架。Android Things 相较于传统的设备平台,就如同 Android 手机与功能机的区别。尤其在有触摸屏人机交互的设备中,Android 的优势明显,Android 对 UI 线程的优先和保障机制,使得传统设备人机界面操作卡顿的问题可以得到很好的解决。Android 基于 Java 的面向对象开发,也使得程序更容易封装和管理。众多的 Android 开源资源,也可以方便地应用到 Android Things 中来。

(4)更安全的物联网云。传统的物联网方案,由于设备端、服务端往往由不同的开发团队完成,设备端开发往往还停留在比较古老的开发阶段,对一些新的安全物联网协议了解较少,使得很多物联网设备,还在采用 TCP 协议明码传输数据,很容易被截获和篡改。而有信息安全概念和经验的服务端开发者,由于不了解硬件开发也无能为力。新闻报道过的一些智能摄像头被入侵的案例,很多与这方面有关。而 Android Things 彻底改变了这种状况,手机 App 与服务端通信安全方面的经验,Android 开发者可以直接应用在设备开发中。很多新的物联网协议,如 MQTT,都有 Android 的客户端实现可以方便使用。

(5)更丰富的云服务资源。使用 Android Things,有丰富的云服务资源可以使用,可以基于 TensorFlow 实现人工智能(如图像识别),可以通过 Google Assistant 获得智能服务。同时,阿里、腾讯也都有一些智能服务(如图像识别、人脸识别等)通过云提供,使用 Android Things 也可以方便集成。

(6)更低的入门门槛。传统的智能硬件开发，通常需要购买昂贵的开发套件，而 Android Things 只需要几百元买个开发套件接上显示器或电视机就可以玩起来。如果你手上有树莓派 3，下载最新镜像烧录就可以开始使用。

3)开发板选型

Android Things 现在支持 4 款开发板：Intel Edison、Intel Joule、NXP Pico i. MX6UL 和 Raspberry Pi 3。这四款开发板兼顾了 ARM 和 X86 架构，并且也兼顾了 32 位和 64 位的系统。所有的开发板都支持 Wi-Fi 和蓝牙。

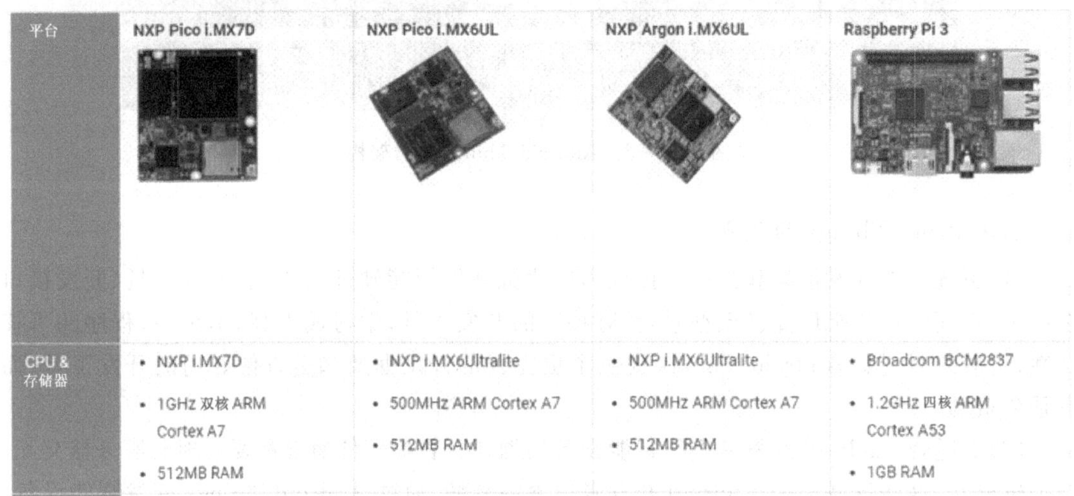

平台	NXP Pico i.MX7D	NXP Pico i.MX6UL	NXP Argon i.MX6UL	Raspberry Pi 3
CPU & 存储器	• NXP i.MX7D • 1GHz 双核 ARM Cortex A7 • 512MB RAM	• NXP i.MX6Ultralite • 500MHz ARM Cortex A7 • 512MB RAM	• NXP i.MX6Ultralite • 500MHz ARM Cortex A7 • 512MB RAM	• Broadcom BCM2837 • 1.2GHz 四核 ARM Cortex A53 • 1GB RAM

图 5-2-9　支持 Android Things 的开发板

5.2.7　实验步骤

1. 环境传感模块实现

1)搭建电路

按照如图 5-2-10 所示电路图搭建电路。

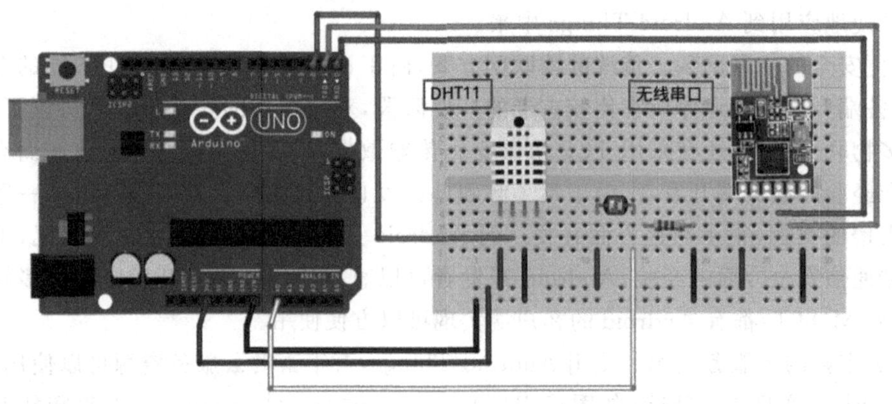

图 5-2-10　环境传感模块

2)电路原理

该电路中,DHT11 的信号脚接 Arduino 的 D2 引脚;光敏电阻与 10 kΩ 电阻串联接在 3.3 V 和 GND 之间,它们的连接点接到 Arduino 的 A0 口;无线串口程序的 RXD 和 TXD 分别接到 Arduino 的 TXD 和 RXD 之间。

3)编写程序

程序如下:

```
/**
 * 环境传感模块程序
 */

// 定义引脚
#define DHT11 2
#define LIGHT A0
#include <dht.h>

dht DHT;

void setup() {
  Serial.begin(9600);
  pinMode(LIGHT, INPUT);
}

void loop() {
  int chk = DHT.read11(DHT11); // 读取温湿度
  int lx = analogRead(LIGHT);// 读取光强
  if(chk == DHTLIB_OK) { // 读取成功,便拼接为指定格式
    Serial.print("sensors:");
    Serial.print(DHT.humidity);
    Serial.print(",");
    Serial.print(DHT.temperature);
    Serial.print(",");
    Serial.print(lx);
    Serial.print("#");
  } else {
    Serial.println("sensors:error");
  }
```

```
    delay(2000);
  }
```

程序中,每 2 s 会读取 DHT11 和光敏电阻的数值,并将传感器值发送到串口,再通过无线串口模块发送给网关,数据以#结尾。

4)下载程序到环境传感器模块

下载之前,务必断开无线串口模块与 Arduino 之间的连接,否则无线会影响它们之间的通信,造成下载失败。下载完成之后再将无线模块与 Arduino 连接起来。

5)模块测试

打开串口监视器,如果收到数据,则说明模块正常工作。

2. 安防检测模块实现

1)搭建电路

按照如图 5-2-11 所示电路图搭建电路。

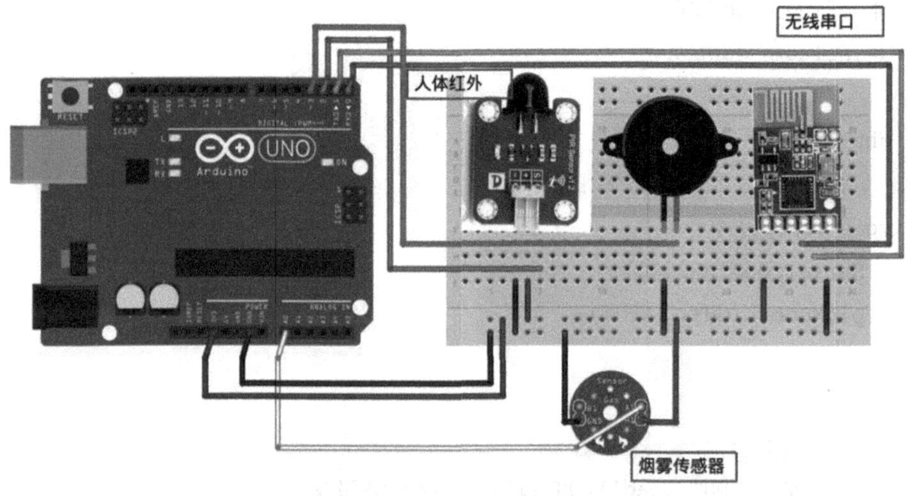

图 5-2-11　安防检测模块

该电路中,人体红外线模块的信号脚接 Arduino 的 D2 口,烟雾传感器的信号引脚接 Arduino 的 A0 口,蜂鸣器的信号脚接在 D3 口。

2)编写程序

程序如下:

```
/**
 * 环境传感模块程序
 */


#define PT_USE_TIMER
#include "pt.h"
static struct pt threadMQ,threadSYS,threadPerson,threadComm; //4 个线程
```

```
// 定义引脚
#define MQ5 A0
#define ALARM 3
#define PERSON 2
#define SYS 13

#define dangerVal 500 // 烟雾传感器阈值,值需要自行调试

int mqVal; // 全局变量
bool personVal;

void setup() {
  Serial.begin(9600);
  pinMode(MQ5, INPUT);
  pinMode(PERSON, INPUT);
  pinMode(ALARM, OUTPUT);
  pinMode(SYS, OUTPUT);

  // 初始化
  PT_INIT(&threadMQ);
  PT_INIT(&threadSYS);
  PT_INIT(&threadPerson);
  PT_INIT(&threadComm);
}

// 烟雾模块读取程序,每 1 s 读取传感器
static int threadMQ_entry(struct pt *pt) {
  PT_BEGIN(pt);
  while (1) {
    mqVal = analogRead(MQ5);
    if(mqVal > dangerVal) { // 如果烟雾传感器值大于阈值,则蜂鸣器警告
      digitalWrite(ALARM, HIGH);
    } else {
      digitalWrite(ALARM, LOW);
    }
    PT_TIMER_DELAY(pt,1000);
    PT_YIELD(pt);
  }
```

```
  PT_END(pt);
}

// 系统运行指示线程,正常情况下 LED 以 0.5 Hz 频率闪烁
static int threadSYS_entry(struct pt *pt) {
  PT_BEGIN(pt);
  while (1) {
    digitalWrite(SYS,! digitalRead(SYS));
    PT_TIMER_DELAY(pt,1000);
    PT_YIELD(pt);
  }
  PT_END(pt);
}

// 人体红外检测线程,每 0.5 s 执行 1 次
static int threadPerson_entry(struct pt *pt) {
  PT_BEGIN(pt);
  while (1) {
    personVal = digitalRead(PERSON);
    PT_TIMER_DELAY(pt,500);
    PT_YIELD(pt);
  }
  PT_END(pt);
}

// 数据发送线程,每 0.5 s 发送一次
static int threadComm_entry(struct pt *pt) {
  PT_BEGIN(pt);
  while (1) {
    Serial.print("security:");
    Serial.print(mqVal);
    Serial.print(",");
    Serial.println(personVal);
    PT_TIMER_DELAY(pt,500);
    PT_YIELD(pt);
  }
  PT_END(pt);
}
```

```
void loop() {
  threadMQ_entry(&threadMQ);
  threadSYS_entry(&threadSYS);
  threadPerson_entry(&threadPerson);
  threadComm_entry(&threadComm);
}
```

该程序使用了 protothreads 协程，分为 4 个任务：烟雾传感器读取，系统指示灯闪烁、串口发送、人体红外检测。如果烟雾传感器读数超过阈值，则发出警报。

另外，程序每 0.5 s 会向串口发送两个传感器的读数。

3)加载 protothreads 库文件

库文件地址：https://pan.baidu.com/s/1qYRg9T6 下载该文件，并添加到 Arduino 的库文件中。

4)下载程序到环境传感器模块

下载之前，务必断开无线串口模块与 Arduino 之间的连接，否则无线会影响它们之间的通信，造成下载失败。下载完成之后再将无线模块与 Arduino 连接起来。

5)模块测试

打开串口监视器，如果收到数据，则说明模块正常工作。

3. 智能灯及无线开关实现

1)搭建电路

按照图 5-2-12 所示电路图搭建电路。

(a)Wi-Fi 智能灯　　(b)无线开关

图 5-2-12　Wi-Fi 智能灯和 Wi-Fi 无线开关

2)电路原理

两者分别为智能灯和无线开关，都用了 Wemos D1 开发板。

对于 Wi-Fi 智能灯，开发板 D6 引脚通过 NMOS 场效应管扩流，驱动一个 5 V LED 灯板。如果读者想要控制市电，可以自行采用继电器或者可控硅扩流电路驱动，但一般不建议尝试，有很大风险。

对于无线开关，D2 引脚平时被上拉到 3.3 V，开关按下后，会变为 0 V 电平。

3)编写程序

程序如下：

```
/**
 * Wi-Fi 智能灯
 */

#include <ESP8266WiFi.h>
const char * ssid = "your-ssid";
const char * password = "your-password";

#include <WiFiUdp.h>
unsigned int commPort = 8266;//通信端口
WiFiUDP udp;

#define LED D6

//系统初始化
void setup(){
    Serial.begin(38400);
    WiFi.begin(ssid,password);  // 连接 Wi-Fi
    delay(1000);

  while(WiFi.status()! = WL_CONNECTED)
    delay(500);

  Serial.println(WiFi.localIP());

    udp.begin(commPort);

  pinMode(LED, OUTPUT);
}


void loop(){
  checkUdp();
  delay(10); // 每 10 ms 检查一次
}
```

```
void checkUdp(){
    static byte buffer[48];
    static int buffersize = 0;
    static String inString = "";

    buffersize = udp.parsePacket();
    if(buffersize){
        inString = "";
        udp.read(buffer,buffersize);
        for(int i = 0;i<buffersize;i + + )//全部都出来
            inString + = (char)buffer[i];

        if(inString.substring(0, 9)  = =  "light:off") {
          digitalWrite(LED, LOW); // 关灯
        } else if(inString.substring(0, 8)  = =  "light:on") {
          digitalWrite(LED, HIGH); //开灯
        }
    }
}
```

以上为 Wi-Fi 智能灯程序，打开 8266 端口进行监听，收到数据包时候判断是否为"light:on"开灯指令或者"light:off"关灯指令。如果指令匹配的话，则执行相应动作。

```
/* *
 * Wi-Fi 无线开关
 */

#include <ESP8266WiFi.h>
const char * ssid  =  "your - ssid";
const char * password  =  "your - password";

#include <WiFiUdp.h>
unsigned int commPort  =  8266;//通信端口
const char * ip  =  "xxx.xxx.xxx.xxx"; // 智能灯 IP,自行确定
WiFiUDP udp;

#define Switch D2 // 开关引脚

bool ledState  =  false;
```

```
//系统初始化
void setup(){
    Serial.begin(38400);
    WiFi.begin(ssid,password);  // 连接 Wi-Fi
    delay(1000);

  while(WiFi.status()! =WL_CONNECTED)
    delay(500);

    udp.begin(commPort);

  pinMode(Switch, INPUT);
}



void loop(){
  checkSwitch();
  delay(10); // 每 10 ms 检查一次
}

// 检查按键
void checkSwitch() {
  bool state = digitalRead(Switch);
  if(! state) { // 如果按键按下
    while(! state) delay(100); // 等待按键松开

    if(ledState = = 0) { // 如果当前灯关着
      ledState = 1;
      send(ip, commPort, "light:on");
    } else {
      ledState = 0;
      send(ip, commPort, "light:off");
    }
  }
}

// 发送函数
void send(const char * ip, int port, String msg) {
```

```
    udp.beginPacket(ip, port);
    udp.write(msg.c_str(), msg.length());
    udp.endPacket();
  }
```

以上为 Wi-Fi 无线开关的程序，主循环内每隔 10 ms 会检查按键，按下后，会翻转 ledState 状态，然后发送 UDP 包到 Wi-Fi 智能灯。

4)下载程序

改好 ssid 和 password，分别下载程序到两个开发板。

5)Wi-Fi 设置

打开 Wi-Fi 智能灯的串口监视器，连接 Wi-Fi 成功之后，会打印本机 IP，然后把该 IP 填写到 Wi-Fi 开关中，重新下载 Wi-Fi 开关的程序。

6)搭建成功

按下 Wi-Fi 开关，如果智能灯状态改变，说明智能灯搭建成功。

4. Android Things 开发环境搭建

树莓派 3 模型 B 是世界上最流行的最新的单板计算机。它提供了一个 4 核 64 位 ARM Cortex-A53 CPU，运行在 1.2 GHz，4 个 USB 2.0 端口，有线和无线网络、HDMI 和复合视频输出，和 40 个引脚 GPIO 的接口，用于与外部物理的连接器进行对接。它的实物图见图 5-2-13。

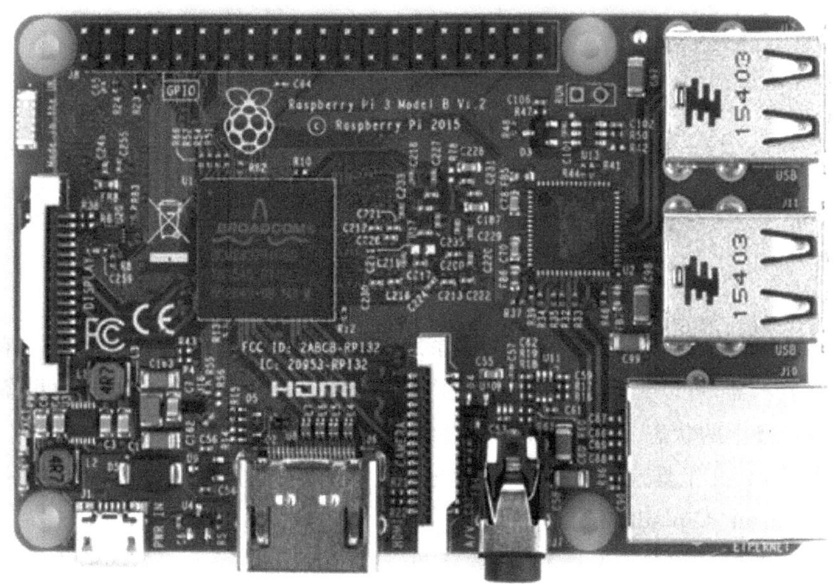

图 5-2-13　树莓派 3B

1)擦写镜像

根据所使用的开发板硬件平台，选择合适的系统镜像进行下载烧录。在开始擦写前，除树莓 PI 3 开发板外，还需要以下资源：

(1)HDMI 数据线；

(2)HDMI 显示器(非必需)；

(3)USB 数据线；

(4)以太网数据线；

(5)MicroSD 卡及读卡器。

烧写 Android Things OS 到树莓派开发板上，需下载最新的 Android Things 镜像文件，并按照以下步骤进行操作：

(1)在开发的电脑上插入一个 8 GB 或更大的 MicroSD 卡。

(2)将下载到的镜像文件解压到在本地计算机上。

(3)按照 Raspberry Pi 官方指示将镜像写入 SD 卡。

(4)将烧写完毕的 MicroSD 卡插入到树莓派开发板上。

(5)按图 5-2-14 所示方法将外设连接到开发板。将以太网电缆连接到本地网络。将 HDMI 电缆连接到外部显示器。

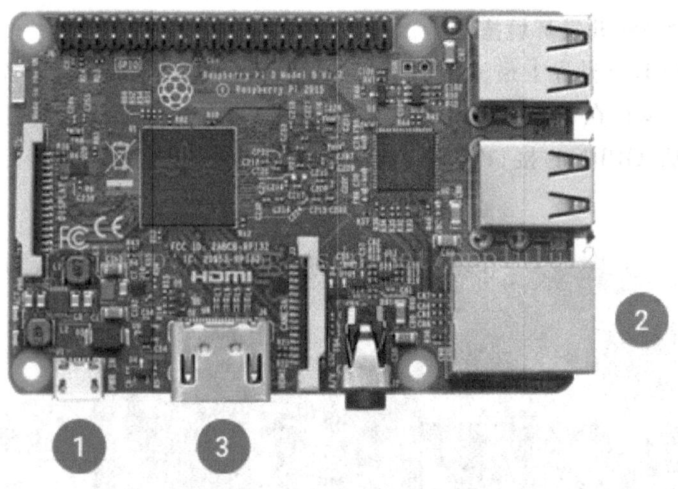

图 5-2-14　连接 USB 电缆到 J1

(6)第一次系统启动大概要 1～2 min。系统启动完之后，显示器显示了当前有线网的的 IP 地址(没有显示器，可以到路由器管理中的“设备管理”项中查看树莓派 3 的设备 IP)，以及 Wi-Fi 还没有连接上的状态。那么，我们可以借助有线网的 IP，去连接 ADB。

(7)使用 adb tool 工具连接到这个 IP 地址：

adb connect <ip-address>

注：由于 Raspberry Pi 是支持 DNS 广播的，如果你的电脑支持 MDNS 功能，运行命令：

adb connect Android. local

2)连接 Wi-Fi

(1)借助 ADB，我们可以连接 Wi-Fi。

adb shell am startservice -n com. google. wifisetup/. WifiSetupService -a WifiSetupService. Connect -e ssid XXXX -e passphrase YYYY

(2)如果想清除开发版上所有的保存的网络,输入以下命令:

```
$ adb shell am startservice -n com.google.wifisetup.WifiSetupService\
  -a WifiSetupService.Reset
```

至此,可以使用你的 Android Studio 来开始你的第一个 Android Things 应用程序。

5. Android Things 网关实现及联调

1)搭建电路

按照图 5-2-15 所示的电路搭建电路。

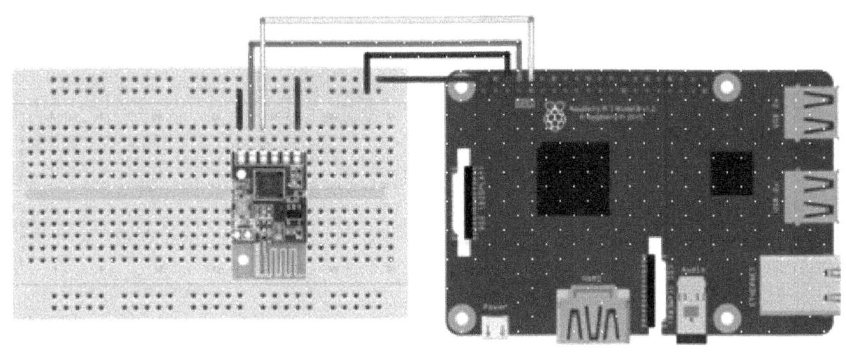

图 5-2-15　Android Things 网关

无线串口模块的 GND、VCC、RXD、TXD 分别连接到树莓派的 GND、3.3 V、TXD、RXD,引脚的顺序请看树莓派 pinMap,如图 5-2-16 所示。

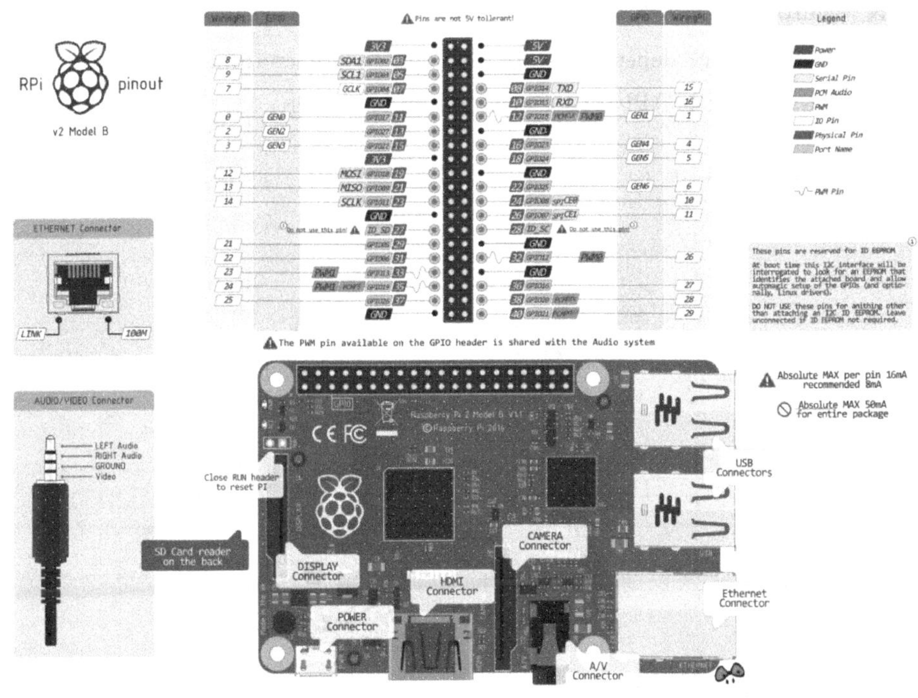

图 5-2-16　树莓派 pinMap

2)新建 Android Things 工程

本实验可以不用添加 C++支持,选择 Android Things Activity,然后完成创建,如图 5-2-17 所示。

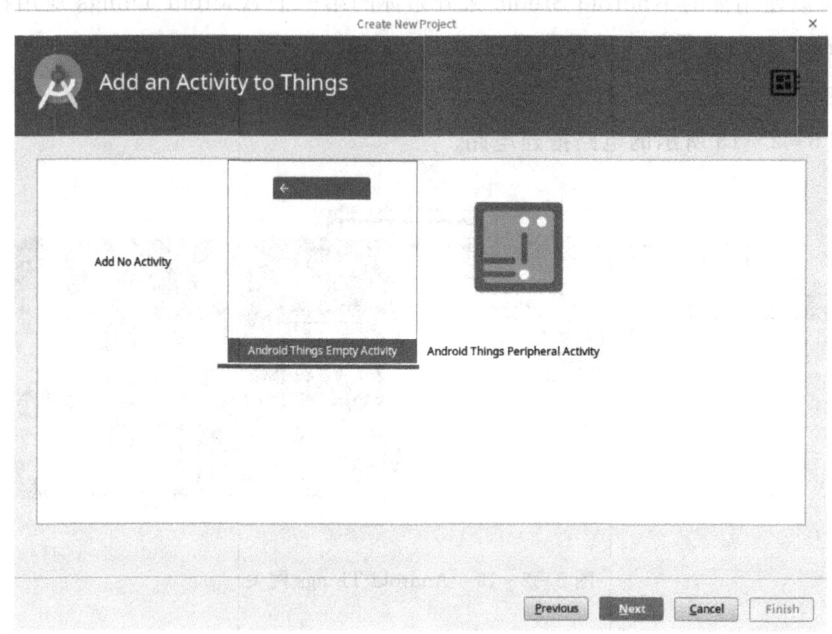

图 5-2-17 Android Studio 新建项目

3)修改 Android Things 库版本

编辑 gradle 文件,修改 dependence 里面的 com. google. android. things:androidthings 为 0.3 preview 版本(后续版本 API 有改变),如图 5-2-18 所示。

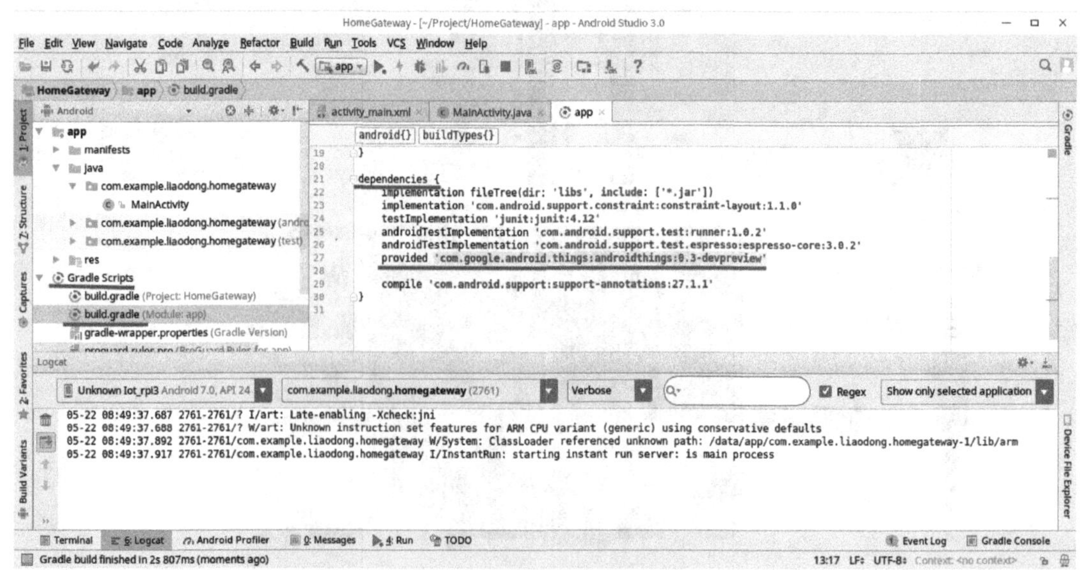

图 5-2-18 修改库版本

4)编写代码

程序如下：

```
/**
 * Android Things 网关,传感器值接收
 */
public class MainActivity extends Activity {

    private static final String UART_DEVICE_NAME = "UART0";
    private static final int BAUD_RATA = 9600;
    private UartDevice uartDevice;

    // 暂存传感器和安防模块的值
    private String sensorsValue = "";
    private String securityValue = "";

    @Override
    protected void onCreate(Bundle savedInstanceState) {
        super.onCreate(savedInstanceState);
        setContentView(R.layout.activity_main);

        // 设置串口通信
        try {
            PeripheralManagerService peripheralManagerService = new Peripher-
            alManagerService();
            uartDevice = peripheralManagerService.openUartDevice(UART_DEVICE
            _NAME);

            uartDevice.setBaudrate(BAUD_RATA);
            uartDevice.setDataSize(8);
            uartDevice.setParity(UartDevice.PARITY_NONE);
            uartDevice.setStopBits(1);

            uartDevice.registerUartDeviceCallback(uartDeviceCallback);
            // 注册数据回调

        } catch (IOException e) {
            e.printStackTrace();
        }
    }

    private UartDeviceCallback uartDeviceCallback = new UartDeviceCallback() {
```

```
        @Override
        public boolean onUartDeviceDataAvailable(UartDevice uart) {
            try {
                // 读取
                byte[] buffer = new byte[40];
                int read;
                while ((read = uart.read(buffer, buffer.length)) > 0) {
                    String msg = new String(buffer); // 转化为 String

                    if(msg.endsWith("#")) { // 如果以#结尾
                        String []res = msg.split(":");
                        if(res[0].equals("sensors")) { // 如果是传感器发送的数据
                            sensorsValue = res[1];
                        } else if (res[0].equals("security")) {
                        // 如果是安防模块发送的数据
                            securityValue = res[1];
                        }
                    }
                    Log.e("msg", msg);
                }
            } catch (IOException e) {
                Log.w(TAG, "Unable to transfer data over UART", e);
            }
            return super.onUartDeviceDataAvailable(uart);
        }

        @Override
        public void onUartDeviceError(UartDevice uart, int error) {
            Log.w(TAG, uart + ": Error event " + error);
        }
    };


    /**
     * 程序销毁时,关闭串口
     */
    @Override
    protected void onDestroy() {
        super.onDestroy();
        try {
            uartDevice.close();
```

```
                uartDevice = null;
            } catch (IOException e) {
                e.printStackTrace();
            }
        }
    }
```

程序注册了监听器，监听 UART0，当串口收到环境传感器模块和安防检测模块的消息之后，会保存到本地变量中，同时打印到串口。

5）下载程序

终端中输入指令：

```
adb connect ip
```

其中，ip 是你 Android Things 的 IP，然后在 Android Studio 中点击运行。

6）实验现象

将环境传感器模块和安防检测模块都运行起来，如果 Android 的 logcat 中输出消息，说明实验成功。至此，数据已经可以从传感器发送到网关了。

6. MQTT 服务器搭建

1）申请服务器

首先申请一个有公网 IP 的服务器，具体申请过程请自行查找。

2）安装系统

安装 ubuntu14.04 系统。

3）下载安装包

下载 apache - apollo 安装包地址：

https://mirrors. tuna. tsinghua. edu. cn/apache/activemq/activemq - apollo/1. 7. 1/apache - apollo - 1. 7. 1 - unix-distro. tar. gz

4）解压源码包

在刚才的下载目录里执行 tar - zxvf apache - apollo - 1. 7. 1 - unix - distro. tar. gz，会出现如图 5 - 2 - 19 所示输出。

```
RamDisk  +
apache-apollo-1.7.1/docs/site/documentation/api/apollo-util/org/apache/activemq/apollo/util/URISupport.html
apache-apollo-1.7.1/docs/site/documentation/api/apollo-util/org/apache/activemq/apollo/util/VoidFunction1.html
apache-apollo-1.7.1/docs/site/documentation/api/apollo-util/org/apache/activemq/apollo/util/Zilch$.html
apache-apollo-1.7.1/docs/site/documentation/api/apollo-util/org/apache/activemq/apollo/util/Zilch.html
apache-apollo-1.7.1/docs/site/documentation/architecture.html
apache-apollo-1.7.1/docs/site/documentation/extending-guide.html
apache-apollo-1.7.1/docs/site/documentation/getting-started.html
apache-apollo-1.7.1/docs/site/documentation/index.html
apache-apollo-1.7.1/docs/site/documentation/management-api.html
apache-apollo-1.7.1/docs/site/documentation/migration-guide.html
apache-apollo-1.7.1/docs/site/documentation/module-organization.html
apache-apollo-1.7.1/docs/site/documentation/mqtt-manual.html
apache-apollo-1.7.1/docs/site/documentation/openwire-manual.html
apache-apollo-1.7.1/docs/site/documentation/performance-scaling.html
apache-apollo-1.7.1/docs/site/documentation/schema/apollo.xsd
apache-apollo-1.7.1/docs/site/documentation/stomp-manual.html
apache-apollo-1.7.1/docs/site/documentation/user-manual.html
apache-apollo-1.7.1/docs/site/documentation/verification.html
apache-apollo-1.7.1/docs/site/download.html
apache-apollo-1.7.1/docs/site/images/module-deps-graph.png
apache-apollo-1.7.1/docs/site/images/project-logo-vector.png
apache-apollo-1.7.1/docs/site/images/project-logo.png
apache-apollo-1.7.1/docs/site/images/rss.gif
```

图 5 - 2 - 19　解压 apollo 程序压缩包

5)创建一个 broker 实例

首先进入其 bin 目录：

cd apache - apollo - 1.7.1/bin/执行. /apollo create mybroker

可以看到如下输出：

```
bin  +
liaodong@Deepin:~/RamDisk/apache-apollo-1.7.1/bin$ ./apollo create mybroker
Creating apollo instance at: mybroker
Generating ssl keystore...

Warning:
JKS 密钥库使用专用格式。建议使用 "keytool -importkeystore -srckeystore keystore -destkeystore keystore -deststoretype pkcs12" 迁移到行业标准格式 PKCS12。

You can now start the broker by executing:

   "/home/liaodong/RamDisk/apache-apollo-1.7.1/bin/mybroker/bin/apollo-broker" run

Or you can setup the broker as system service and run it in the background:

   sudo ln -s "/home/liaodong/RamDisk/apache-apollo-1.7.1/bin/mybroker/bin/apollo-broker-service" /etc/init.d/
   /etc/init.d/apollo-broker-service start

liaodong@Deepin:~/RamDisk/apache-apollo-1.7.1/bin$ 
```

图 5-2-20　apollo 创建新项目

如图 5-2-20 所示，其中下划线标注的是启动方法，请根据自己终端的输出启动。

6)启动 Apollo

复制图 5-2-20 中下划线标注的路径，末尾加 run，便可启动 Apollo 服务器，如图 5-2-21 所示。

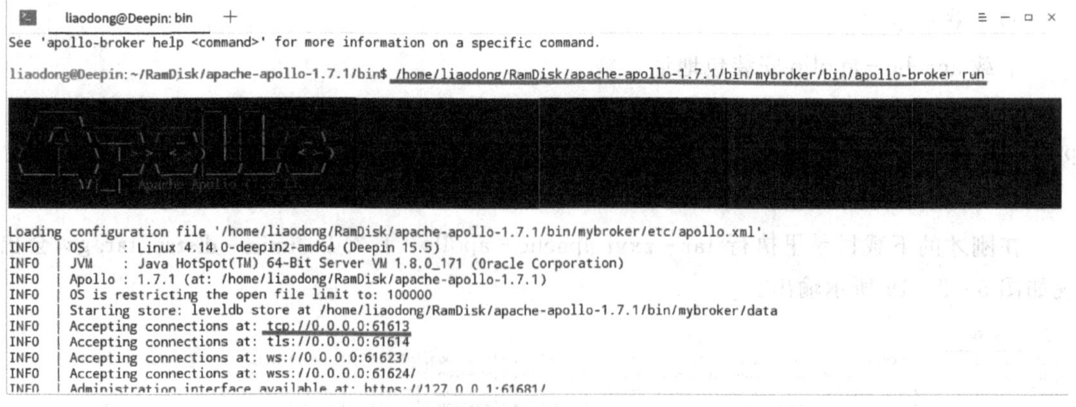

图 5-2-21　启动 Apollo 服务器

调试信息里面包含所启动服务的地址。

7. Android 客户端实现及与网关通信

前面的实验已经实现了局域网内的通信以及控制，但是至此还没有实现联网控制功能，在接下来的实验过程中，我们将实现一个简易的 Android 手机客户端，并与网关进行交互。

1)新建 Android phone/tablet 工程

选择 Phone and Tablet、Empty Activity，如图 5-2-22 所示。

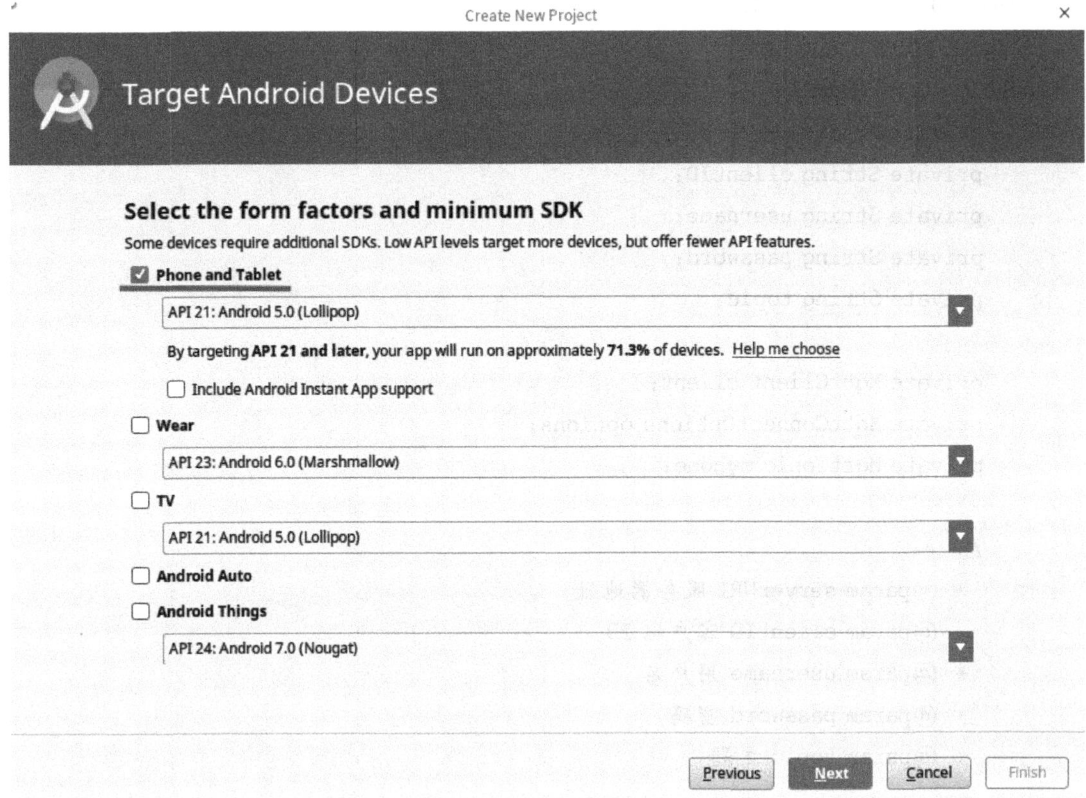

图 5-2-22　新建 Android 手机 App 项目

2)添加 MQTT 依赖

在 gradle 脚本里面加入 paho 的 mqtt 包,如图 5-2-23 所示。

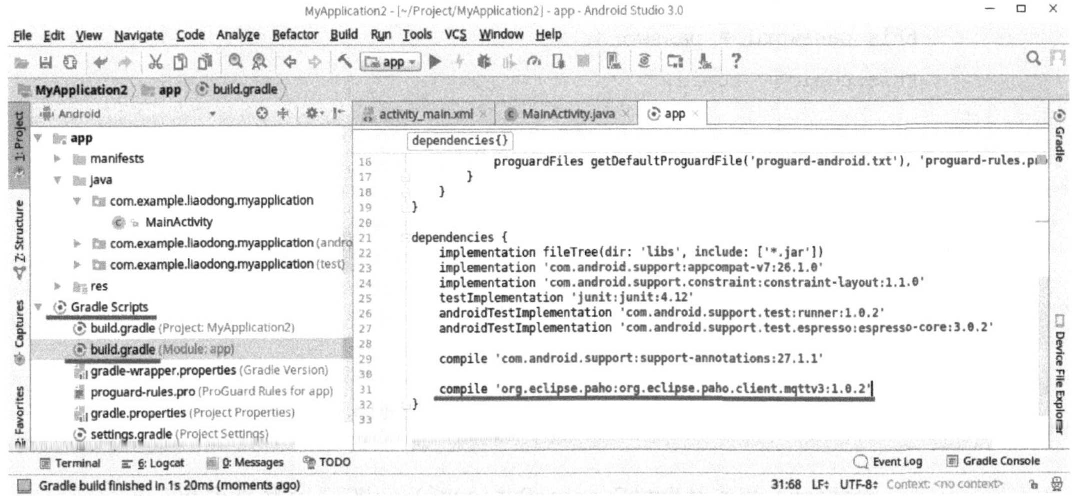

图 5-2-23　添加 paho mqtt 依赖

3)编写自定义 MQTT 类

新建 MyMQTT.java

```
public class MyMQTT {
    private String serverURI;
    private String clientID;
    private String username;
    private String password;
    private String topic;

    private MqttClient client;
    private MqttConnectOptions options;
    private MqttTopic myhome;

    /**
     * @param serverURI 服务器地址
     * @param clientID 客户端 ID
     * @param username 用户名
     * @param password 密码
     * @param topic 主题
     */
     public MyMQTT(String serverURI, String clientID, String username, String
     password, String topic) {
        this.serverURI = serverURI;
        this.clientID = clientID;
        this.username = username;
        this.password = password;
        this.topic = topic;
    }

    /**
     * 开启 MQTT 服务
     */
    public void start() {
        try {
            client = new MqttClient(serverURI, clientID,new MemoryPersistence());

            options = new MqttConnectOptions();//MQTT 的联接设置
            options.setCleanSession(true);//设置是否清空 session,这里如果设置
            //为 false 表示服务器会保留客户端的连接记录,这里设置为 true 表示每
```

```
            //次连接到服务器都以新的身份连接
            options.setUserName(username);//设置连接的用户名
            options.setPassword(password.toCharArray());//设置连接的密码
            options.setConnectionTimeout(10);// 设置连接超时时间 单位为秒(s)

            options.setKeepAliveInterval(20);// 设置会话心跳时间,单位为 s 服务
            //器会每隔 1.5×20s 的时间向客户端发送个消息判断客户端是否在线,但
            //这个方法并没有重联的机制。

            client.setCallback(mqttCallback); //注册回调
            Log.e("client", "success");
        } catch (MqttException e) {
            e.printStackTrace();
        }


        connect(); // 开始连接
    }


    /**
     * 连接函数,会产生一个线程,检查是否在线,如果不在线就重连
     */
    private void connect() {
        new Thread(new Runnable() { // 新建线程连接
            @Override
            public void run() {
                while (true) { // 循环
                    if (! client.isConnected()) { // 当与服务器连接不成功的时候
                        try {
                            client.connect(options);//连接服务器,连接不上会
                                                    //阻塞在此
                            client.subscribe(topic);//订阅主题

                            myhome = client.getTopic(topic);

                            onConnected(); // 执行连接成功回调

                        } catch (MqttSecurityException e) {
```

```
                        //安全问题连接失败
                        e.printStackTrace();
                    } catch (MqttException e) {
                        //连接失败原因
                        e.printStackTrace();
                    }
                }
                try {
                    Thread.sleep(5000); // 每 5 s 检查一次
                } catch (InterruptedException e) {
                    e.printStackTrace();
                }
            }
        }
    }).start(); // 开始线程
}

/**
 *  mqttCallback
 */
private MqttCallback mqttCallback = new MqttCallback() {
    @Override
    public void connectionLost(Throwable cause) {
        onDisconnected();
    }

    @Override
    public void messageArrived(String topic, MqttMessage message) throws
    Exception { // 有新消息到达
        onMessageArrived(new String(message.getPayload()));
        //执行 onMessageArrived 函数
    }

    @Override
    public void deliveryComplete(IMqttDeliveryToken token) {}
};
```

```
    /**
     * 收到消息后会执行本函数，该方法需要在对象中重写
     * @param msg
     */
    public void onMessageArrived(String msg) {
        // do something
    }


    public void onDisconnected() {
        // do something
    }

    public void onConnected() {
        // do something
    }

    public boolean getStatus() {
        return client.isConnected();
    }

    /**
     * 消息发送函数
     * @param msg 需要发送的字符串
     */
    private void sendMessage(String msg) {
        MqttMessage mqttMessage = new MqttMessage();
        mqttMessage.setPayload(msg.getBytes());
        mqttMessage.setQos(1);
        if(client.isConnected()) { // 如果在线
            try {
                client.publish(topic, mqttMessage);
            } catch (MqttException e) {
                e.printStackTrace();
            }
        }
    }
}
```

该类中我们实现了 MQTT 的初始化，断线重连。

4)编写 Android 手机端布局文件

activity_main. xml 布局文件如下：

```
<?xml version="1.0" encoding="utf-8"?>
<android.support.constraint.ConstraintLayout xmlns:android="http://schemas.android.com/apk/res/android"
    xmlns:app="http://schemas.android.com/apk/res-auto"
    xmlns:tools="http://schemas.android.com/tools"
    android:layout_width="match_parent"
    android:layout_height="match_parent"
    tools:context="com.example.liaodong.myapplication.MainActivity">

    <LinearLayout
        android:layout_width="match_parent"
        android:layout_height="match_parent"
        android:orientation="vertical">

        <TextView
            android:id="@+id/tv_sensors"
            android:layout_width="match_parent"
            android:layout_height="wrap_content"
            android:layout_weight="3"
            android:scrollbars="vertical"
            android:singleLine="false"
            android:maxLines="15"/>

        <TextView
            android:id="@+id/tv_security"
            android:layout_width="match_parent"
            android:layout_height="wrap_content"
            android:layout_weight="3"
            android:scrollbars="vertical"
            android:singleLine="false"
            android:maxLines="15"/>

        <LinearLayout
            android:layout_width="match_parent"
            android:layout_weight="1"
```

```
        android:layout_height = "wrap_content"
        android:orientation = "horizontal">

        <RelativeLayout
            android:layout_width = "wrap_content"
            android:layout_height = "match_parent"
            android:layout_weight = "1">

            <Button
                android:id = "@ + id/lighton"
                android:layout_width = "wrap_content"
                android:layout_height = "wrap_content"
                android:text = "开灯"
                android:layout_centerHorizontal = "true"
                android:layout_centerVertical = "true"/>
        </RelativeLayout>

        <RelativeLayout
            android:layout_width = "wrap_content"
            android:layout_height = "match_parent"
            android:layout_weight = "1">

            <Button
                android:id = "@ + id/lightoff"
                android:layout_width = "wrap_content"
                android:layout_height = "wrap_content"
                android:text = "关灯"
                android:layout_centerHorizontal = "true"
                android:layout_centerVertical = "true"/>

        </RelativeLayout>

    </LinearLayout>

</LinearLayout>
</android.support.constraint.ConstraintLayout>
```

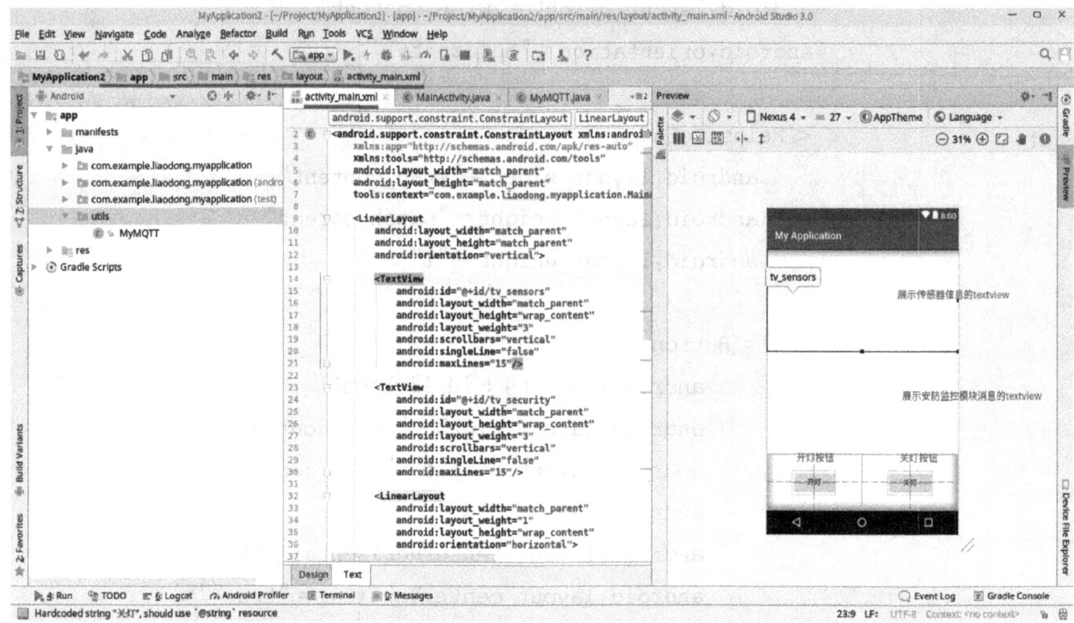

图 5-2-24　App 布局

5)编写 Android 手机端主程序

程序如下：

```
public class MainActivity extends AppCompatActivity {

    private MyMQTT myMQTT; // 自定义的 MQTT 类

    private static final String serverURI = "tcp://www.keepsorted.com.cn:61613"; // 替换为你的服务器地址
    private static final String clientID = "myphone";
    private static final String username = "admin";
    private static final String password = "password";
    private static final String topic = "myhome";

    private TextView sensorsText;
    private TextView securityText;

    private Handler handler;


    @Override
    protected void onCreate(Bundle savedInstanceState) {
        super.onCreate(savedInstanceState);
```

```
    setContentView(R.layout.activity_main);

    initView();
    initMQTT();
}

/**
 * 初始化 MQTT 客户端
 */
private void initMQTT() {
    myMQTT = new MyMQTT(serverURI, clientID, username, password, topic) {
        @Override
        public void onMessageArrived(final String msg) {  // 有消息到达
            Log.e("mqtt", msg);

            // 分别填到两个 textView 中
            if(msg.contains("sensors")) {
                handler.post(new Runnable() {
                    @Override
                    public void run() {
                        sensorsText.append(msg + "\n");
                    }
                });
            } else if(msg.contains("security")) {
                handler.post(new Runnable() {
                    @Override
                    public void run() {
                        securityText.append(msg + "\n");
                    }
                });
            }

        }

        @Override
        public void onDisconnected() {}

        @Override
        public void onConnected() { // 连接成功后,弹出提醒
```

```
                runOnUiThread(new Runnable() {
                    @Override
                    public void run() {
                        Toast.makeText(MainActivity.this, "连接成功", Toast.
                        LENGTH_LONG).show();
                    }
                });
            }
        };
        myMQTT.start(); // 启动 MQTT
    }

    /**
     * 初始化 View 界面
     */
    private void initView() {
        // 设置开灯按钮监听器
        findViewById(R.id.lighton).setOnClickListener(new View.OnClickListener() {
            @Override
            public void onClick(View view) {
                myMQTT.sendMessage("light:on"); // 发送开灯指令
            }
        });

        // 设置关灯按钮监听器
        findViewById(R.id.lightoff).setOnClickListener(new View.OnClickLis-
        tener() {
            @Override
            public void onClick(View view) {
                myMQTT.sendMessage("light:off"); // 发送关灯指令
            }
        });

        // 设置环境传感展示文本框,可滑动
        sensorsText = findViewById(R.id.tv_sensors);
        sensorsText.setMovementMethod(ScrollingMovementMethod.getInstance());

        // 设置安防检测展示文本框,可滑动
        securityText = findViewById(R.id.tv_security);
```

```
        securityText.setMovementMethod(ScrollingMovementMethod.getInstance());

        handler = new Handler();
    }
}
```

将 Android 手机连接到电脑，打开“开发者模式”中的“USB 调试”选项。点击“运行”按钮，如果连接成功，屏幕底部会弹出消息：连接成功。

6）编写网关 Android Things 程序

首先切换到网关的工程，将上面的 MyMQTT.java 文件复制到网关的工程中 app－>java 文件夹下。然后在 gradle 脚本中添加 MQTT 依赖：

```
compile 'org.eclipse.paho:org.eclipse.paho.client.mqttv3:1.0.2'
```

在 MainActivity 中，onCreate()函数前面添加变量：

```
    private MyMQTT myMQTT; // 自定义的 MQTT 类
    private static final String serverURI = "tcp://192.168.1.1:61613";
// 替换为你的服务器地址
    private static final String clientID = "myGateway";
    private static final String username = "admin";
    private static final String password = "password";
    private static final String topic = "myhome";
```

并添加函数：

```
    public void initMQTT() {
        myMQTT = new MyMQTT(serverURI, clientID, username, password, topic)
{
            @Override
            public void onMessageArrived(String msg) {
                if (msg.contains("light")) { // 如果是发送给灯的数据，则直接转发
                    try {
                        uartDevice.write(msg.getBytes(), msg.length());
                    } catch (IOException e) {
                        e.printStackTrace();
                    }
                }
            }

            @Override
            public void onDisconnected() {}
            @Override
            public void onConnected() {}
        };
```

```
        myMQTT.start();
    }
```

然后在 onCreate 中调用该程序，如图 5-2-25 所示。

```
    private static final String topic = "myhome";

    public void initMQTT() {
        myMQTT = new MyMQTT(serverURI, clientID, username, password, topic) {
            @Override
            public void onMessageArrived(String msg) {
                if (msg.contains("light")) { //
                    try {
                        uartDevice.write(msg.getBytes(), msg.length());
                    } catch (IOException e) {
                        e.printStackTrace();
                    }
                }
            }

            @Override
            public void onDisconnected() {}
            @Override
            public void onConnected() {}
        };
        myMQTT.start();
    }

    @Override
    protected void onCreate(Bundle savedInstanceState) {
        super.onCreate(savedInstanceState);
        setContentView(R.layout.activity_main);

        initMQTT();

        //
        try {
            PeripheralManagerService peripheralManagerService = new PeripheralManagerService();
            uartDevice = peripheralManagerService.openUartDevice(UART_DEVICE_NAME);

            uartDevice.setBaudrate(BAUD_RATA);
            uartDevice.setDataSize(8);
```

图 5-2-25　初始化 MQTT

最后在串口回调函数中加入 MQTT 发送函数 sendMessage()，将传感器发送的值转发到手机，如图 5-2-26 所示。

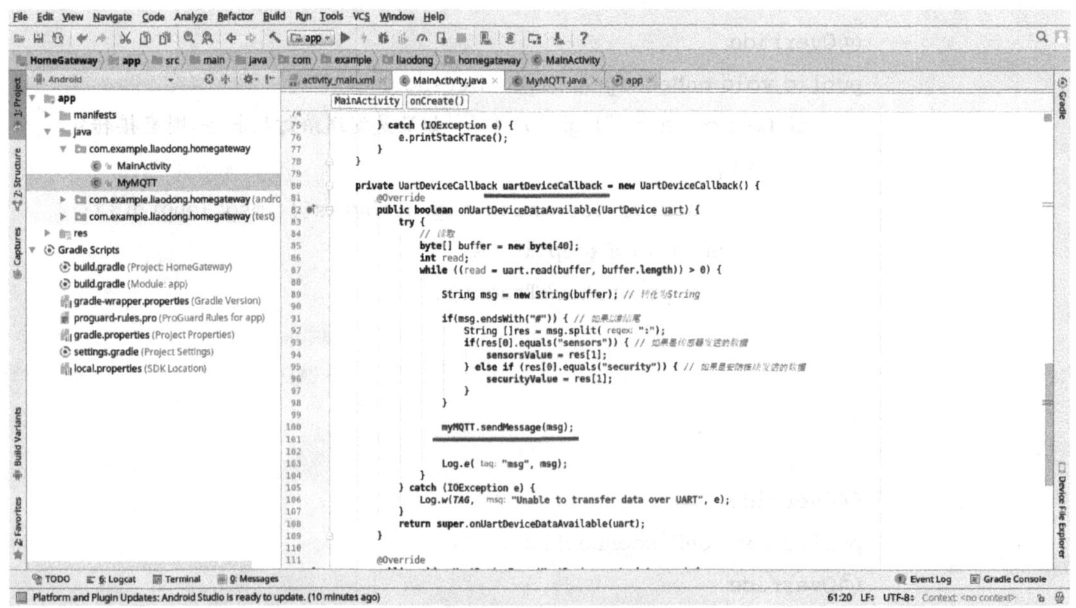

} catch (IOException e) {
e.printStackTrace();
}
}
private UartDeviceCallback uartDeviceCallback = new UartDeviceCallback() {
@Override
public boolean onUartDeviceDataAvailable(UartDevice uart) {
try {
byte[] buffer = new byte[40];
int read;
while ((read = uart.read(buffer, buffer.length)) > 0) {
String msg = new String(buffer);
if(msg.endsWith("#")) {
String []res = msg.split(regex: ":");
if(res[0].equals("sensors")) {
sensorsValue = res[1];
} else if (res[0].equals("security")) {
securityValue = res[1];
}
}
myMQTT.sendMessage(msg);
Log.e(tag: "msg", msg);
}
} catch (IOException e) {
Log.w(TAG, msg: "Unable to transfer data over UART", e);
}
return super.onUartDeviceDataAvailable(uart);
}
@Override

图 5-2-26　发送传感器数据

7)启动本实验中所有节点,并运行程序

如果实验成功,应该在手机端看到如图 5-2-7 所示画面。

图 5-2-27　手机端运行界面

手机端会收到环境传感器模块和安防检测模块的数据,并且点击“开灯”和“关灯”按钮,能够正常打开和关闭智能灯。

5.3　物联网应用层安全——位置隐私保护实验

5.3.1　实验目的

(1)掌握位置 k-匿名的基本原理;

(2)掌握实现位置 k-匿名的一种方法。

5.3.2　实验工具

(1)PC 机 1 台;

(2)Java 平台。

5.3.3 实验原理

本实验主要介绍物联网应用层安全的一个具体实例，即利用位置 k-匿名思想和栅格化方法实现位置隐私保护。位置 k-匿名的基本思想是：当一个移动用户的位置无法与其他 $k-1$ 个用户的位置相区别时，称此位置满足位置 k-匿名。位置 k-匿名实现的关键在于 k-匿名区域的创建。实际应用中，对包含 N 个用户位置的目标区域 R 实施位置 k-匿名时，对目标区域的划分问题成为 k-匿名区域创建的基础。划分的方法有矩形划分、圆形划分、泰森多边形划分等。实验中使用的栅格化方法是以正方形栅格作为基本划分单元，再利用栅格合并、栅格分割等操作辅助创建 k-匿名区域。

本实验的主要任务是对目标区域 R 中 N 个用户位置实施 k-匿名，主要完成的内容包括：①根据输入的匿名参数 k，计算栅格大小 s，编程实现对目标区域的栅格划分；②统计各栅格中的位置数量 n，根据 n 与匿名参数 k 之间的关系，标记栅格需要进行的下一步操作（包括栅格合并、栅格分割）；③对于需要合并的栅格，编程实现栅格合并；④对于需要分割的栅格，编程实现栅格分割；⑤为满足匿名要求的栅格区域（包括初始栅格区域、合并后的栅格区域、分割后的栅格子区域），编程实现匿名区域的创建；⑥对每一个匿名区域，编程实现将其包含的所有位置点以匿名区域中点位置进行替换。图 5-3-1 是本实验的流程图，其中 f 是栅格标记。下面给出本实验主要内容的详细介绍。

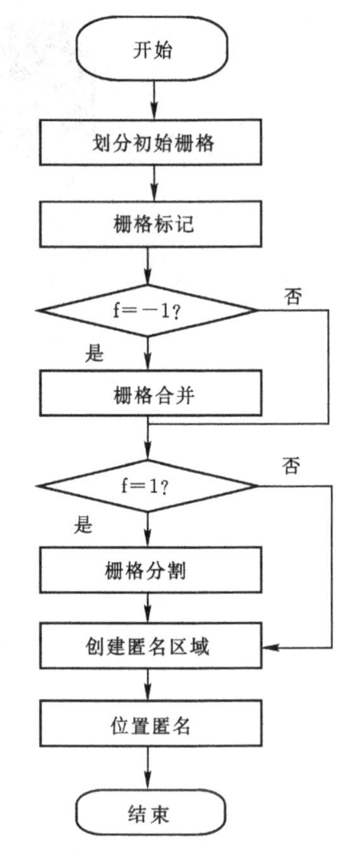

图 5-3-1 位置隐私保护流程图

1. 划分初始栅格

本实验中初始栅格的大小基于目标区域用户密度计算得到，计算中使用的公式如下：

(1)设目标区域用户密度为 ρ，则有

$$\rho = \frac{S_R}{N}$$

其中 S_R 为目标区域面积，N 为目标区域中的用户数量。

(2)设初始栅格大小为 s，则有

$$s = \rho k$$

其中 k 为位置 k-匿名的匿名参数。

在本实验中，从目标区域左上角开始，以边长为 $\sqrt{s}$ 的正方形栅格将其划分。设目标区域边长分别为 Δx 和 Δy，划分后将得到 $\frac{\Delta x}{\sqrt{s}} \cdot \frac{\Delta y}{\sqrt{s}}$ 个正方形栅格。图 5-3-2 是一个划分初始栅格

的示例，其中实线框为目标区域，虚线为划分后的栅格边界，空心圆圈代表用户位置。

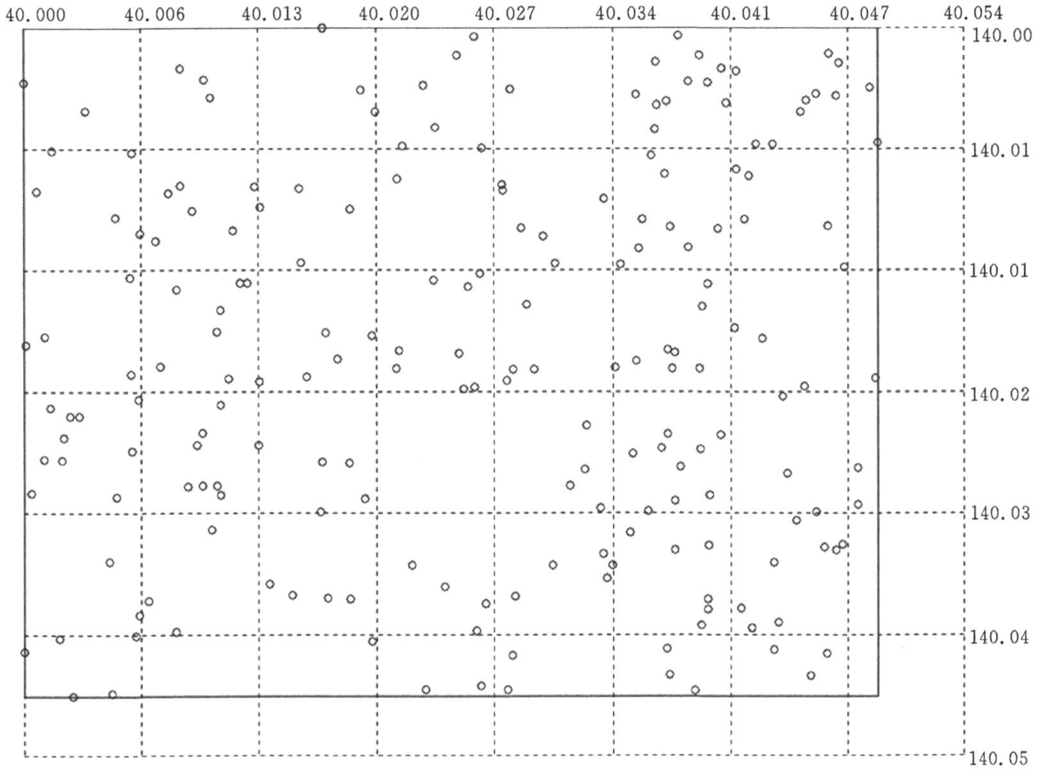

图 5-3-2　划分初始栅格示意图

2. 栅格标记

栅格划分完成后，统计各初始栅格中的位置数量 n，并根据其与匿名参数 k 之间的关系确定下一步的栅格操作(包括栅格合并和栅格分割)。本实验中栅格标记 f 的取值通过下式实现：

$$f=\begin{cases}-1 & n<k \\ 0 & k \leqslant n<2k \\ 1 & n \geqslant 2k\end{cases}$$

当 $f=-1$ 时，此栅格需要和其他栅格进行合并；当 $f=1$ 时，此栅格需要进行分割。

3. 栅格合并

栅格合并是将用户数量小于匿名参数 k 的栅格与其它栅格合并形成栅格区域，使栅格区域的用户数量满足 k-匿名的要求。栅格合并时采用的合并策略不同，合并后的结果也有所区别。图 5-3-3 是 $k=5$ 时对图 5-3-2 进行栅格合并的结果。

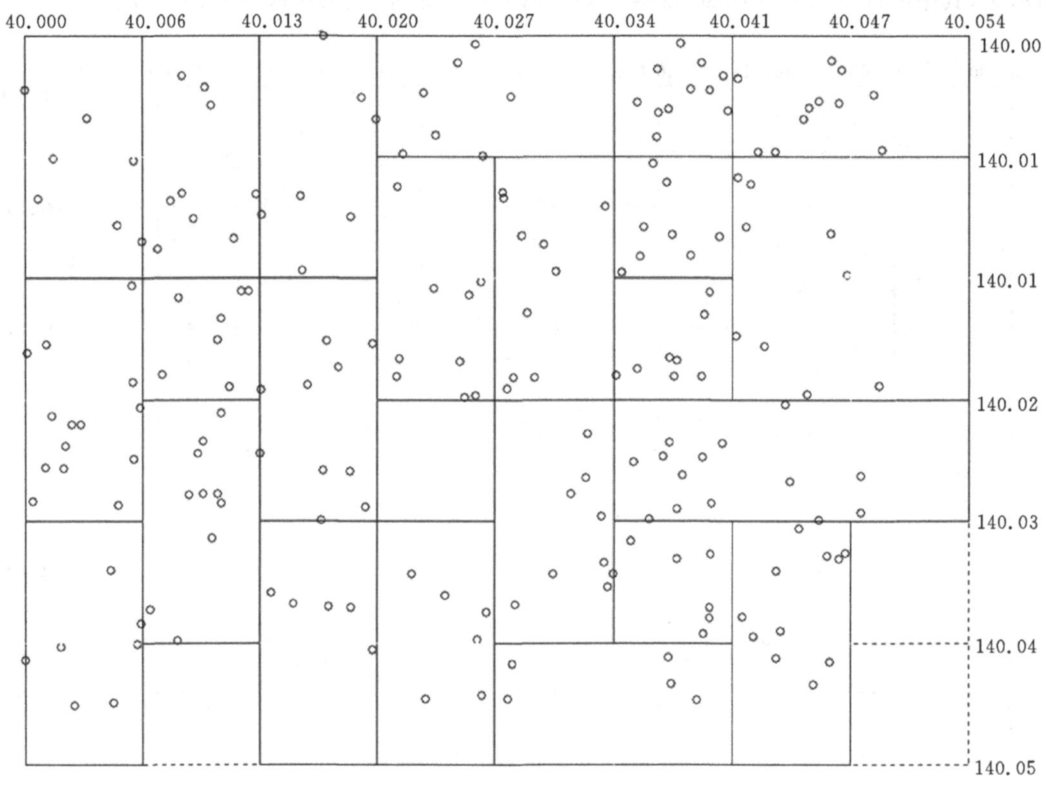

图 5-3-3　栅格合并示意图

4. 栅格分割

栅格分割是将用户数量不小于 $2k$ 的栅格或合并后的栅格区域进行分割，使分割后形成的栅格区域中用户数量满足$[k,2k)$。栅格分割时也有许多分割策略，例如取整分割，即将包含$(mk+n)$个用户位置的数据集划分为$\frac{m}{2}\left(k+\frac{n}{2}\right)$和$\frac{m}{2}\left(k+\frac{n}{2}\right)$两个子数据集并对子数据集不断划分直至点数都满足$[k,2k)$。

本实验中的栅格分割使用基于地理中线的平衡分割方法。设栅格 P 中用户数量大于 $2k$，首先遍历栅格中用户位置得到最大纬度值 $x_{\max}$、最小纬度值$x_{\min}$、最大经度值$y_{\max}$、最小经度值$y_{\min}$；其次通过$(x_{\max}-x_{\min})\frac{40000}{360}$计算纬度范围，通过$(y_{\max}-y_{\min})\frac{40000}{360}\cos\theta$计算经度范围，其中 θ 为该点的纬度；然后比较经度和纬度范围的大小，若纬度范围大，则以纬度值等于$(x_{\max}-x_{\min})/2$ 的纬线为分割线，将 P 分为P_1、P_2两个小栅格，同理若经度范围更大，则以经度值等于$(y_{\max}-y_{\min})/2$ 的经线为分割线，处于分割线上的点均划分到P_1中，图 5-3-4 是一个地理中线划分的示例，其中 $k=3$；接着检查P_1、P_2中的用户数量是否小于 k，若某次划分后某一子区域的用户数量少于 k，不妨设P_1的用户数量$|P_1|<k$，则需要实施平衡分割，即选取P_2中最接近划分线的$(k-|P_1|)$个点，将其从P_2分至P_1中，图 5-3-5 是对图 5-3-4 实施平衡分割的结果；最后重复上述过程，直至所有子区域中用户数量满足$[k,2k)$。

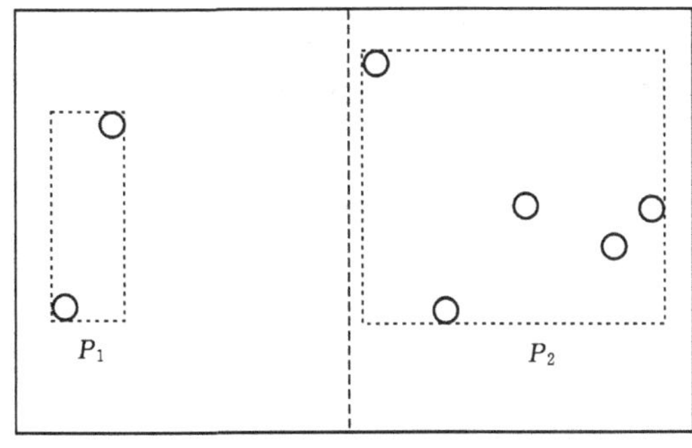

图 5-3-4　地理中线分割后的区域图

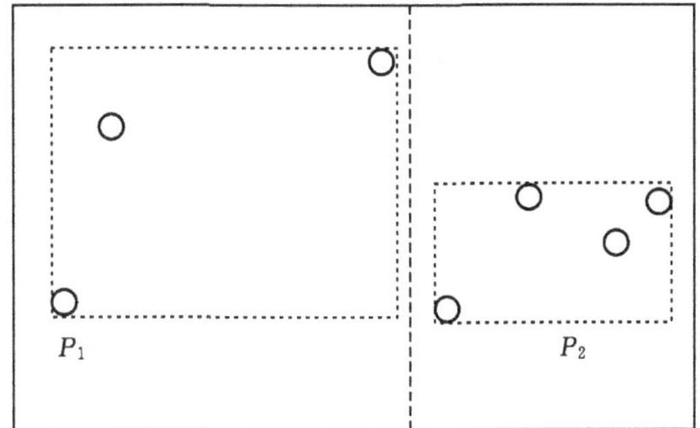

图 5-3-5　实施平衡分割后的区域图

5. 创建匿名区域

通过栅格化方法，将得到满足匿名要求的栅格区域(包括初始栅格区域、合并后的栅格区域、分割后的栅格子区域)，为这些栅格区域中的用户建立位置 k-匿名区域，图 5-3-6 是对图 5-3-3 进行基于地理中线的平衡分割后创建匿名区域的示意图，其中虚线为初始栅格边界线，实线框即为匿名区域。

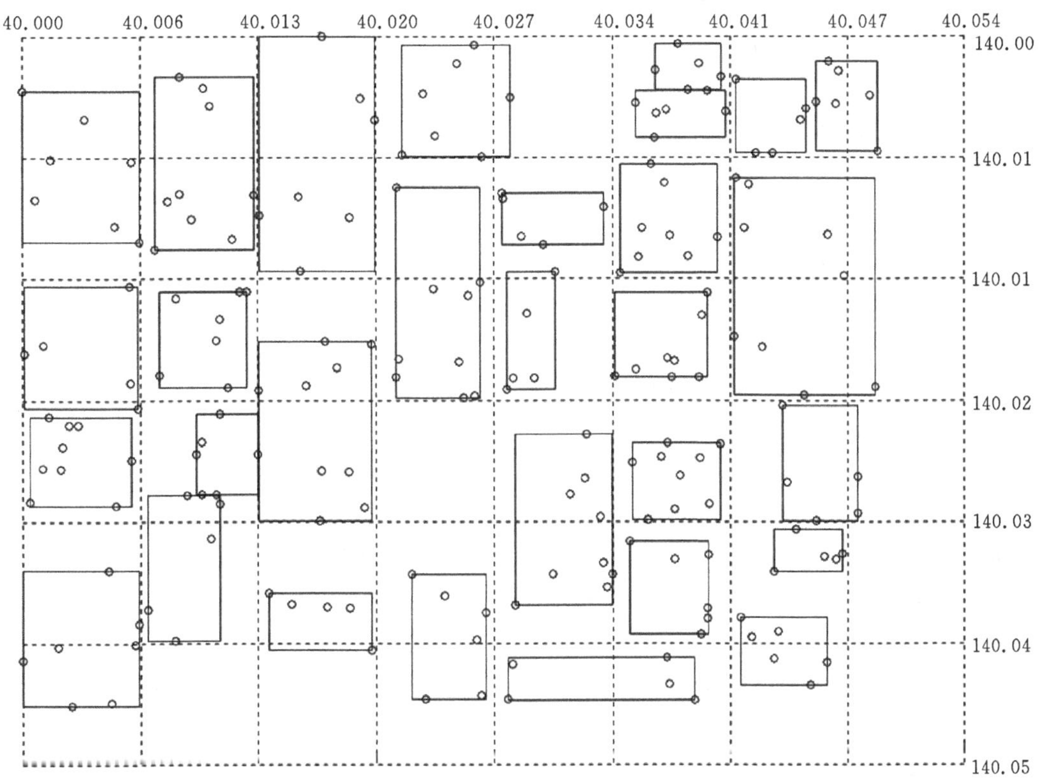

图 5-3-6　基于地理中线平衡分割后创建的匿名区域

6. 位置匿名

本实验使用匿名区域的中点作为该匿名区域中所有用户的位置完成位置 k-匿名，如图 5-3-7所示，即匿名区域中的所有用户位置（空心圆圈）将用匿名区域的中心位置 B（实心圆点）代替。

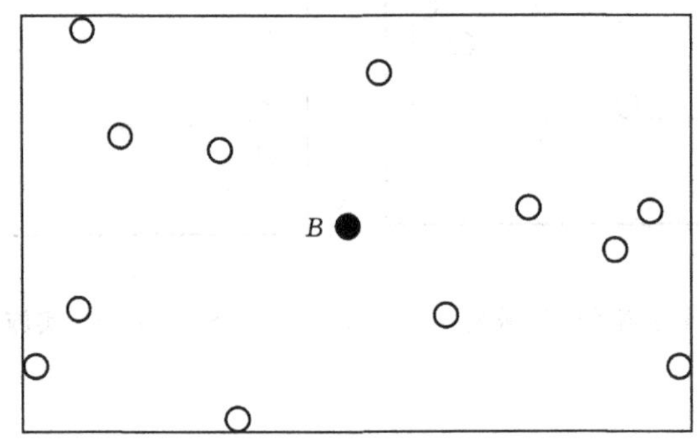

图 5-3-7　匿名区域中点代替用户位置

以上是实验内容的详细流程介绍。为了完成实验功能，下面给出本实验关键函数和代码。实验代码共含三个类 Points、GridKanonimity 和 DrawGrid。首先 Points 类为描述点集的数据结构，包括以下域及一个内部类 Point 用于表示点。

```
public class Points {
    int num;
    public Point[]    assemble;
    public double xmin;
    public double xmax;
    public double ymin;
    public double ymax;
}
```

GridKanonimity 类是本实验的核心，包括以下域：

```
public class GridKanonimity {
    public Points p;                          //位置点集合
    public double density;                    //点密度
    public double pA;                         //像素面积(pixelArea)
    public int k;                             //k 值
    public Points[][] pixel;                  //像素栅格矩阵
    public int[][] index;                     //栅格合并后的索引矩阵
    public int ind = 1;                       //自增的索引
    boolean[][] visit;                        //是否处理过
    public ArrayList<Points> region;          //划分后的匿名区域点集合数组
    public double sumDistance;                //所有人匿名后原始位置与中点的距离和
    public double averageDistance;            //每个人匿名后原始位置与中点的平均
```

```
                                            //距离
    public double sumArea;                  //划分后匿名区域的面积和
    public double averageArea;              //划分后匿名区域的平均面积
    public int regionNum;                   //划分后匿名区域的数量
    boolean statePartition = false;         //分割操作后变为 true
    static double lat = 40000/360;          //纬度 1°的距离
    static double lon = lat * Math.cos(2 * Math.PI * 40/360);  //经度 1°的距离
}
```

在 GridKanonimity 类中重要的方法如下：

```
public class GridKanonimity {
public GridKanonimity(int k,int num){ … }
public void init(){ … }
public void merge(int i,int j){ … }
public void partitionCentralLineK(Points p){ … }
public void run(){ … }
}
```

其中 public GridKanonimity(int k,int num){ … } 为类 GridKanonimity 的构造器，参数 *k* 为 *k*-匿名参数，num 为随机生成的点数。生成的点分布在经度 140°，纬度 40°左右，误差不超过 ±0.05°。

public void init(){ … }用于初始化对象，完成的功能包括初始栅格的划分和各个域的初始化。其代码如下：

```
public void init(){
    density = (p.xmax-8p.xmin) * lat * (p.ymax-p.ymin) * lon/p.num;   //计算区域密度
    pA = k * density;                                                 //计算初始栅格面积
    double len = Math.sqrt(pA);                                       //计算初始栅格边长
    int row = (int)Math.ceil((p.ymax - p.ymin) * lon/len);            //计算栅格行数
    int col = (int)Math.ceil((p.xmax - p.xmin) * lat/len);            //计算栅格列数
    pixel = null;
    pixel = new Points[row][];                                        //建立栅格矩阵及初始化
    for(int i = 0;i<row;i + + ){
        pixel[i] = new Points[col];
        for(int j = 0;j<col;j + + ){
            pixel[i][j] = new Points();
        }
    }
    for(int i = 0;i<p.num;i + + ){
        int r = (int)((p.assemble[i].y() - p.ymin) * lon/len);
        int c = (int)((p.assemble[i].x() - p.xmin) * lat/len);       //计算得到点属于第 r
                                                                      //行第 c 列的栅格
```

```
            pixel[r][c].linkAdd(p.assemble[i],"special");      //将该点加入 r 行 c 列栅
                                                               //格中
        }
        for(int i=0;i<pixel.length;i++){
            for(int j=0;j<pixel[0].length;j++){
                pixel[i][j].reset();                           //reset 每个栅格
            }
        }
        visit=new boolean[pixel.length][pixel[0].length];      //初始化访问矩阵
        index=new int[pixel.length][pixel[0].length];          //初始化索引矩阵
        region=new ArrayList<>();
        ind=1;
        statePartition=false;
        sumArea=0;
        averageArea=0;
        sumDistance=0;
        averageDistance=0;
        regionNum=0;
}
```

public void merge(int i,int j){…}用于栅格合并，其中参数 i、j 为像素栅格的坐标。位于第 i 行 j 列的像素栅格为所含点数少于 k 的像素栅格。该方法中将根据固定的搜索方向，搜索像素栅格(i,j)附近的其他像素栅格，将符合搜索策略的像素栅格与像素栅格(i,j)一起合并形成栅格区域。栅格区域中所有像素栅格将通过相同的索引表示。索引矩阵即为 public int[][] index，其行列与像素栅格矩阵一一对应。其代码如下：

```
public void merge(int i,int j){

/ *************************************************************************
        pixel[i][j]是个所含点数少于 k 的栅格，在 pixel[i][j]周围寻找栅格与其合并，使得最终栅格区域所含点数大于 k
        注意要全局考虑
        这个方法稍显麻烦
        强烈建议有想法的同学重写这个函数

/ *************************************************************************
        boolean find=false;
        int stCoor[]={i,j};                           //合并的栅格区域的左上角的坐标
         int row,col;                                 //合并的栅格区域的行列数
         row=col=1;
         int sum=pixel[i][j].num;
```

```
/*************************************************************************
 * 注意在 run 中从左到右边,从上到下扫描
 * 因此扫描到 pixel[i][j]时,前面的栅格要么已经被合并过,要么本身就符合点数大于 k
 * 所以若 pixel[i-1][j]和 pixel[i][j-1]的 visit 为 false,则这两个栅格所含点数必大于 k,且从未被其他栅格合并过
 * 因此 pixel[i][j]和这两个栅格中任一一个栅格合并,所含点数都大于 k,本次合并操作结束
/*************************************************************************
if(i>0&&! visit[i-1][j]&&pixel[i-1][j].num! =0){ //pixel[i-1][j]              //可合并
    row++;
    stCoor[0]--;
    find=true;                                        //找到所需栅格,合并结束
}else if(j>0&&! visit[i][j-1]&&pixel[i][j-1].num! =0){ //pixel[i][j-1]        //可合并
    col++;
    stCoor[1]--;
    find=true;                                        //找到所需栅格,合并结束
}else{
/*************************************************************************
     * 当 pixel[i-1][j]和 pixel[i][j-1]不能被直接合并时
     * 优先搜索位于 pixel[i][j]右下侧的栅格
     * 为的是减少对左上角已经处理过了的栅格的影响
     * 搜索时需要保持矩形,且不能覆盖已合并过的栅格区域
/*************************************************************************
    boolean expandable=true;                    //搜索的行或列是否可合并的标志
    while (! find&&! (stCoor[0] + row == pixel.length && stCoor[1] + col == pixel[0].length )) {          //扩展到右下角
        for (int z = 0; z < col; z++) {                         //尝试和下层合并
            if (stCoor[0]+row==visit.length||visit[stCoor[0] + row][stCoor[1] + z]) {
                expandable = false;
                break;
            }
```

```
            }
            if (expandable = = true) {                        //下层可合并
                for(int z = 0;z<col;z + + ){
                    sum + = pixel[stCoor[0] + row][stCoor[1] + z].num;
                }
                row + + ;
            }
            if (sum >= k) {                                   //点数超过 k,跳出循环
                find = true;
                break;
            }
            expandable = true;
            for (int z = 0; z < row; z + + ) {                //尝试和右侧合并
                if (stCoor[1] + col = = visit[0].length || visit[stCoor[0] + z][stCoor[1] + col]) {
                    expandable = false;
                    break;
                }
            }
            if (expandable = = true){                         //右侧可合并
                for(int z = 0;z<row;z + + ){
                    sum + = pixel[stCoor[0] + z][stCoor[1] + col].num;
                }
                col + + ;
            }
            if (sum >= k) {                                   //点数超过 k,跳出循环
                find = true;
                break;
            }
            expandable = true;
          if(stCoor[0] + row = = pixel.length&&stCoor[1] + col<pixel[0].length&&visit[stCoor[0]][stCoor[1] + col]){   //已到最底部,但右侧被占
                                                              //用,无法扩展
                stCoor[0] = i;
                stCoor[1] = j;
                row = col = 1;
                break;
            }
        }
```

```
    }
    if(! find) {

/ ***********************************************************************
            * 右下角搜索后无法满足条件,则只能向左上搜索
            * 扩展时会采用包含所有以合并的栅格的方式
            * 扩展后的栅格若是要覆盖某个已合并过的栅格,则将继续扩展至完全覆盖了这个已合并过的栅格

/ ***********************************************************************
        stCoor[0] = i;
        stCoor[1] = j;
        row = col = 1;
        try {                                              //向左、上扩展
            int times = 0;
            while(! checkSum(stCoor[0], stCoor[1], row, col)) {
                int[] temp;
                if(stCoor[0] = = 0){           //栅格区域在最上方的情况下
                    temp = checkIndex(stCoor[0], stCoor[1] - 1, row, col + 1);//搜索从左边第一格开始
                }else if(stCoor[1] = = 0){       //栅格区域在最左侧的情况
                    temp = checkIndex(stCoor[0] - 1, stCoor[1], row + 1, col);//搜索从上方第一格开始
                }else{                                     //其余普遍情况
                    temp = times + + % 2 = = 0 ?         //轮流向左向上扩展
                            checkIndex(stCoor[0], stCoor[1] - 1, row, col + 1) : //左边第一格开始
                            checkIndex(stCoor[0] - 1, stCoor[1], row + 1, col); //上方第一格开始
                }
                while (temp[0] ! = stCoor[0] || temp[1] ! = stCoor[1]) {
                                                              //不断扩展
                    row + = (stCoor[0] - temp[0]);
                    col + = (stCoor[1] - temp[1]);
                    stCoor[0] = temp[0];
                    stCoor[1] = temp[1];
                    temp = checkIndex(stCoor[0], stCoor[1], row, col);
                }
            }
```

```
        }catch (Exception e){
/**********************************************************************
            * 当上一步中搜索到最左上角仍不能满足条件时
            * 若程序运行到这里,说明&pixel[i][j]右上方必有合并过的栅格区域
            * 因此向右上角搜索
            * 且这次搜索可以覆盖之前已经合并过的栅格
/**********************************************************************
            stCoor[0] = i;
            stCoor[1] = j;
            row = col = 1;
            //向右上搜索,先上再右
            int x = i;
            int y = j+1;
            find=false;
            for(;y<pixel[0].length&&! find;y++){
                for(x=i;x>=0;x--){
                    if(visit[x][y]||pixel[x][y].num+pixel[i][j].num>=k){
                    //找到合并过栅格中某个小栅格
                        find=true;
                        break;
                    }
                }
            }
            int[] temp = findIndex(x,y);                    //得到合并过栅
                                                            //格的位置大小
            while(temp[0]! = stCoor[0]||temp[1]! = stCoor[1]||temp[2]! = stCoor[0]+row-1||temp[3]! = stCoor[1]+col-1) {
                    //不断扩张
                row = Math.max(stCoor[0] + row - 1, temp[2]) - Math.min(stCoor[0], temp[0]) + 1;
                col = Math.max(stCoor[1] + col - 1, temp[3]) - Math.min(stCoor[1], temp[1]) + 1;
                stCoor[0] = Math.min(stCoor[0], temp[0]);
                stCoor[1] = Math.min(stCoor[1], temp[1]);
                temp = checkIndex(stCoor[0], stCoor[1], row, col);
            }
        }
```

```
    }

/****************************************************************
        * 合并结束，将合并结果写入索引矩阵

/****************************************************************
    for(int x = 0;x<row;x + + ){
        for(int y = 0;y<col;y + + ){
            index[stCoor[0] + x][stCoor[1] + y] = ind;
            visit[stCoor[0] + x][stCoor[1] + y] = true;
        }
    }
    ind + + ;
}
```

public void partitionCentralLineK(Points p){…}用于栅格分割，其中参数 p 为需要划分的点集。当 p 的点数在 k 至 $2k$ 之间时，p 将被加入匿名区域点集合数组 region 中。当 p 点数大于 $2k$ 时，将对 p 进行地理中线划分，划分后形成的各个点集分别加入 region 中。当 p 点数少于 k 时，将提示异常。其代码如下：

```
public void partitionCentralLineK(Points p){

/****************************************************************
      将 p 点集的区域递归划分为两个子区域，结束条件为 p 中所含点在 k 到 2k 之间

/****************************************************************
        try {
            if (p.num < k) {
                throw new Exception("点数太少，无法满足 k 匿名条件");
            }
            if (p.num < 2 * k) {                 //区域中所含点少于 2k 且大于等
                                                 //于 k，该区域即为匿名区域
                region.add(p);
                regionNum + + ;
                return;
            }
            Points p1;               //采用二分法，将 p 划分为 p1、p2 两个子区域
            Points p2;
            Points[] temp;
            if ((p.xmax - p.xmin) * lat > (p.ymax - p.ymin) * lon) {
```

```
            //以纬度中线划分
                temp = p.cutAt(p, (p.xmax + p.xmin) / 2, 0);
                p1 = temp[0];
                p2 = temp[1];
                temp = balance(p1, p2);
                p1 = temp[0];
                p2 = temp[1];
            } else {
                temp = p.cutAt(p, (p.ymax + p.ymin) / 2, 1);
                //以经度中线划分
                p1 = temp[0];
                p2 = temp[1];
                temp = balance(p1, p2);
                p1 = temp[0];
                p2 = temp[1];
            }
            partitionCentralLineK(p1);                           //递归划分 p1、p2
            partitionCentralLineK(p2);
        }catch (Exception e){
            System.out.println("error:" + e.getMessage());
            e.printStackTrace();
        }
    }
```

public void run(){…}将调用以上几个方法,完成位置隐私保护的全过程,并统计隐私保护的效果。其中栅格合并的索引矩阵为 public int[][] index,可通过方法 public void showMerge(){…}展示合并效果。划分好的匿名区域的点集存储在域 public ArrayList<Points> region 中。

为了直观展示本实验的各个步骤,DrawGrid 类将通过图形的方式将展示。调用时,只要调用其构造器 public DrawGrid(GridKanoniity gk){…}即可。

5.3.4 实验步骤

(1)安装 java。参考网址:https://jingyan.baidu.com/article/e75aca85b29c3b142edac6a8.html。

(2)安装 IDE。参考网址:https://blog.csdn.net/qq_35246620/article/details/61200815。

(3)安装完成后,打开 IDE,出现图 5-3-8 所示主界面,点击“Open”按钮,选定工程(物联网安全实验)所在文件夹,然后打开工程,如图 5-3-9 所示。

(4)在“物联网安全实验”下的“代码”文件夹中选定“src”文件夹,双击选中“DrawResult”类,如图 5-3-10 所示。

(5)在 DrawResult 类的 main 方法中写入需要运行的代码，然后点击编辑栏中的“Run”选项，在选项栏中选择“Run…”选项，如图 5-3-11 所示。在弹出的选项框中选择“DrawResult”类，如图 5-3-12 所示，程序将开始运行。也可用 Alt+Shift+F10 快捷键直接运行。

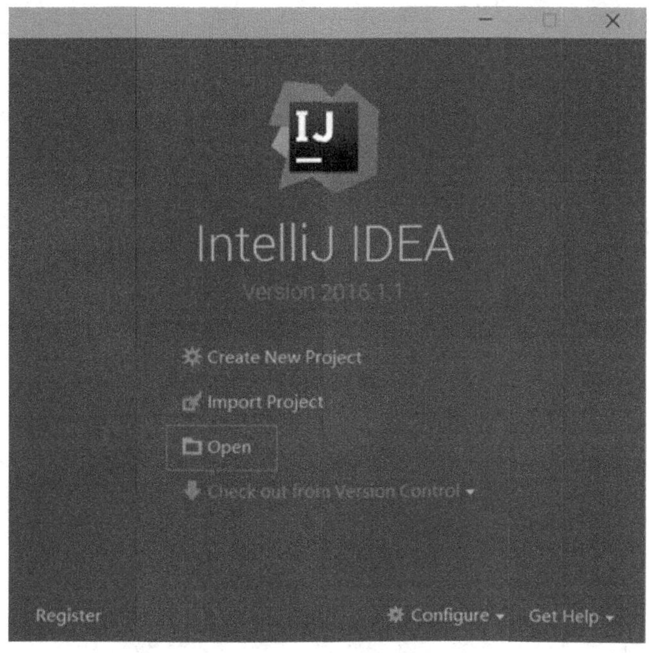

图 5-3-8　IDE 主界面

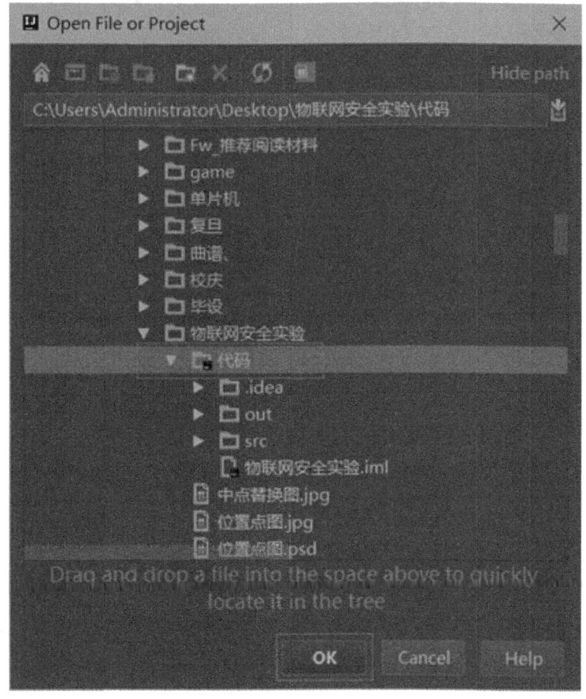

图 5-3-9　选定“物联网安全实验”界面

k_annonimity_experiment - [C:\Users\Administrator\Desktop\物联网安全实验\代码] - [物联网安全实验] - ...\src\DrawResult.java - IntelliJ IDEA 2016.1.1

File Edit View Navigate Code Analyze Refactor Build Run Tools VCS Window Help

代码 src DrawResult

Project

Points.java GridKanonymity.java DrawResult.java

代码 [物联网安全实验] C:\Users\Administr
.idea
out
src
DrawResult
GridKanonymity
Points
物联网安全实验.iml
External Libraries

```
import ...

/**
 * Created by fengyc on 13/10/2017.
 */
class DrawResult extends JFrame {
    public static void main(String[] args) {
        GridKanonymity gk = new GridKanonymity(5, 200);
        gk.run();
        gk.showMerge();
        System.out.println("平均匿名区域面积: "+gk.averageArea);
        System.out.println("人均匿名距离: "+gk.averageDistance);
        new DrawResult(gk);
    }
```

图 5-3-10　选中 DrawResult 类界面

图 5-3-11　选中“Run”选项的“Run...”界面

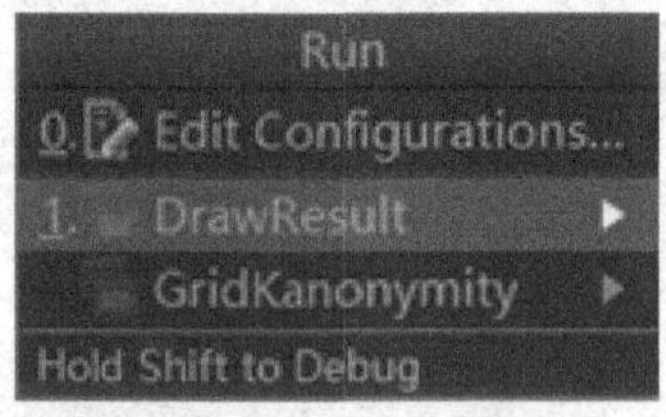

图 5-3-12　选定要运行的“DrawResult”类

(6)创建 GridKanonymity 类对象,代码如下:

```
GridKanonymity gk = new GridKanonymity(k, num);
```

其中 k 为位置 k-匿名参数,num 为位置点数量。

(7)调用 GridKanonymity 类 run()方法,进行栅格划分、栅格合并、栅格分割及创建匿名区域,代码为

```
gk.run();
```

(8)调用 GridKanonymity 类。showMerge()方法在控制台输出栅格合并的情况，每一个数字代表一个栅格，n 表示该像素栅格点数少于 k，z 表示该像素栅格中不含位置点，图 5－3－13 是一个栅格合并后的结果。调用代码为

```
gk.showMerge();
```

Run　DrawResult

"C:\Program Files\Java\jdk1.8.0_31\bin\java" ...

1	1n	2	2n	3n	22	4	4n
9	5	5n	6n	3	7	7n	8n
9n	10n	10	6	11	11n	14	8n
15	10n	10	12n	13	13n	14n	8n
15n	16	16n	12	23	21	21	21n
18n	18n	18n	18n	24	21n	21n	21n

图 5－3－13　栅格合并结果示例

(9)位置隐私保护的评价指标“平均匿名区域面积”和“人均匿名距离”分别存于 averageArea 和 averageDistance 域中，可以将其在控制台输出，如图 5－3－14 所示，代码为

```
System.out.println("平均匿名区域面积:"+gk.averageArea+"平方千米");
System.out.println("人均匿名距离:"+gk.averageDistance+"千米");
```

图 5－3－14　位置隐私保护评价指标示例

(10)创建 DrawResult 类对象，传入之前创建的 GridKanonymity 类对象 gk 作为参数，程序将通过 JAVA Swing 组件绘图，直观显示位置点分布及栅格合并、栅格分割操作的结果，图 5－3－15 是实验相关操作结果的展示界面，图 5－3－16、图 5－3－17 是分别是栅格合并、栅格分割操作结果的一个示例。代码为

```
new DrawResult(gk);
```

在单选框中选择想要绘制的图案，点击“绘制”按钮。

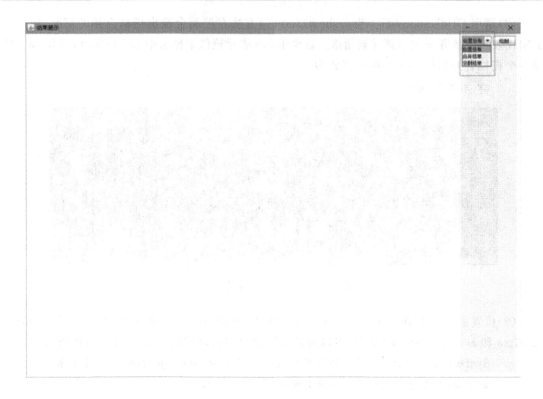

图 5-3-15　实验结果展示界面

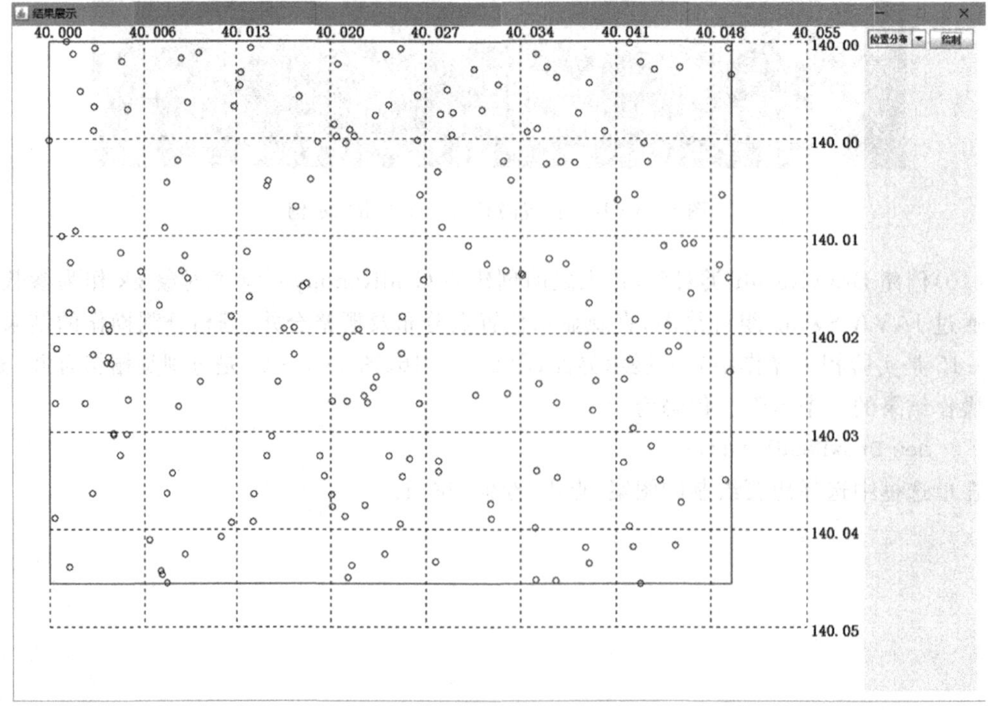

图 5-3-16　栅格合并结果示例

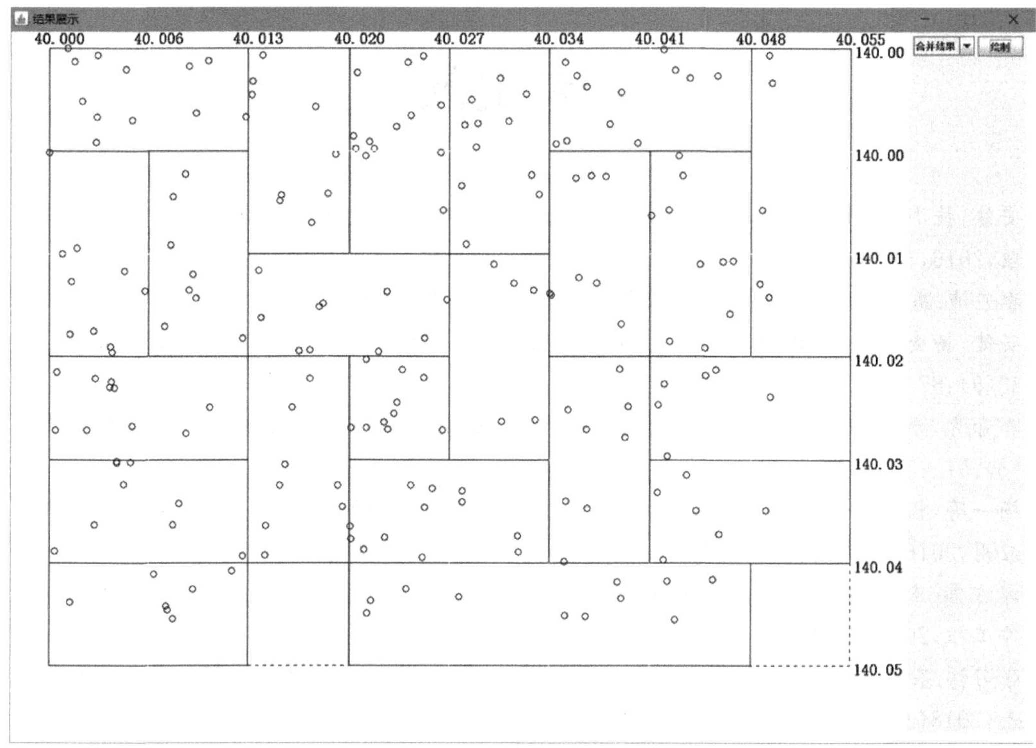

图 5-3-17　栅格分割结果示例

参考文献

[1]安健,桂小林,杨麦顺.工程实践与科技创新的物联网开放实验室建设[J].实验技术与管理,2016,33(10):245-248.

[2]李东沛.高频滤波电路设计与分析[J].电子制作,2015(21):86-89.

[3]安健,杨麦顺,桂小林.基于分立元件的低频 RFID 阅读器设计[J].实验技术与管理,2016,33(9):87-91.

[4]郭奇青,李伟.使用 OpenCV 的移动平台人脸检测技术研究[J].微型电脑应用,2017,33(8):51-53.

[5]杨一萌,杨勇,杨远聪.Protothreads 在提高系统响应方面的应用[J].单片机与嵌入式系统应用,2016,16(8):20-22,26.

[6]谭方勇,王昂,刘子宁.基于 ZigBee 与 MQTT 的物联网网关通信框架的设计与实现[J].软件工程,2017,20(4):43-45.

[7]张习博.基于 ZigBee 路由算法的研究及其在数据采集系统中的研究[J].自动化与仪器仪表,2018(11):7-10.

[8]姚汉. Arduino 开发实战指南:STM32 篇[M].北京:机械工业出版社,2014.

[9]刘军.物联网技术[M].2 版.北京:机械工业出版社,2017.

[10]陈杰. 传感器与检测技术[M].北京:高等教育出版社,2010.

[11]黄玉兰.物联网射频识别 RFID 核心技术详解[M].3 版.北京:人民邮电出版社,2016.

[12]廖建尚.物联网开发与应用——基于 ZigBee、Simplici TI、低功率蓝牙、Wi-Fi 技术[M].北京:电子工业出版社,2017.

[13]徐科军.传感器与检测技术[M].4 版.北京:电子工业出版社,2016.

[14]刘火良,杨森. STM32 库开发实战指南:基于 STM32F103[M].2 版.北京:机械工业出版社,2017.

[15]邓小莺,汪勇,何业军.无源 RFID 电子标签天线理论与工程[M].北京:清华大学出版社,2016.

[16]安健,桂小林.物联网技术原理[M].北京:高等教育出版社,2016.